普通高等教育“十三五”规划教材

电路实验教程

吴　雪　　　　　　主编
罗小娟　　　　　　副主编
吴　雪　罗小娟
张秋萍　黄　如　　编著

机械工业出版社

本书涵盖了教育部高等学校电子信息科学与电气信息类基础课程教学指导分委员会制定的“电路类课程教学基本要求”中关于电路课程实验教学的内容，全书共由五章和两个附录组成。

第1章从科学实验及其重要作用入手，阐明了电路实验课开设的意义、目的与教学总目标，概述了本教材三种类型电路实验的基本过程及要求。第2章介绍了电路实验基础知识，包含电路常用分立元件及集成运放器件、测量的基本方式和方法、测量误差与数据处理、实验室安全用电、实验故障分析与排除等内容。第3章、第4章和第5章分别由11个基础测量型实验（理论先于实验）、6个测试归纳型实验（实验先于理论）和6个综合设计型实验组成。第3章和第4章中每个实验都设有“知识目标”、“技能目标”和“能力目标”。附录A和附录B分别介绍了主要测量仪器和Multisim电路仿真软件的使用方法。

本书可供普通高等学校电子与电气信息类各专业作为电路实验课程教材使用，也可作为相关专业学生及技术人员的参考书。

图书在版编目（CIP）数据

电路实验教程/吴雪主编．—北京：机械工业出版社，2017.2
普通高等教育“十三五”规划教材
ISBN 978-7-111-56041-8

Ⅰ.①电…　Ⅱ.①吴…　Ⅲ.①电路-实验-高等学校-教材　Ⅳ.①TM13-33

中国版本图书馆CIP数据核字（2017）第027770号

机械工业出版社（北京市百万庄大街22号　邮政编码100037）
策划编辑：于苏华　责任编辑：于苏华　路乙达
责任印制：常天培　责任校对：胡艳萍　陈秀丽
北京京丰印刷厂印刷
2017年4月第1版·第1次印刷
169mm×239mm·13.75印张·262千字
标准书号：ISBN 978-7-111-56041-8
定价：32.00元

凡购本书，如有缺页、倒页、脱页，由本社发行部调换

电话服务
服务咨询热线：010-88379833
读者购书热线：010-88379649

网络服务
机　工　官　网：www.cmpbook.com
机　工　官　博：weibo.com/cmp1952
教育服务网：www.cmpedu.com
金　书　网：www.golden-book.com

封面无防伪标均为盗版

前言

本书是近年来华东理工大学对电路实验课程开展“电路及测试基础实验课程教学目标体系化研究”等系列教学改革项目的成果之一。作者在多年授课讲义的基础上，经补充整理编写成本书。

“电路实验”是高等院校电子、电气和信息工程类本科生的第一门技术基础实验课，其本质是数学与物理系统（电路）相融合的教学实践。传统的教学模式一般是“教师先讲授理论，学生再进行实验”；电路实验教材中基础实验内容的设计理念也多为由理论指导实验测量，缺少设计从实验测试到理论归纳的逆向过程的实验，而后者更有易于开发学生的自主探索兴趣和研究潜能。另一方面，电路实验课程教学目标的表述模糊笼统，缺乏层级和可操作性。这样往往会造成学生学习主动性差，自主实验能力弱，不利于培养适应性强、具有创新意识和能力的高级电子电气工程技术人才。随着新的教育理论、系统论和控制论等被引入教学领域，通过教学目标的体系化来改善教学系统的控制性，已被证明是一条提高教学质量和学习效率的有效途径。因此如何设计电路实验内容和实验模式，如何提出教学目标来引导学生自主实践探索，对于提高实验教学质量，进而提高学生的综合素质是十分重要的。

为了培养学生的实验动手能力、归纳总结能力和综合设计能力，本书进行了一系列的改革和探索，形成了体系化、层级型的教学目标，层次化、阶梯式的电路实验内容，并引入了“实验先于理论”的实验模式，使得学生在电路实验过程中，一方面可将电路理论课程中学到的定理和定律在实际电路物理系统中通过测量得到验证和展现；另一方面还可以直接通过测试数据和实验结果的分析，归纳总结出相应的电路特性及其理论；更进一步，还能根据物理系统的功能需求，设计出满足输入激励与输出响应之间约束关系的电路。

本书分为五章，共计23个实验专题，编写思路与主要特点如下：

1. 体系化、层级型的教学目标。依据美国教育心理学家布卢姆的教育目标分类学，将基础测量型和测试归纳型的每个实验的教学目标分为三个层级：①知识目标；②技能目标；③能力目标。其中知识目标是基于认识和理解层级的；技能目标是基于应用层级的；能力目标是基于分析、综合和评价层级的。同时，将这些目标具体分解、细化到每个实验的预习/自习与思考、思考与扩展、测试与归纳和实验报告要求中，从而使电路实验课程教学目标表述清晰，具有层级性和可操作性。

2. 层次化、阶梯式的实验内容。基于教学目标，在电路实验教学中，确定了由浅入深、由基础测量到综合设计、由理论分析到归纳提炼的层次化、阶梯式的总体教学方案，将实验内容分成基础测量型、测试归纳型、综合设计型三个层次。本书尝试从实验原理演绎、实验测试结果归纳两种思想方法和设计理念来组织基础测量型和测试归纳型的实验内容；从有助于学生建立信号转换、传递、监控等系统的概念来组织综合设计型的实验内容。以期构建传统方法与现代技术、硬件操作技能与软件仿真实验、数学分析与物理实证相互融合的电路实验教学体系，从而将电路实验由传统的单一验证原理和掌握操作技术性实验拓展为综合技能训练的实践。基础测量型实验的任务是学生通过实验测量操作手段验证所学到的理论知识（即从理论分析到实验验证）；测试归纳型实验的任务是学生通过实验测试以及对实验结果和数据的分析，归纳总结出电路的定律、特性和功能（即从实验测试到理论归纳）；综合设计型实验的任务是学生依据电路功能的需求，设计并实现满足技术指标的电路（即从理论到实践、再从实践到理论的双向过程）。这种教学模式旨在引导学生从基础实验入手，循序渐进阶梯式提高，既训练学生的基本实验技能，加深对基础理论的理解掌握，又培养学生的科学思维方法，开发学生自主研究探索的潜能。

3. 引入“实验先于理论”的实验模式。基础测量型实验的模式是学生先学相关电路理论后再进行实验测量，重在学习基本测量方法和掌握实验技能并验证所学理论，加深对所学理论的感性认识，本质上是运用演绎法，即从一般到个别，普遍到特殊的推理，是认识的具体化过程。而测试归纳型实验的模式是学生在学习相应电路理论之前先进行实验测试和实验现象观察，然后从实验结果和测试数据中总结出相关的理论公式、电路特性或功能，从而获得新知识，即通过个别认识一般，这种方法实际上属于归纳法。例如在4.2节中，学生在学习齐次定理之前，可以通过仿真实验，多次测试某线性电路响应随激励变化的数据后，发现激励与响应之间具有比例关系，而没有发现反例，便可归纳总结出线性电路“响应与激励成正比”的结论。此例就是应用了简单枚举归纳法，即根据对某类事物部分对象的观察，发现这些对象都具有某种属性，而又没有遇到相反情况，因此推导出该类事物所有对象都具有某种属性的一般性结论的推理方法。多年教学实践证明，通过“基础测量型实验”和“测试与归纳型实验”的实验模式引导学生体验运用演绎法和归纳法这两种不同的科学研究方法，对培养学生的抽象思维能力和逻辑推理能力、开发学生的探索潜能是成功有效的。

4. 将比较器等有源器件引入综合设计型实验，使所设计的电路具有感知、监控功能，能激发学生设计电路的兴趣，有助于学生建立传感、反馈、控制等系统的概念。在硬件电路综合设计实验之前，要求学生在“预习与思考”环节中对各功能模块的电路设计进行Multisim软件仿真实验，目的在于促进学生的主动思考、自主分析和提高独立解决技术问题的能力。

5. 本书内容能与电路理论课程内容进度保持同步或超前，使得电路实验和电路理论两门课程相辅相成，一方面有助于学生将理论分析及时用于指导实践，深化理解与牢固掌握理论知识；另一方面学生可从实践中学习，从实验感性认识中自主归纳总结，上升到理性认识。

本书由吴雪、罗小娟、张秋萍、黄如编著；吴雪任主编，罗小娟任副主编。其中第1章，第3章3.4节，第4章4.1节、4.2节，第5章5.1节、5.2节、5.4节、5.5节由吴雪编写；第2章，第3章3.1节、3.6节、3.8节、3.11节，第4章4.3节，第5章5.6节由罗小娟编写；附录A，附录B，第3章3.2节、3.3节、3.5节、3.7节、3.10节由张秋萍编写；第3章3.9节，第4章4.4节、4.5节，4.6节，第5章5.3节由黄如编写。全书由吴雪整理和统稿。

本书承蒙吴锡龙教授认真细致的审阅，并提出了许多宝贵的意见和建议，在此表示衷心感谢。

在编写本书的过程中吸取了华东理工大学电工技术基础实验课程教学的宝贵经验，参考了部分兄弟院校的电路实验教材和中外文文献，得到了张万顺副教授的帮助以及电子信息实验中心多位同仁和学生张立、高楼的支持，在此一并深表谢意。

由于作者水平有限，书中缺点及不足之处在所难免，欢迎广大读者批评指正。

吴雪
2017年2月于华东理工大学

目　录

第1章　电路实验课概论

本章概述了科学实验及其重要作用，介绍了开设电路实验课的意义与目的，给出了本课程电路实验类型及其教学目标，明确了课前准备、课上实验操作、课后报告总结三个阶段的任务和要求，这些内容对本课程的学习具有指导意义。

1.1　科学实验及其重要作用

科学实验是科学技术得以发展的重要保证，是研究自然科学的手段。作为理工科的学生，在上电路实验课之前有必要先认识科学实验及其重要作用，从而在进行电路实验的过程中能有意识地体验和学习其中的科学实验方法。

从自然科学的基本方法来看，科学实验是获得经验的方法。具体来说，科学实验是科技人员根据一定的科学研究目的，利用科学仪器、设备等物质手段，在人为控制或模拟研究对象的条件下，为获得科学事实进行的一种探索活动的全过程。这种应用一定的科学仪器控制研究对象使其按照自己的设计发生变化，并通过观察和分析这种变化来认识对象的方法也称为实验法，是自然科学的研究方法之一。

科学实验大体上可分为研究性实验和学习性实验。研究性实验是原创性实验，事先并不知道实验的结果，实验的目的是为了探索自然的奥秘和客观规律。学习性实验是重复性实验，这种实验已反复进行过多次，事先已经知道实验的结果，实验的目的是为了使实验者学习科学知识或掌握实验方法。

科学实验一般由设计、操作、观察、思考四个环节构成，主要是对实验现象的观察和理解。实验观察是在人工条件下观察自然事物，使研究对象的特殊性质突显出来，从而达到认识对象的特殊性质的目的。

科学实验最基本的作用一般来说有两个，其一是发现新的理论，其二是证明或反驳假说。

在发现新假说或新理论方面，影响最深远的科学实验之一是丹麦物理学家奥斯特（H. C. Oersted，1777—1851，见图1-1）通过实验发现了电流的磁效应，在电与磁之间架起了一座桥梁，从而揭开了电磁学的历史序幕。1820年，奥斯特在一次实验中，偶然将导线平放并与磁针平行，他惊奇地发现，一旦导线通电，磁针就转向与导线垂直的位置（见图1-2）。奥斯特还观察到，当在水平面上改变导线的轴线方向时，磁针也跟着转动；如果将磁针改为铜、玻璃或树脂材料的针，则通电导线对这些针不产生影响。他试将硬纸板放在导线和磁针之间，这丝毫不影响磁针偏转的性质，敏锐的洞察力驱使他反转了电流，观察到磁针也向相反的方向偏转。反复实验使他弄清了运动电荷与磁针之间具有相互作用，磁针的转向与通电导线轴线位置和电流的方向有关，从而揭示出电和磁之间存在着的必然联系。奥斯特在法国杂志《化学与物理学年鉴》发表了他的发现，使得“电磁学”这一学科得以诞生。1825 年，法国科学家安培（A. M. Ampere，1775—1836）提出了著名的安培定律。他从 1820 年开始测量电流的磁效应，发现两个载流导线存在着相互吸引或相互排斥的作用力，继而通过一系列的实验证明了一切电磁作用都可以简化为电流之间的相互作用，这一重大的简化使安培定律成为研究电磁学的基本定律，为电动机的发明作了理论上的准备，并开创了电动力学的新纪元。

图 1-1　丹麦物理学家奥斯特

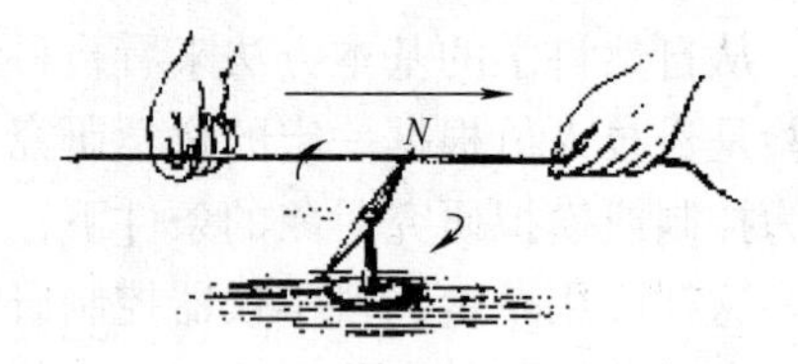

图 1-2　磁针始终转向与通电导线垂直的位置

在自然事物运动之规律假说的检验和证明方面，在电学发展史上亦有许多重大的科学实验例证。1827 年，德国物理学家欧姆（G. S. Ohm，1787—1854，见图 1-3）通过多年的实验研究和计算，发现和验证了电阻上电压与电流之间的定量关系，从而提出了今天普遍应用的电路基本定律——欧姆定律。1831 年，英国物理学家法拉第（M. Faraday，1791—1867，见图 1-4）发现了电磁感应现象。他在继续奥斯特的实验时作了这样的推理：既然电流能产生磁，那么按照自然界普遍存在的对称性，磁也应该能产生电流。通过进行各种各样的实验，他终于发现在线圈内运动的磁体可以使线圈中产生电流，从而揭示了法拉第电磁感应定律。这一发现成为发电机和变压器的基本原理，进而使机械能转变为电能成为可能，推动了电在工业上的广泛应用，使人类社会在 19 世纪下半叶迈入了电气时代。

图1-3　德国物理学家欧姆

图1-4　英国物理学家法拉第

在奥斯特和法拉第工作的基础上，英国物理学家麦克斯韦（J. C. Maxwell，1831—1879，见图1-5）总结了当时所发现的种种电磁现象的规律，推论出变化的电场与变化的磁场不断相互产生，并以波的形式在空间传播。1855～1865年，麦克斯韦把数学分析方法带进了电磁学的研究领域，由此导致麦克斯韦电磁理论的诞生。他提出了一组关于电和磁共同遵守的数学方程，即麦克斯韦方程，并且预言了电磁波的存在和电磁波与光波的同一性，奠定了无线电通信的基础。他的理论激发了一代人探索和证明电磁波存在的实验活动。1887年，德国物理学家赫兹（H. R. Hertz，1857—1894，见图1-6）经过艰苦的反复实验，成功地进行了电磁波产生、传播和接收的实验，终于证明了麦克斯韦所预言的电磁波确实存在，并从电磁波的传播规律上确认了它与光波的同一性。赫兹这项意义重大的实验不仅证明了麦克斯韦的理论，也为无线电通信的发展创造了条件。

图1-5　英国物理学家麦克斯韦

图1-6　德国物理学家赫兹

综上所述，科学实验是人类发现和认识自然规律的重要途径，同时也是检验理论正确与否的主要方法和手段。一方面，对实验观察到的现象和测出的数据加以归纳总结和抽象，找出内在的联系和规律而得到理论，实验是理论创新的重要源泉；另一方面，理论一旦提出，又必须借助实验来检验其是否具有普遍意义，实验是检验理论的手段。因此，科学实验是科学认识的重要源泉和真理性的标准，在电学发展史上乃至人类科学史上具有重要的引领和推动作用。作为理工科的大学生和从事科学技术工作的专业人员除了应具有本学科扎实的理论知识外，还应掌握相关的实验方法和技术，具备用实验手段和方法解决问题的能力。

1.2　电路实验课开设的意义与目的

电路实验课是电气、电子信息类专业的学生进入技术基础课学习阶段的第一门实验课，也是一门操作性很强的课程。它以电路理论为基础，以基本测量技术和方法为手段，培养学生基本的实验技能，独立的操作能力，良好的实验素养，旨在将所学理论知识过渡到应用和实践，提高学生分析和解决问题的综合能力，为后续其他电类实验课、技术基础课、专业课的学习及今后的生产实践与科学研究打下扎实的基础。

传统的电路实验课主要侧重于理论指导下的实验操作技能的培训。进入21世纪后，社会对人才的需求不仅是掌握实验技能和理论的应用，更需要注重综合能力和创新精神，电路实验课已经由单一的验证原理和掌握实验操作技术拓展为综合能力训练的实践平台，成为学生掌握实验技能和科学实验研究方法的重要教学环节。

电路实验课程的开设有别于大学物理中的实验，它不再只是为了巩固理论知识、验证某个定理，或者观察几个电路的功能是否与理论一致，而是侧重于在实验室这个模拟现场的环境里，一方面从理论到实践，逐步学会运用从书本中学到的理论知识，去培养分析和解决实际问题的能力，去实现自己的设计；另一方面是从实践到理论，即先于理论做实验，根据实验数据和结果总结归纳电路与系统的特性，去设法认识自己尚不清楚的现象，去验证自己的设想。这些对于电子、电气信息类学生理解和运用电路基本理论，以及培养学生分析和解决实际问题的能力、科研实验能力和创新能力来说都是极其重要的。

本课程开设的主要目的有：

1）学习有关电工电子测量的基本知识、测量方法和实验技能。

2）掌握常用电工电子仪器、仪表的使用方法和基本测试技术，培养良好的操作习惯及严谨的科学实验态度。

3）学习和掌握应用计算机软件进行仿真实验和分析的方法。

4）配合电路基础理论的学习，验证、巩固和扩充某些重点理论知识。

5）注重实验现象的观察和实验数据的分析，培养从个别到一般的归纳推理能力，锻炼善于发现问题、分析问题和独立解决问题的能力。

6）培养学生进行基本实验设计的能力，运用所学理论制定实验方案和选取元器件参数，选择和改进实验方法，实现设计目标和技术指标，提高分析思维能力与实践能力。

7）培养学生对实验结果进行数据处理、误差分析和撰写实验总结报告等从事专业技术工作所必须具备的初步能力和良好作风。

8）形成自主学习研究、勤于动手实践和主动探索创新的意识和风尚。

1.3　电路实验类型及其教学目标

电路实验类型一般有基础型、设计型、综合型、研究型和探索型等。基于电路实验课开设的目的，本课程开设的电路实验分为基础测量型、测试归纳型、综合设计型三种类型。实验内容按照从基础到综合、从易到难的递进思路进行安排，并充分体现本课程的要求。通过基础测量型实验来完成基本实验技能和测试技术方面的训练；测试归纳型实验要求学生根据实验任务自主安排部分实验内容的测试项目和相关参数，逐渐减少教师提供具体的实验步骤和指导的次数，并能从测试数据和观察实验现象中归纳、总结出尚未学习的相关理论知识以及电路系统的特性、功能和规律，从而达到培养学生观察、研究、分析和归纳能力的目的；综合设计型实验则要求结合实际需求，综合运用所学的电路理论知识、分析方法和实验手段设计和实现电路功能，并进行相关测试、数据处理和分析，最后撰写研究报告。其中基础测量型、测试归纳型实验单元教学目标又分解为“知识”、“技能”和“能力”三个子目标，每个子目标的内容根据不同类型实验的目的而设定。

基础测量型实验是学生在学习电路相关理论知识后进行的基本实验操作技术和基本测量方法的规范型实验。通过基础测量型实验的学习，使学生们对实验的意义有一个正确认识，在实验测量方法、技巧及动手能力方面得到锻炼，并初步掌握如何运用所学理论知识去指导具体操作，了解进行实验要经历哪些步骤，对理论与实践的关系建立起一定的感性认识，掌握实验报告的撰写方式等。基础测量型实验的知识目标是学习电工测量的基本知识和测量方法，配合电路理论学习，验证、加深理解和扩充某些重点理论知识；技能目标是掌握常用电工电子仪器、仪表的使用方法和基本测量技能；能力目标是培养对实验结果进行数据处理、分析、总结以及实验报告编写的能力。

测试归纳型实验是学生可以先于电路理论学习进行的实验。即通过实验手段，观察实验现象，分析、总结测试数据和波形，归纳、推导出相关电路系统的特性、功能、规律与结论，由“感性”上升到“理性”，从而获得相关理论知识。测试归纳型实验的知识目标是学生进行实验前应掌握的相关基本概念，并在实验后归纳推导出的相关理论知识；技能目标是掌握电路仿真软件的使用，熟练实验方法的应用和自行在软/硬件平台上完成电路中基本电量的测试；能力目标是培养学生在实验中的观察能力，以及由实验现象和测试结果归纳电路的特性、功能，进而推导出相关理论知识的能力。该类实验特别适合于相关电路理论内容还没有学习时先进行的电路实验，即适合安排该类实验内容超前于相关电路理论课内容。

综合设计型实验是从实际工程问题中提炼出来的专题型实验，既涉及理论知识的综合，也涉及实验方法的综合，是在前两类实验的基础上进行的综合性实验，其重点是电路设计。一般电路的设计工作主要包括：根据给定的功能和指标要求制定电路的总方案；设计各部分电路的结构，计算和选择元器件的初始参数；使用仿真软件进行电路性能仿真和优化设计；安装调试电路，进行电路性能指标的测试；从测试结果中考证、评估该电路的特性、功能及工作状态等，以判断结果是否符合实验任务要求。因此综合设计型实验总的教学目标是培养学生综合运用所学理论知识和实验测试方法解决实际问题的能力，通过电路设计和实验研究进行设计思想、设计技能、调试能力、数据归纳处理能力、实验结果分析、总结与评价能力的综合训练，从而培养学生严谨的科学作风和创新精神，提高学生的综合素质。

1.4 电路实验的基本过程及要求

电路实验课的基本过程一般分为三个阶段：课前准备（预习/计划/设计）、实验操作、课后报告总结，每一个阶段都有其明确的任务和目的。

1.4.1 课前准备阶段

实验课前准备阶段是整个实验不可或缺的环节，是保证实验顺利进行和达到预期效果的必要步骤。

1. 基础测量型实验的课前预习阶段

基础测量型实验的课前预习阶段如图 1-7 所示。在做基础测量型实验前，应明确实验内容和目的，复习和掌握该实验所依据的基本原理和理论知识；根据给出的实验电路和元件参数进行必要的理论计算，从而对实验结果做到心中有数，以便在实验中能及时发现问题，以理论指导实践，保证实验结果的正确性；预习实验方法和测量手段，详细阅读实验所用仪器仪表的使用说明，提前熟悉操作要点；根据实验要求进一步确定实验步骤和操作流程，包括每步操作的注意事项、仪器设备、测量顺序和安全措施等，这是培养良好操作习惯的重要环节；预习时应拟好所有记录测量数据及测试内容的表格，并将计算的理论数据填入表格便于与记录的实验测试数据进行对比分析。如果实验有预习思考题必须认真完成，并撰写预习报告。

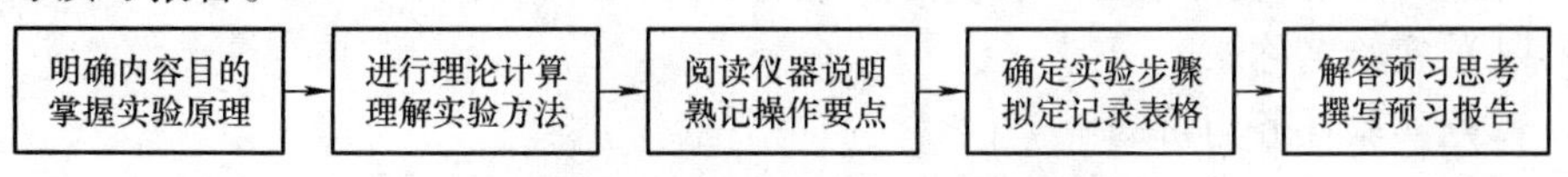

图 1-7　基础测量型实验的课前预习阶段

2. 测试归纳型实验的课前计划阶段

测试归纳型实验的课前计划阶段如图 1-8 所示。该类实验注重实验现象的观察和实验数据的归纳分析，培养从个别到一般的归纳推理能力。在实验前首先要复习掌握实验中的预备知识，在明确实验任务和目的基础上，深入理解实验内容，了解需要测试和调试的电量参数，并拟定好实验操作流程；需要用仿真软件的实验应先预习软件使用要领；自行设置实验中的元器件参数，并拟好记录测试数据的表格，注明取多少数据，数据如何分布，是否要重复测量，重复的次数，数据有效数字的位数，测试过程中的注意事项（如仪器仪表接入的极性、调节速度、稳定时间、单调增加或减少等）；自习实验所需的预备知识，对思考题进行分析和解答，完成实验计划报告。

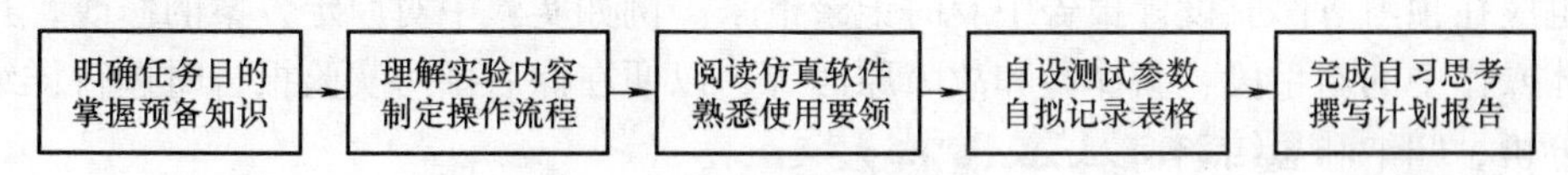

图 1-8　测试归纳型实验的课前计划阶段

3. 综合设计型实验的课前设计阶段

课前设计阶段是综合设计型实验的重要环节，如图 1-9 所示，其重点在设计上。首先应明确设计任务，理解设计需求；在掌握相关实验原理的基础上，拟定设计方案总体框图，然后将电路的功能分解到每一个模块单元上，并对每一功能模块进行具体单元电路结构设计；通过阅读相关应用实例和背景技术资料，自学有关元器件的知识，以及用电测量获得“非电量”信号的方法和工程应用，根据电路元器件的工作原理和实验平台提供的条件确定电路参数选择依据，计算元器件参数并选定元器件；应用相关电路分析软件对所设计的电路模块单元进行仿真实验测试和整体电路调试，完成电路性能仿真和优化设计，依据最终设计方案拟定实验步骤和测量方法，画出必要的数据记录表格。

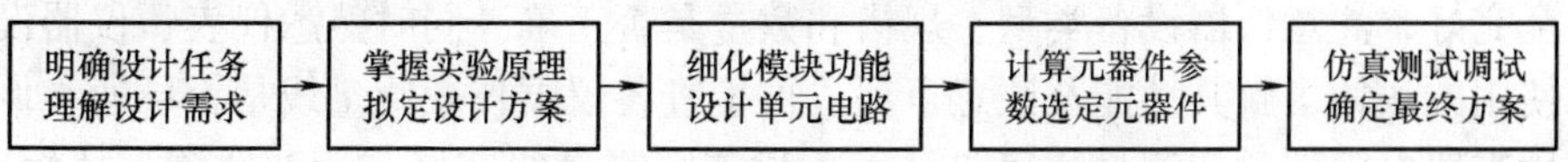

图 1-9　综合设计型实验的课前设计阶段

4. 课前预习/计划/设计报告的编写

预习/计划/设计报告一般包括以下几项内容：

1）实验名称。

2）实验任务与目的。

3）实验原理/预备知识要点。

4）实验电路图与具体接线图。

5）实验步骤。

6）记录测试数据和曲线图的表格及相应的理论计算公式。

7）实验设备。

8）实验注意事项。

9）预习与思考题解答。

需要注意的是，当一次实验含有多项内容时，应逐项按照实验电路、步骤、记录表格、注意事项等顺序进行，这样做有利于实验时的操作及按顺序进行实验。

预习/计划/设计报告是为实验后的总结提供原始资料，除了要对本次实验中应观察哪些现象、记录哪些数据等做到心中有数，另外在实验中出现的一些问题也应在预习/计划/设计报告中及时记录下来。例如实验中对原定方案的修改，具体操作中的新手段、新体验和故障原因等，以便在课后撰写实验报告时进行详细分析、归纳和总结。

1.4.2 实验操作阶段

实验操作的任务是将预定方案付诸实施的过程。在此过程中，一方面要完成实验任务，提高实际动手能力；另一方面是通过完成实验养成严谨的工作作风，培养善于发现问题、思考问题的习惯，锻炼分析和解决实际问题的综合能力。

任何草率、急躁和不按规程操作都会导致实验错误或失败。因此在该过程中，要做到脑勤、手勤，对实验中出现的问题（成功或失败）和原始测量数据都应做详细记录。

实验操作过程一般应按照下列程序进行：

1. 仪器准备与合理选择

进入实验室后，不要急于接线，在实验前需仔细听教师讲授本次实验的要求及注意事项。先在规定的实验台上检查本次实验所用的仪器设备、元器件等是否齐全完好，注意仪器设备类型、规格和数量是否正确。同时熟悉仪表、仪器设备的使用方法，了解其性能及注意事项。再检查各仪器仪表测量线是否导通，例如万用表置电阻档，使测量棒短路，示数为零则测量线完好；示波器测量棒短路，在合适的灵敏度下，若屏幕显示直线则测量线完好；稳压电源的输出用万用表直流电压档测量，注意正确连接电源的正、负极性，观测有无正确的电压值等。然后根据实验要求选择好仪器仪表量程，不能预估被测值时，应先选择高量程。

2. 连接电路

接线前应将各设备和仪表放置到便于操作和读数的位置。所有电源开关应在断开的位置，保证接线过程在断电条件下进行。接线时，按照线路图先连接串联主回路（由电源的一端开始，顺次而行，再回到电源的另一端），然后再连接并联分支路。接线应安排得整齐清楚，一般每个接线插孔上的接线插头尽可能不要多于三个。电路各部分的地要接于一点，即所谓的共地，以避免干扰信号的引入。线路接好后，不要急于通电，应仔细检查一遍，经查无误并请教师复查同意后，方可开始通电实验。

3. 通电实验

接通电源前先将电源的有关旋钮或可变电阻调至零位，或置于实验要求的位置。合上电源开关后，缓慢调节电源的输出电压，注意观察各仪表的偏转是否正常。如有异常，要立即关断电源进行检查和处理。实验过程中如果需要改换线路，应首先将电源电压调回零位，并关断电源。待改换完线路并检查无误后，方可通电继续实验。

4. 现象观察与数据记录

观察并记录实验中的现象和数据是实验过程中最主要的步骤，必须集中精力认真仔细地进行，自觉提高对实验数据的观察力，提高对各种实验现象的敏感性。

为保证实验结果正确，接通电源后，先大致试做一遍。试做时不必仔细读取数据，主要观察各被测量的变化情况和出现的现象。可发现仪表量程、精度是否合适，设备操作是否方便等，若有问题应在正式实验前加以解决。

试做无问题后即可开始正式实验，操作时要注意：手合电源，眼观全局；先观察现象，再读数据。读数前要弄清仪表量程，记录要完整清晰，一目了然。

实验数据应记录在预习/计划/设计时制好的数据表格中，有效数字要完整，并标明被测量的名称和单位；保持定值的量可单独记录。如果测量某一量的变化曲线，测量点的数目和间隔应适当选取。被测量如有最大值或最小值必须测出。在变化曲线较弯曲处取点应多一些，变化曲线较平坦处取点可少一些。取点应分布在需要研究的整个范围，不要只局限于某一部分。读取数据后，可先把曲线粗略地描绘一下，应以足够能描绘出一条光滑而完整的曲线为准，发现数据不足时，应及时测量后补充数据。要尊重原始记录，实验后不得涂改。经重测得到的数据，应记录在原数据旁或新数据表格中，不要涂改原数据，以便比较和分析。

实验过程中不要只埋头于读数，要有意识地提高自己的观察能力和应变能力，随时注意捕捉出现的异常现象。例如仪器设备的发热、发光、不正常声响、烧断熔丝、冒烟及焦味等。如果发生异常现象或事故均应立即切断电源停止实验，报告指导教师，并保持事故现场以便分析原因，这会使自己获得比实验本身更多的经验和收获。

5. 实验结束工作

完成全部规定的实验内容后，应先切断电源，但不要急于拆除线路。应先自行核查实验结果和所测数据，看有无遗漏或不合理的情况。确认实验结果正确后，将原始记录交指导教师审阅签字，经教师同意后才能拆除线路，并进行下列工作：

1）拆除实验线路（注意：一定要先断开电源，再拆线）。

2）将仪器设备整理复归原位，导线整理成束，做好清理实验桌面和清洁环境的工作。

3）再经教师复查、记分、认可后，方可离开实验室。

1.4.3 课后报告总结阶段

课后报告总结阶段既是对整个实验工作全面评估的过程，又是一个总结提高的过程，也是工程技术报告的模拟训练。其主要任务是在明确实验目的、掌握实验原理及方法的基础上，对原始测量数据进行整理、计算和误差分析；对实验结果进行归纳、讨论和评析；对实验方法进行总结并找出实验成功、失败的原因，包括实验后的体会、经验与教训以及对实验改进的建议等，一般以实验报告或论文的形式给出。

作为理工科学生，撰写技术报告和论文是基本的技能之一。如何将实验内容、目的、原理、方法、数据、结论、分析和评价有机地结合起来，独立写出论述严谨、条理清晰、有说服力的实验报告也是电路实验课的基本目的之一。一份好的实验报告应具有的特点是：内容具体完整，观点明确，叙述条理清楚，尊重原始测量结果，实验结果的表达方式简洁明了，对实验结果进行合理的分析，可读性强，可信度高，层次布局合理和书写工整等。实验报告的内容一般应包括以下几项内容：

1）实验名称、日期、班级、姓名（实验者和同组者）、实验台编号。

2）实验目的（或意义）、任务和要求。

3）实验原理（或实验思想）。

4）实验方法（或设计方案和必要的分析计算）。

5）实验内容、步骤、电路图和线路图。

6）实验使用的仪器设备（规格、型号）。

7）实验数据表格和曲线波形整理。按记录表格填写测量数据、观察到的现象、主要计算公式及计算结果，绘制实验测得的波形、曲线和相量图等。

8）实验结果分析和结论。其一，如果实验是通过测量来观察某一电路现象或波形，验证或归纳某一电路定律，以及设计实现某一电路功能，则首先应对实验结论作一个陈述。其二，要对误差进行分析。误差分析包括两方面的内容：一方面是确定实验结果的误差范围，因为在精确测量中确定实验结果的不准确范围与获得实验结果一样重要，实验结果是为了证明某种理论，而误差范围则是表示理论与实际的差距；另一方面是找出影响实验结果的主要因素，从而采取相应的措施以减小误差。显然对于不同的实验，因所用的实验方法或所测量的物理量不同，误差分析的方式也不尽相同。误差过大时，应深入到问题本质，分析具体原因，对误差做出合理的解释。

9）实验总结和体会。它包括对实验结果的分析讨论及回答实验的思考题，如实验结果是否达到预期目的，有何问题和原因（如操作上的失误，忽略了某些条件、因素等），通过实验有何收获，陈述实验过程中观察到异常现象及其可能的解释，对实验仪器装置和实验方法的改进建议等。

撰写实验报告也是培养学生撰写科技论文的初步实践，注意不要把实验报告写成空洞的、宏观的总结，或是一些电路图、数据表格、图形、曲线等材料的罗列。更不能有只要完成实验，能够操作、掌握实验方法了，报告写得好坏无所谓的想法。应当认识到，写好实验总结报告，是学生完成实验任务、提高分析问题和解决问题能力的不可或缺的环节，也是学生在将来从事专业技术工作中应该具备的一种能力，必须高度重视。

第2章　电路实验基础知识

本章主要介绍实验中的一些基础知识，包括电路中常用的元器件，基本测量的方式和方法、测量误差与测量结果的处理，实验室供电系统、测量接地和安全问题。对实验中可能会出现的故障及排除方法也做了简要的介绍，目的是为后面实验环节的学习及实践奠定必要的基础。

2.1　电路常用元器件

电路元器件是构成各种电路的基本元器件，它们种类繁多，其性能及用途各不相同。学习和掌握常用电路元器件的基本知识，对于学生在实验和研究实践中正确选择元器件和合理分析实验结果具有重要意义。

电路实验中常见元器件有电阻、电感、电容、二极管和运算放大器等，本节将对这些常用的电子元器件作简要介绍，以便在实验过程中合理地选择和正确使用。

2.1.1　电阻

电阻是电路中衡量导体对电流阻碍大小的物理量。电阻是实际电路中使用最为广泛的一类元器件，它是一种耗能元件，在电子电路中的作用是调节电路中的电压、电流、分压、降压、分流、限流与阻抗匹配等。电阻在电路中用字母 R 表示。

1. 分类

电阻的种类很多，按照阻值特征可分为固定电阻、可调电阻和敏感电阻。电路中电阻值固定的纯电阻元件又称固定电阻；另外，各种敏感电阻的电阻值可以分别随温度、湿度、电压、光通量、气体、磁感应强度、压力的变化而变化，可以用作传感器件，也可以在电路中起温度补偿、稳压、限压保护等作用。

按照其制作材料来分，实验室里经常采用的电阻有线绕电阻、碳质电阻、碳膜电阻、金属膜电阻和金属氧化膜电阻等。

电位器的符号为 R_p，它是电路中电阻值可调的纯电阻元件，它在电子电路中的作用是调节直流或交流的电压、电流值，或作为电阻值可调的负载。电位器通常是由电阻值固定的电阻体及在电阻体上滑动的电刷所构成。电位器具有三个端子，其阻值在一定范围内连续可调。

2. 主要技术参数

电阻的主要技术指标有标称值、允许误差（精度等级）、额定功率、噪声、极限工作电压和高频特性等。下面主要介绍标称值、允许误差、额定功率三项指标。

（1）标称值

电阻表面所标的阻值称为标称值。标称值是按国家规定标准化了的电阻值系列，不同精度等级的电阻有不同的阻值系列，见表2-1。

表2-1　电阻标称值系列

标称阻值系列	精度	精度等级	电阻标称值
E6	±20%	Ⅰ	1.0　2.2　3.3　4.7　6.8
E12	±10%	Ⅱ	1.0　1.2　1.5　1.8　2.2　2.7　3.3　3.9　4.7　5.6　6.8　8.2
E24	±5%	Ⅲ	1.0　1.1　1.2　1.3　1.5　1.6　1.8　2.0　2.2　2.4　2.7　3.0 3.3　3.6　3.9　4.3　4.7　5.1　5.6　6.2　6.8　7.5　8.2　9.1

使用时可将表中所列数值乘以10^n（n为整数）。在电路设计时，计算出的电阻值要尽量选择成标称值系列，这样在市场上才能选购到所需要的电阻。如果在标称系列中找不到实际需要的数值，可采用串并联的方法解决。

（2）额定功率

电阻的额定功率是指在标准大气压和一定环境温度下，长期连续负荷所允许消耗的最大功率。电阻通电工作时，把吸收的电能转换成热能，并使自身温度升高。如果温升速率大于热扩散速率，会因温度过高将电阻烧毁。因此，在选用电阻时，应使其额定功率高于电路实际要求的1.5～2倍以上。常见的电阻额定功率有1/8W、1/4W、1/2W、1W、2W、4W、8W、10W等，一般以数字形式印在电阻表面，也可由电阻的体积大小进行粗略判断。

（3）允许误差

电阻的允许误差是指实际阻值对于标称阻值的允许最大误差范围，表示产品的精度。允许误差有两种表示方法，一种是用文字符号将允许误差直接标注在电阻的表面上，另一种是用色环表示。

如在文字符号表示法中，通用型电阻采用文字标注，其允许误差标记为±5%、±10%、±20%三个等级；精密型电阻的精度等级采用符号标注，一般在电阻器的标记最后有一个大写字母，用来表示它的精密等级。精密电阻器的允许误差在±2%～±0.001%之间。

3. 阻值标示方法

电阻器的规格标注方法有直标法和色标法两种。

（1）直标法

用数字和单位符号在电阻器表面标出阻值，其允许误差直接用百分数表示，若电阻上未注偏差，则均为±20%。

（2）色环标注法

用不同颜色的环或点在电阻器表面标出标称阻值和允许偏差。国外电阻大部分采用色标法。当电阻为四环时，最后一环必为金色或银色，前两位为有效数字，第三位为乘方数，第四位为偏差；当电阻为五环时，最后一环与前面四环距离较大。前三位为有效数字，第四位为乘方数，第五位为偏差。各色环代表的数值如图 2-1 所示。

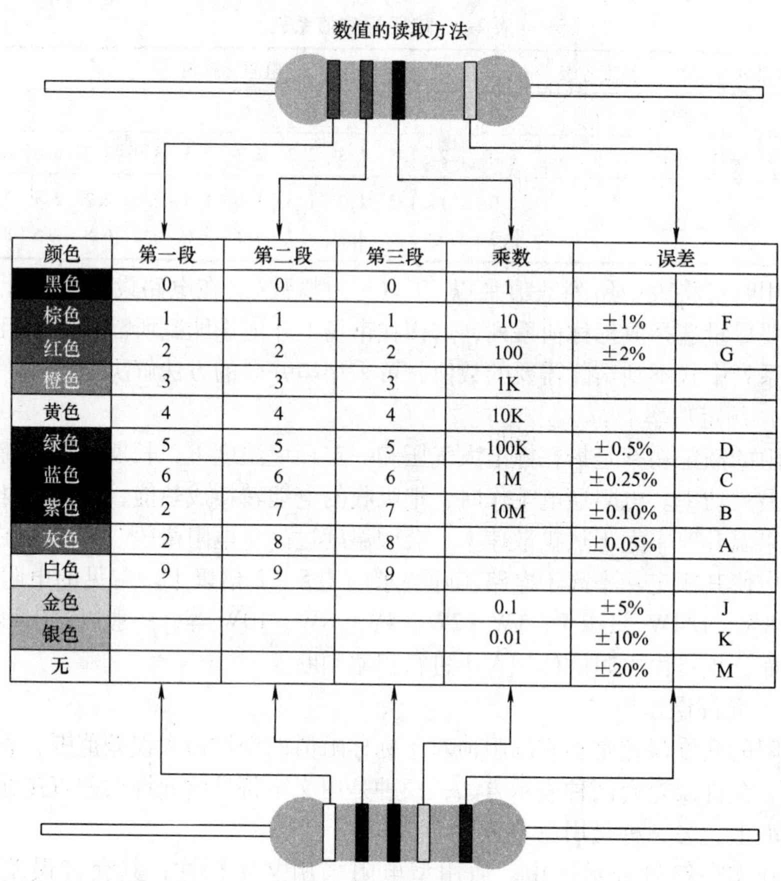

颜色	第一段	第二段	第三段	乘数	误差	
黑色	0	0	0	1		
棕色	1	1	1	10	±1%	F
红色	2	2	2	100	±2%	G
橙色	3	3	3	1K		
黄色	4	4	4	10K		
绿色	5	5	5	100K	±0.5%	D
蓝色	6	6	6	1M	±0.25%	C
紫色	2	7	7	10M	±0.10%	B
灰色	2	8	8		±0.05%	A
白色	9	9	9			
金色				0.1	±5%	J
银色				0.01	±10%	K
无					±20%	M

图 2-1　电阻的色标法

2.1.2　电容

电容是由两块金属电极之间夹一层绝缘电介质构成。当在两金属电极间加上电压时，电极上就会存储电荷，所以电容是电路中的储能元件，它在电路中具有隔断直流、通过交流的特性。一般在电子电路中起滤波、旁路、耦合、调谐、波形变换以及产生脉冲等作用。电容图形符号如图 2-2 所示，在电路中用字母 C 表示。

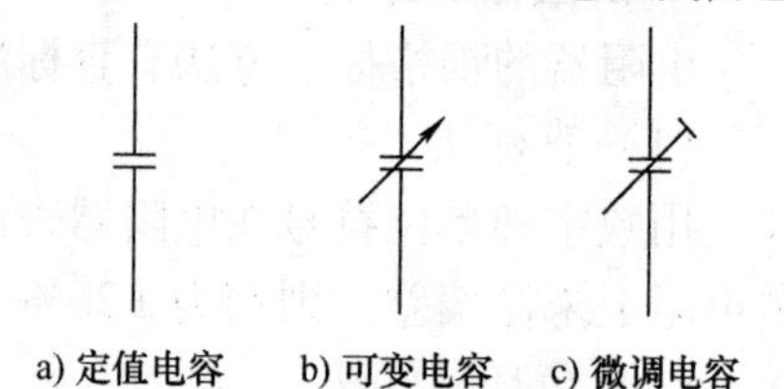

图 2-2　电容图形符号

1. 电容的型号

电容的型号一般由四部分组成（不适用于压敏、可变、真空电容器），依次分别代表名称、材料、分类和序号：

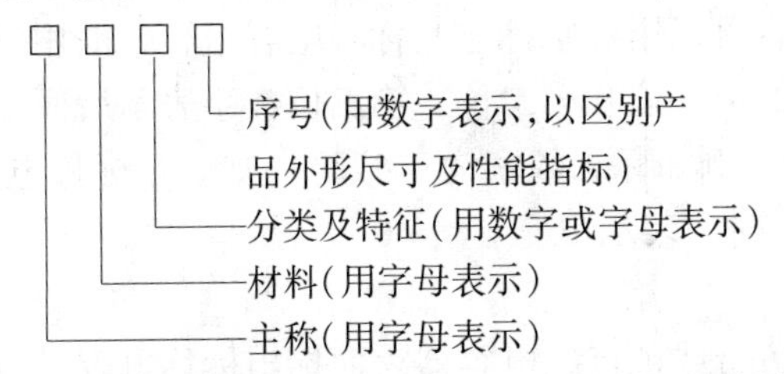

根据其介质材料，电容可分为纸介电容、瓷介电容、薄膜电容、云母电容和电解电容等。各种电容大致的特点和用途如下：

（1）纸介电容

体积偏大（金属化纸介电容可小些），容量大，电感量及损耗大，介质易老化，常用于低频电路。

（2）瓷介电容

体积小，容量小，损耗小，耐热性能好，稳定性高，温度系数有正有负，可用于温度补偿，可用于高频电路。微调瓷介电容器的电容量可调节，可用于高频电路做微调。

（3）薄膜电容

介质为聚苯乙烯、聚丙烯及涤纶等。电容性能好，在很宽的频率范围内性能稳定，介质损耗小，但温度系数大。

（4）云母电容

体积小，绝缘电阻大，稳定性好，耐压高，漏电及损耗小，容量小，适用于高频电路。

（5）电解电容

容量大，有正负极性，漏电及损耗大，可用于电源滤波及音频旁路。

2. 电容的标称电容量

标称电容量是生产厂家在电容上标注的电容量。电容量标注方式有直标法、文字符号法、数字标志法和色标法等。

（1）直标法

直接用数字和单位符号在电容表面标出额定电压、标称电容量及允许误差。例如 100V、200p、±10%，其中单位符号“F”被省略了。

（2）文字符号法

用数字和文字符号的组合来表示标称电容量，其文字符号用以表示电容量的单位，有 p(pF)、n(nF)、μ(μF)、m(mF)、F(F) 五种，文字符号前的数字表示电容量的整数部分，符号后的数字表示电容量的小数部分。例如 33p2 表示 33.2pF，1n0 表示 1nF，3μ32 表示 3.32μF 等。

（3）数字标志法

体积很小的电容可以用数字标志其标称电容量，一般用三位数字标志，前两位数字表示电容量的第一位和第二位，第三位数字表示后面附加 0 的个数，电容量的单位一律为 pF。例如标志数字为“472”，则表示标称电容量为 4700pF，但第三位数字为“9”时，表示 10^{-1}。

（4）色标法

用不同颜色的色带或色点在电容器表面标出标称电容量、允许误差，色标法表示的电容量单位为“pF”。

3. 电容器的主要特性指标

（1）允许误差

电容实测电容量和标称电容量之差相对于标称电容量的百分比。允许误差等级分为 ±1%、±2%、±5%、±10%、±20%、> ±20%。电子线路中一般采用允许误差为 ±10% 和 ±20% 的电容。

（2）温度系数

在规定的环境温度范围内，温度变化 1°C 所引起的电容电容量相对变化量的平均值。

（3）额定电压

在正常工作条件下，可以长期连续施加在电容两端的最高直流电压或交流电压（有效值）。常用固定式电容的额定直流电压系列为：6.3V、10V、16V、25V、40V、63V、100V、160V、250V、400V、630V、1000V、2500V、4000V、6300V、10000V 等，对于电解电容还可以采用 32V、50V、125V、300V、450V 五种额定直流电压。

（4）绝缘电阻

施加在电容两端的直流电压和产生的漏电流之比。由于电容介质的不同，绝缘电阻的大小可能与直流电压有关，所加的直流电压必须与正常工作电压相当或略高一些，或者接近于电容的额定电压。漏电流越大、绝缘电阻越小则电容损耗越大，影响电路正常工作，如漏电流过大会使电容损坏。

（5）频率特性

电容对不同工作频率所表现出的不同性能，主要是电容量等参数随电路工作频率变化而变化的特性，如大容量的电容（如电解电容）只能用在低频电路中，而高频电路中使用的电容（如云母电容、高频瓷介电容）电容量较小。

2.1.3 电感

电感是能够把电能转化为磁能而存储起来的元件，它只阻碍电流的变化。如果电感在没有电流通过的状态下，电路接通时它将试图阻碍电流流过它；如果电感在有电流通过的状态下，电路断开时它将试图维持电流不变。电感器又称扼流器、电抗器、动态电抗器。在电子电路中起滤波、限流、调谐、振荡、抑制干扰、产生磁场的作用，电感的常用图形符号见图 2-3 所示，在电路中用字母 L 表示。

电感可按结构分为空心、带磁心及带铁心，按使用频率范围可分为高频、中频及低频，按电感量是否可调可分为固定、微调、可变。由于电感形式众多，用途各异，因此无法统一命名。

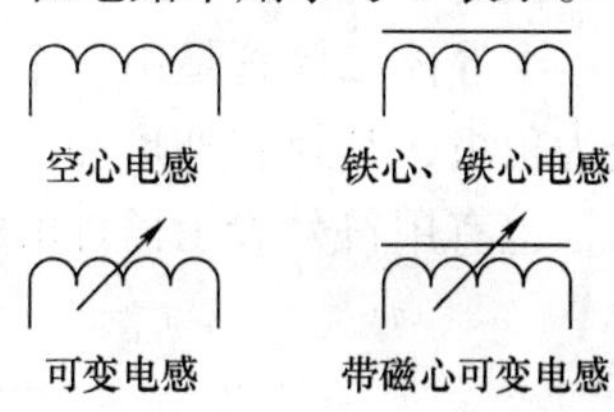

图 2-3　电感的常用图形符号

电感的主要参数如下：

（1）标称电感量

电感量的单位为 μH（微亨）、mH（毫亨）、H（亨）。在线圈结构固定的情况下，电感量的大小与线圈匝数、有无磁心、磁导率、绕线方式均有关，但受温度、湿度的影响较小。线圈带磁心，且匝数越多、面积越大，则电感量越大。

（2）允许误差

电感实测电感量与标称电感量之差相对于标称电感量的百分比。允许误差等级为 ±5%、±10%、±20%。

（3）品质因数

电感的品质因数定义为 $Q=\omega L/R$，其中，ω 为工作角频率，L 为电感，R 为电感线圈电阻。Q 值越高，则线圈功率损耗小，效率高，选频作用强，也就是品质好，一般要求线圈 Q 值为 50 ~ 300。由于电感的等效电阻 R 和等效电抗 X 都是频率的函数，所以 Q 是随着频率变化而变化的，若是非线性的电感，也还随电压和电流的改变而改变。

（4）最大允许电流

电感允许通过的额定电流值，若电流超过此值，则线圈发热超过允许值，不仅可能使线圈结构受到损坏，而且会影响相邻元器件的工作。

（5）分布电容

电感线圈匝与匝之间的电容及线圈与屏蔽层之间的电容。分布电容应尽可能小。

（6）使用频率

电感规定有使用频率，频率过高会使损耗增加，性能下降；频率过低亦会使感抗下降，品质下降。

2.1.4　二极管

二极管是用半导体单晶材料制成的半导体器件。半导体是导电性能介于导体和绝缘体之间的材料，目前制造晶体管的多数是锗（Ge）和硅（Si）等半导体材料，所以晶体管也称作半导体管。按照电极数目，晶体管通常分为晶体二极管（简称二极管）和晶体三极管（简称晶体管）。二极管有很多种类型，最常见有锗二极管、硅二极管两种。

半导体二极管是由一个PN结构成的器件，其P端引出线为正极，N端引出线为负极，其封装外形和图形符号如图2-4所示，通常用一个色环作为负极的标志，也有用符号表示器件的极性，或直接用“－”号表示负极。

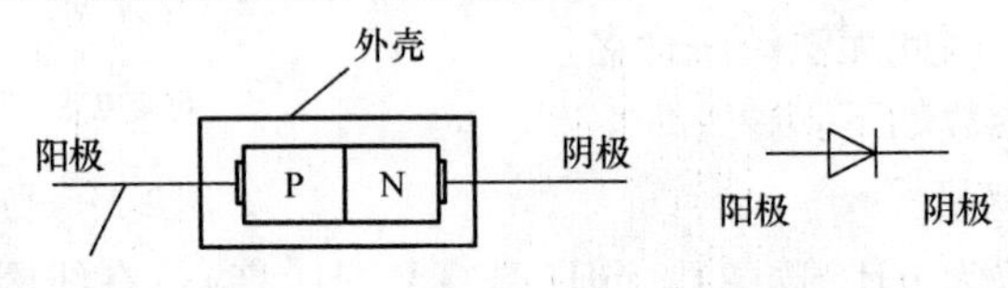

图2-4　二极管封装外形和电路符号

1. 二极管的伏安特性

二极管是非线性器件，二极管的伏安特性如图2-5所示。

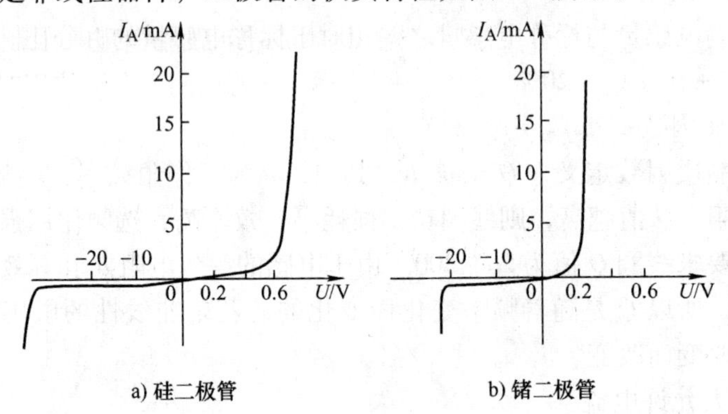

a) 硅二极管　　b) 锗二极管

图2-5　二极管的伏安特性

（1）正向特性

单向导电性是二极管的最主要性质，其P端接高电位，N端接低电位，且两端电压大于死区（阈值）电压时能够正向导通，正向电流随正向电压的上升而急剧上升，二极管正向电阻很小，此时二极管处于导通状态。二极管的死区电压硅管约为0.5V，锗管约为0.1V，二极管的实际导通电压硅管约为0.7V，锗管约0.3V，与死区电压稍有差异。

（2）反向特性

当P端接低电位、N端接高电位时为反向阻断，反向电流很小且不随反向电压变化，呈现高电阻状态，相当于开路，故二极管具有单向导电性。如反向电压超过一定数值时，二极管反向电流突然增大，二极管将损毁，这种现象称为反向击穿，对应的反向电压称为反向击穿电压。

2. 二极管的极限参数

普通二极管最常用的极限参数有两个：

1）反向击穿电压，指二极管所能承受的最大反向电压。

2）最大工作电流，指二极管允许通过的最大正向电流。

此外，还有反向漏电流、导通电压等。

3. 电路实验中常用二极管类型

电路实验中常用二极管类型还有稳压二极管和发光二极管，图2-6是其相应的图形符号。

（1）稳压二极管

稳压二极管是用特殊工艺制造的半导体硅二极管。当稳压二极管反向击穿时，其两端电压能固定在某一电压值上，基本不随电流的大小而发生变化。稳压二极管的正向特性曲线与普通二极管相同，但反向特性与普通二极管不同，可以利用稳压二极管在反向击穿状态下的恒压特性进行稳压，使用时必须串联一个限流电阻来限制击穿后的电流，以免烧毁二极管。稳压管通常用于稳压要求不高的场合。使用时要注意的参数有稳压值和功率。

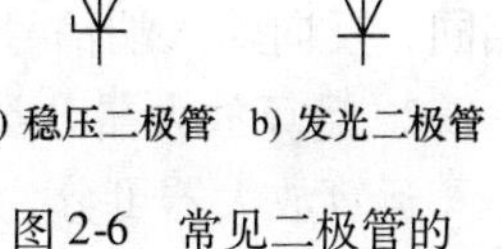

图2-6　常见二极管的图形符号

（2）发光二极管

发光二极管（LED）的伏安特性与普通二极管基本一样，只是它的正向压降较大，在压降达到一定值时发光，发光的颜色与构成PN结的材料有关。发光二极管的工作电压一般为1.5V左右，电流一般小于20mA。

使用发光二极管时，若用电压源驱动，就应在电路中串联限流电阻，以免损坏管子。限流电阻的阻值可根据下式计算，有

$$R=(U-U_f)/I_f$$

式中，U为驱动电压；I_f为发光二极管的工作电流；U_f为发光二极管工作电压。

注意，I_f应小于极限电流，通常在20mA以下。

2.1.5　运算放大器

运算放大器简称运放，是一种高增益、高输入阻抗的集成放大器，经常用于交直流放大、基本运算单元、比较器、跟随器、振荡器等。

1. 运算放大器图形符号

运算放大器是由多个晶体管、电阻等集成在一块芯片上而成的集成电路。了

解运算放大器内部结构需要更多的电子技术知识，但在工程上，对于用户来说只要了解其外部特性就能够做到正确使用。

运算放大器的图形符号如图 2-7 所示。

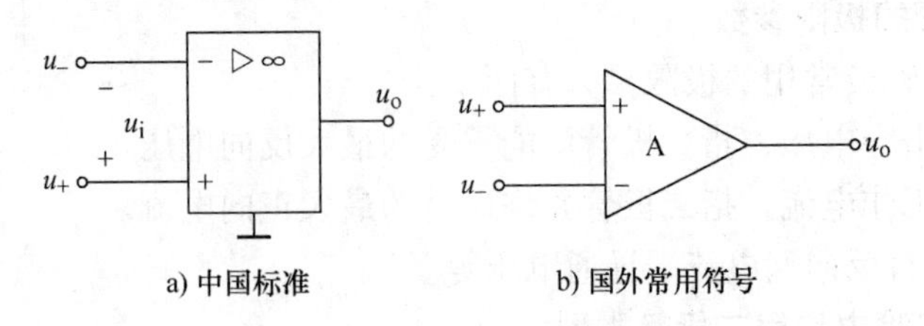

图 2-7　运算放大器的图形符号

一般运算放大器有三个端（两个电源端常不在图中画出）：同向输入端（u_+）、反向输入端（u_-）、输出端（u_o）。同向输入端信号相位与输出信号相位相同，反向输入端信号相位与输出相差 180°，即反相。

2. 运算放大器分类

运算放大器可分为两大类：通用型和专用型。

通用型具有价格便宜、直流特性好、性能指标兼顾的特点，能满足多领域、多用途的应用要求，使用最多。

专用型是根据需要，突出了某项指标的性能，以满足特殊要求。常见的有：高精度型、低功耗型、高输入阻抗型、高压型、高速宽带型等。专用型一般价格较高，除特殊指标外，其他指标不一定好，使用时要加以考虑。

3. 使用方法及注意事项

市场上销售的运算放大器集成片有多种型号，封装形式也有不同，且有单运放、多运放（两个或四个集成在一起）之分，使用时要认真考虑，精心选购。单运放如 OP27，其引脚排列如图 2-8 所示。

一般可从技术指标、固定安装、使用个数及价格等方面综合考虑。无特殊要求时，要首选通用芯片，如常用的 LM324，它是一种双列直插（DIPI4）、四单元通用运算放大器，具有经济实用等特点。图 2-9 是它的引脚排列。

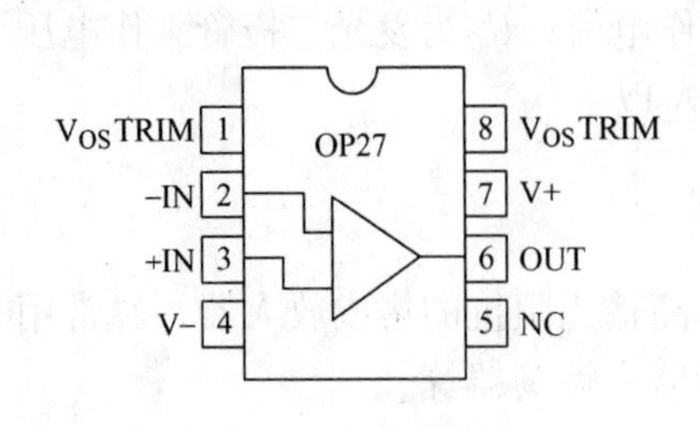

图 2-8　OP27 引脚排列

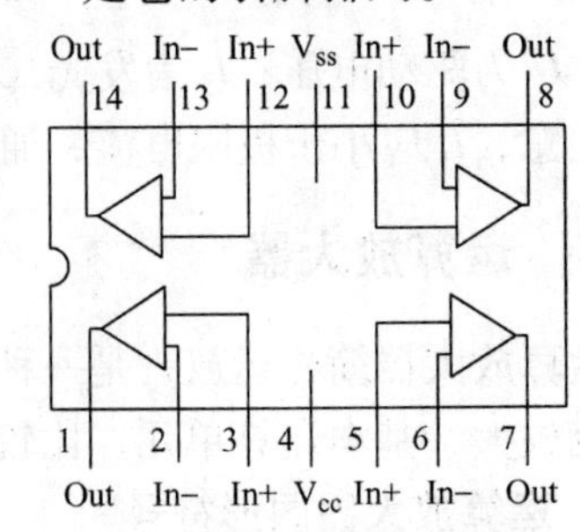

图 2-9　LM324 引脚排列

运算放大器只有在加上直流电源后才能正常工作，一般需要正、负双电源。图中 V_{CC}（4 脚）接电源的正极，V_{ss}（11 脚）接电源的负极。有的运放可在单电源下工作，这时 V_{CC}接电源的正极，V_{ss}接电源的 GND 极。另外，运算放大器可在一定电压范围内工作，典型值为 $\pm3V \sim \pm18V$。但在电路原理图中，电源电路经常被省略，因此在搭接实物电路时不要将电源漏接。

2.2　测量的基本知识

1. 测量的概念

科学实验离不开测量。测量是人类对自然界客观事物取得数量概念的过程。在此过程中，借助测量设备（包括仪器、仪表、元器件及辅助设备），通过实验的方法，求出用测量单位表示的未知量的数值大小。测量的实质是把被测量与其同种类的作为单位的标准量进行比较，以确定被测量与标准量之间的倍数关系。任何测量的过程包含：测量单位、计量单位、测量方法和测量误差四要素。

测量技术是一门具有自身专业体系、涵盖多种学科、理论性和实践性非常强的前沿科学。测量技术是一门综合性的技术，其理论与技术覆盖面广，测量仪器也层出不穷。电路实验中应用到的测量技术主要是电工电子测量技术。

被测量的量值一般由两部分组成，即数值（包括大小和符号）和相应的单位。例如，测得某元件两端的电流为 1.83A，其测量值的数值为 1.83，A（安培）为计量单位。测量的实质是将被测量与标准量的同类单量单位值进行比较。如电压的测量值为 3.6V，这表明被测量是电压单位量 V（伏特）的 3.6 倍。

2. 测量的单位制

测量时采用国际单位制（SI），这是我国法定的计量单位制。SI 包括七大基本单位，两个辅助单位和其他导出单位。七个基本单位是：米（m）、千克（kg）、秒（s）、安培（A）、开尔文（K）、摩尔（mol）、坎德拉（cd）。两个辅助单位是：弧度（rad）和球面度（sr）。其他所有物理量的单位均可用七个基本单位导出，称之为导出单位。例如电磁量单位可由前四个基本单位导出。常用的电磁学单位有：牛顿（N）、焦耳（J）、瓦特（W）、库仑（C）、伏特（V）、法拉（F）、欧姆（Ω）、西门子（S）、韦伯（Wb）、亨利（H）、特斯拉（T）等。

3. 测量方法的分类

对同一物理量的测量可采用不同的方法。如测量某一线性电阻的方法有：用欧姆表直接测得；用电压表、电流表分别测出其电压、电流，再根据欧姆定律计算出来；也可用直流电桥测出。

测量方法可以从不同的角度出发进行分类。

（1）测量方式

从如何得到最终测量结果的角度分类，有三种测量方式。

1）直接测量：从测量仪器仪表的读数装置上直接得到测量结果的测量方式称为直接测量。在这种方式下，未知量的测量结果直接由实验数据获得。例如用电流表测量电流，用电压表测量电压，用欧姆表或电桥测量电阻，均属于直接测量。

2）间接测量：若被测量与几个物理量存在某种函数关系，则可先通过直接测量得到这几个物理量的值，再由函数关系计算出被测量的数值，这种测量方法称为间接测量。例如伏安法测电阻，先用电压表、电流表测出其电压和电流值，然后由欧姆定律 $R=U/I$ 计算出电阻值，这一测量过程就属于间接测量。

3）组合测量：当有多个被测量与几个可直接或间接测量的物理量之间满足某种函数关系时，可通过联立求解函数关系式（方程组）获得被测量的数值，这种测量方法称为组合测量方式。

如图 2-10 所示为含源一端口电路 N 的参数测量电路，其被测量是开路电压 u_{OC} 和等效电阻 R_0，在图示参考方向下，可得其端口伏安关系式为：$u=u_{OC}-R_0i$。

为了测量 N 的开路电压 u_{OC} 和等效电阻 R_0，可两次调节负载电阻 R_L 的阻值，并分别测取端口电压和电流值 u_1、i_1 和 u_2、i_2，代入其端口伏安关系式可得到以下方程组

$$\begin{cases}u_1=u_{OC}-R_0i_1\\u_2=u_{OC}-R_0i_2\end{cases}$$

解此方程组便可求得参数 u_{OC} 和 R_0。

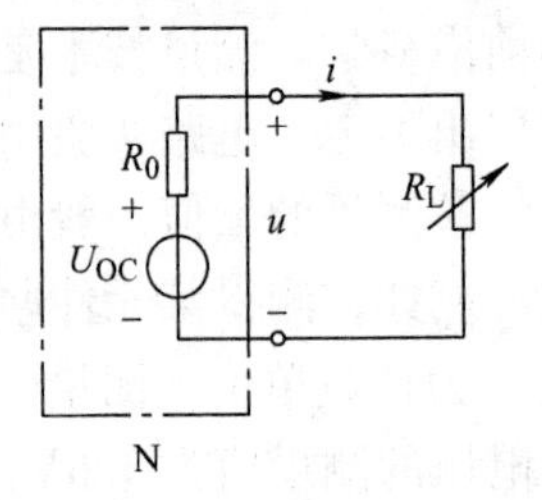

图 2-10 含源一端口电路 N 的参数测量电路

（2）测量方法

从如何获得测量值的角度分类，有以下两种测量方法。

1）直读测量法：直接根据仪器仪表的读数得到测量值的方法称为直读测量法，简称直读法。例如，用电流表测量电流、用电压表测量电压、用功率表测量功率等。直读法的特征是度量器（标准量）不直接参与测量过程。

直读法的优点是设备简单、操作简便；缺点是测量的精度不高。

2）比较测量法：将被测量和标准器（或标准度量器），直接进行比较而获得测量结果的方法称为比较测量法。例如用电桥测量电阻。该方法的特征是度量器直接参与测量过程。

比较测量法具有测量准确、灵敏度高等优点，适合精密测量；缺点是测量操作过程比较麻烦，仪器设备的价格较高。应注意测量方式和测量方法概念上的不同。例如用功率表测量功率，既是直接测量方式，又属于直读法；而用电桥测量电阻是直接测量方式，但属于比较测量法。

2.3　测量误差与数据处理

2.3.1　测量误差

1. 误差的定义

任何测量，不论是直接测量还是间接测量，都是为了得到某一物理量的真值，但由于受测量工具准确度的限制、测量方法的不完善、测量条件的不稳定及经验不足等原因，任何物理量的真值是无法得到的，测量所能得到的只是近似值，此测量值与真值之差称为误差。

在电子测量中，测量误差通常有两种形式：绝对误差和相对误差。

（1）绝对误差

已测得的被测量值 x 与其实际值（即真值）x_0 之差值称为测量的绝对误差，又称为绝对真误差，可表示为：

$$\Delta x = x - x_0$$

式中，Δx 为绝对误差；x 为测量值；x_0 为真值。

测量值即仪器的测出值，而真值虽然是客观存在，但通常是得不到的，一般要用理论值或精度较高的仪器测量值代替，绝对误差与被测量具有相同的单位，并有正负，但绝对误差不能说明测量结果的好坏。

（2）相对误差

相对误差的定义可由下式表示：

$$r = \frac{\Delta x}{x_0} \times 100\%$$

相对误差的引入是由于在电子测量时，有些量（如电压、频率等）的绝对误差并不能确切地反映出测量的精确程度，用相对误差就能很好地解决这个问题。例如：某一测量中，在测100mV的电压时，绝对误差是1mV，测1V电压时的绝对误差是10mV，两电系统是否满足设计要求，虽然两电压的绝对误差相差10倍，但它们的相对误差却是相同的。因此，在电子测量中进行误差分析，多采用相对误差。

2. 误差的分类

根据误差的性质，测量误差可分为三大类：系统误差、随机误差和疏失误差。

（1）系统误差

系统误差指在相同条件下多次测量同一量时，误差的大小和符号均保持不变，而在条件改变时，按某一确定规律变化的误差。这种误差是由于测量工具误差、环境影响、测量方法不完善或测量人员生理上的特点等造成的。根据产生误差的原因，系统误差又可分为：

1）工具误差（基本误差）：由于测量工具本身不完善所致。

2）附加误差：是由于测量时的条件与校正时的条件不同所致。如在20°C校准的仪表在其他温度下使用，或应“平”放的仪表测量时“立”放了等。

3）方法误差：由于间接测量时所用公式是近似的，或测量方法的不完善而造成。如未考虑电表的内阻对测量的影响等。

4）个人误差：是由于实验者的习惯或生理缺陷所致。

系统误差越小，测量结果越准确，系统误差的大小可用准确度来反映。

（2）随机误差

随机误差亦称偶然误差，是由于某些偶然因素造成的。例如电磁场微变、热起伏、空气扰动、大地震动、测量人员感觉器官的生理变化等，因这些互不相关的独立因素产生的原因和规律无法掌握，因此，即使在完全相同的条件下进行多次测量，实验结果也不可能完全相同。否则，只能说明仪器的灵敏度不够，不能说明偶然误差不存在。

一次测量的随机误差没有规律，但在多次测量中随机误差是服从统计规律的，因此可以取多次测量值的平均值作为测量结果。

随机误差的大小用精密度反映，随机误差越小，测量结果的精密度就越高。

（3）疏失误差（粗大误差）

疏失误差是由于实验者的粗心大意造成的。确认含有粗差的测得值称为坏值，应当剔除不用，因为坏值不能反映被测量的真实数值。

3. 误差分析

测量精确度可以用来说明测量效果，其高低通常与下述因素有关。

（1）使用仪器

通常把测量仪器分成不同的等级，不同的等级有着不同的精确度，如我国指针式（模拟）表头共分七个等级（0.1，0.2，0.5，1.0，1.5，2.5，5.0），表头的等级一般都在表盘上标出。

表头等级采用了一种新的相对误差来表示，即引用误差，也称满度相对误差，其定义为

$$r_m = \frac{\Delta x}{x_m} \times 100\%$$

式中　r_m 为引用误差；Δx 为绝对误差；x_m 为仪表的满刻度值。

如一块仪表的等级是0.5级，也就是说它的最大绝对误差不超过满刻度值的0.5%。

当仪表的等级确定后，由误差理论分析可知，测量中绝对误差的最大值与仪

表的满刻度值成正比。因此在选用仪表时不要用大量程去测小电量，并且被测量与仪表的满刻度值越接近，测量越准确，一般应使指针的位置至少处在满刻度的 1/3 以上再读数。

（2）数值读取

当使用模拟式仪表进行测量时，测量结果通常是用刻度给出，因此在读取数值时，除了要有正确的姿势外，分刻度的估读（取几位有效数位）将直接影响测量结果。有时在某一测量点上或某一频率范围内，还可能发生指针抖动、左右漂移等特殊情况，会给读数带来更大困难。如何获取正确的数值看起来很简单，其实不然，它影响着整个测量结果。因此，对于初学者来说，首先要端正心态，不急不躁，认真地按照刻度规律（多为均匀刻度）进行分刻度划分，直到满足测量精度要求。

当表针漂移或抖动时，应首先找出原因，排除后再进行读数。

表针的漂移或抖动极易在频率的低端或小信号测量时发生。如果出现指针抖动，可在不影响测试结果的前提下改变一下测试条件，如改变频率点或调整仪器的量程。如果测量不允许，或做了仍不能排除，则可采用取平均值的方法获取数值。读取数值时，要根据测量精度的需要来确定估读的数位。一般估读的数位越多，测量精度越高，但读数的时间也会延长，难度也会加大，因此在数值读取时要做到综合考虑。

另外常见的一种情况是，当人靠近、移动被测系统或移动测量线及连接导线时，表针也随着漂移、不稳定。这多由测量系统某处接触不良或导线、测量线的芯线断裂造成，应首先找出原因，排除故障后再读数。

目前，数字式表头越来越多地被电子仪器所采用。使用数字式表头，给数据读取带来很大方便，但此时有两点需要注意：一是小数点的位置，读数前要调整仪器的量程，使读数有一个正确的有效数位，以保证精确度；二是使用数字表头虽然读数直观，但最后一位数字易不稳定，会不断变化，此时不要太在意最后一位究竟是多少，只要前面的位数能够满足精度要求就够了。

（3）有效数字的处理

仪表上读出的数值，其最末位数是估读的，称为存疑数字，末位之前的数位为确切数字。两者合称有效数字。在记录数据时注意以下几点：

1）有效数字的位数与小数点无关。例如 654 与 6.54 及 0.654 都是三位有效数字。

2）“0”在数字之间或数字之末算作有效数字，而在数字之前的作用仅作定位，不算有效数字。例如 3.04、3.40 都是三位有效数字，而 0.34、0.034 等只有两位有效数字。应注意 3.40 与 3.4 的意义不同，前者中的 4 是确切数字，而后者中的 4 是存疑数字。

3）遇到很大的数，有效数字的记法采用指数形式。与 10 的方次相乘的数字代表有效数字。如 4.5×10^3 和 4.50×10^3 表示两位及三位有效数字，不能不顾有效数字而随意书写。同样，对很小的数，如 0.00345 可写作 3.45×10^{-3}，表示三位有效数字。

通常在生活中遇到的数据，一般反映的是某一量的大小或多少，但在测量中获取的原始数据，既反映被测量的大小又内含了测量精度。如 1 和 1.0，它们的大小是相等的，但它们的测量精度却差了一个数量级。因此在测量中或实验后的数据处理时，要使同一项测量保持相同的测量精度，即它们小数点后的数位应相同。当是整数时，要根据精度的要求，在小数点后用 0 将数位补足，在同一项测量中不应出现不同的有效数位。数位少，说明测量精度不够，不能满足测量要求；数位多，虽然该点的测量精度高了，但从整体上看并没有多大的实际意义。为了记录的整齐，多余的位数应按照四舍五入的规则处理。

对实验数据进行运算时，应注意只保留一位存疑数字，它后面的数字可以舍去。在测量中，对于测量精确度，总希望越高越好，但高精度也需要高代价，如需要高等级的仪器、测量时间延长等。因此在精度的处理上，要根据具体情况而定，以满足要求为原则。在此前提下，尽量减少无谓的开支。

2.3.2 数据处理

进行实验时，通常有两个目的，一是欲知某个基本电路或整个电路系统的工作状态，即电路的运行情况；二是了解电路或整个系统的特性，亦当某些条件（如输入频率、幅度、负载、时间等）改变时，系统会出现什么反应。不管是哪种目的，首先都需要获取足够的原始数据，然后对这些原始数据进行加工、整理、分析，才能做出结论。因此，实验时仅获得一些测量数据还远达不到实验目的，还必须对其进行处理。对实验（测量）结果的处理通常采用两种方式：列表法和曲线法。

1. 列表法

列表法就是将测取的原始数据进行整理分类后放在一个特制的表格里，其目的是为了将所有数据有序地放在一起，既可以使实验结果一目了然，也为对其进行分析提供方便。用列表法达到上述目的，制表是关键，因此制表时要注意以下问题。

（1）项目齐全

即原始数据、中间数据、最终结果，以及理论值、误差分析等不可缺项。

（2）项目名称简练易懂

项目名称可采用字母或文字，但一定要符合习惯。有量纲的要给出单位，间接量要给出计算公式。如果公式不易在表中给出，可在表后用加注的方法给出。

（3）测试条件明确

大多数测试都是在特定条件下进行的，因此，只有当给出测试条件时，测试结果才有意义。当测试条件不变时，可以把测试条件放在表格里；也可以放在表格外明显的地方，如右上角。

（4）制表规范、合理，易读懂，表达的信息完整

制表可能会被认为是一件简单的事情，但是要制出一种非常有效的表格，全面、正确地反映实验情况，则必须经过认真考虑和仔细斟酌，才能达到目的。

2. 曲线法

表达实验结果的曲线通常有两种类型：特性曲线和响应曲线。

（1）特性曲线

用列表法可以把所有的实验数据有序地集中在一起，以便对其进行观察和分析。但在研究元器件、电路的特性时（如伏安特性、频率特性），仅有数据表格还不能准确地反映出电路的变化规律。原因是，一般电路的变化规律是连续的，而表格中的数据却是有限的、间断的。因此，需要把表格中的数据作为点的坐标放在坐标系中，然后用线段将这些点连接起来，形成一条曲线。用这样的方法绘制曲线叫作描点法，绘制的曲线叫作电路的特性曲线。用特性曲线描述实验结果，具有直观完整、可获取更多信息的优点，但在绘制时要注意以下几点：

1）建立完备且合适的坐标系。完备，即坐标轴的方向、原点、刻度、函数变量及单位俱全；合适，是指坐标轴刻度的比例大小合适，它决定了曲线图形的大小。

2）测量时要将所有的特殊点（如最大点、最小点、零点等）取到，此外应按照曲线曲率小的地方多取、曲率大的地方少取的原则，取足够数量的点。

3）绘制曲线时，可剔除坏点（坏点可以标在图上，但曲线不用通过该点，只供分析时用）。坏点是指因操作或其他原因引起的测量结果与理论不符、脱离正常规律的点。

4）曲线要光滑，粗细一致。特性曲线的绘制，原则上是用线段逐一将各点连接起来，但由于取点不可能无限多，再加上有测量误差的存在，这样绘出的曲线往往会是一段段折线。此时允许在理论的指导下，按照函数的变化规律去处理曲线。即曲线可以不通过所有的测量点，这和处理数据时取平均值是一个道理。

（2）响应曲线

在实验室进行实验，对电路进行测量可看成是用仪器对电路进行求解。测量结果有的只是一个数值，但大多数情况则是一个函数（波形）。为了记录测量结果，就必须从测量仪器（多为图形显示仪器）上将其画下来。绘制的近似程度直接影响着测量结果的准确程度，因此在画图时一定要保持和原图一致或对应成

比例。在绘制时，要注意做到以下几点：

1）首先将响应曲线的位置、大小调整合适，使曲线处在一个既携带了全部信息又便于绘制的状态。

2）绘制时使用坐标纸（因一般显示屏上有坐标格）。先在坐标纸上标出与图形对应的一些点（具有一定特点），然后再对这些点进行连线。当两点之间曲线的曲率较小、不易连接时，可在这两点之间再插入点。

3）考虑是否建立坐标系。一旦建立坐标系，其刻度要与曲线的变量幅度对应起来。

4）当一个坐标系中有多条曲线时，要对这些曲线加文字说明，并用不同的线型或颜色加以区别。

5）绘制出的曲线要光滑。

另外，还有一些图形，如后面要学到的相位测量，其测量结果不是和整个图形有关，而只是和图形上个别点有关。这时对图形的调整要把注意力放在与结果有关的点上，绘制时要把这些点的位置找准，因为其他部分只会影响图形的美观而不会影响测量结果。

2.4 实验室供电系统及安全用电

在实验室用到的各种电子仪器都是在动力电（或称市电）下工作的，因此，了解实验室的供电系统及一些安全用电常识是非常必要的。

2.4.1 实验室供电系统

1. 三相四线制系统

实验室通常使用的动力电是频率为50Hz、线电压380V、相电压220V的三相交流电。由于在实验室里很难做到三相负载平衡工作，因此常采用Y-Y形连接。三相四线制供电系统如图2-11所示。

A、B、C为三条火线，N为回流线。回流线通常在配电室一端接地，因此又称零线，其对地电位为0。该供电系统称为三相四线制供电系统。

2. 三相五线制系统

在三相四线制供电系统中，把零线的两个作用分开，即一根线做工作零线（N），另外用一根线专做保护零线（PE），这样的供电接线方式称为三相五线制供电方式。三相五线制包括三相电的三个相线（L1、L2、L3）、中性线（N，也叫工作零线）以及保护零线（PE）。保护零线在供电变压器侧和中性线接到一起，但进入用户侧后不能当作工作零线使用，否则发生混乱后就与三相四线制无异了。三相五线制供电系统如图2-12所示。

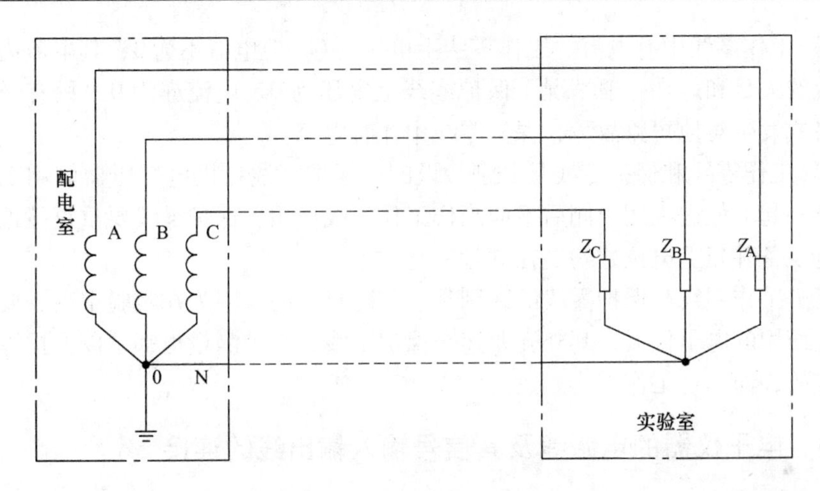

图 2-11　三相四线制供电系统

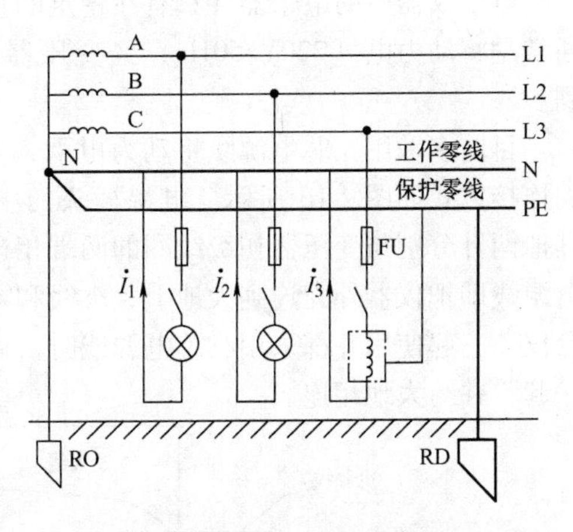

图 2-12　三相五线制供电系统

三相五线制标准导线颜色为：A 线黄色，B 线蓝色，C 线红色，N 线褐色，PE 线黄绿色或黑色。

实验室的仪器通常采用 220V 供电，并经常是多台仪器一起使用。为了保证操作人员的人身安全，使其免遭电击，需要多台仪器的金属外壳连至保护零线。220V 的交流电从配电盘分别引到各个实验台的电源接线盒上，电源接线盒上有两芯插座和三芯插座供用电器使用。按照电工操作规程要求，两芯插座与动力电的连接是左孔接工作零线，右孔接火线，即“左零右火”。三芯插座除了按“左零右火”连接之外，中间孔接的是保护零线（PE）。

2.4.2　工作零线与保护零线的区别

工作零线与保护零线虽然都与大地相接，但它们之间有着本质的区别。

1）工作零线和保护零线的根本差别在于工作零线与用电负载构成工作回路，保护零线不与用电负载构成工作回路，仅使得用电设备外壳上电位始终处在“地”电位。因此工作零线和保护零线虽说都与大地相接，但不能把它们视为等电位，在实验室里更不能把工作零线作为保护零线、测量参考点，了解这一点非常重要，否则会造成线路的漏电保护装置故障，甚至会造成人身触电事故。

2）工作零线中有电流。工作零线上电压为0，但电流不为0，其电流为三条线电流的矢量和。在一般情况下保护零线上电压为0、电流亦为0，只有当漏电产生时或发生对地短路故障，保护零线中才有电流。

3）工作零线和保护零线是分别敷设的。保护零线在供电变压器侧和工作零线接到一起，但进入用户侧后不能当作工作零线使用，保护零线要重复接地，使得用电设备外壳上电位始终处在“地”电位。

了解工作零线与保护零线的区别是有实际意义的，因为在实验室内，要求所有一起使用的电子仪器，其外壳要连至保护零线，各种测量也都是以保护零线为参考点的，而不是工作零线。

2.4.3 电子仪器的电源线及其信号输入输出线的连接

1. 电子仪器动力电的引入

电子仪器中的电子器件只有在稳定的直流电压下才能正常工作，该直流电压通常是将动力电（220V/50Hz）经变压器降压后，再通过整流—滤波—稳压得到。

目前多采用三芯电源线将动力电引入电子仪器，电源线、信号输入/输出线的连接方式如图 2-13 所示。电源插头的中间插针与仪器的金属外壳连在一起，其他两针分别与变压器初级线圈的两端相连。当把插头插在电源插座上时，通过电源线即把仪器外壳连到大地上，火线和零线也接到变压器的初级线圈上。当多台仪器一起使用并都采用三芯电源线时，通过电源线就能将所有的仪器外壳连在一起，并与大地相连。

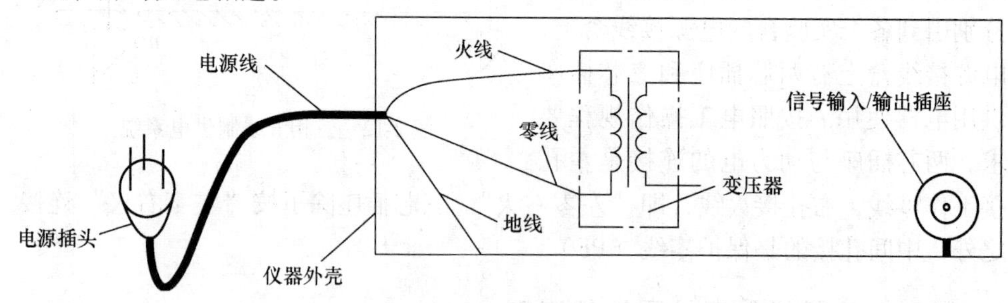

图 2-13　电源线、信号输入/输出线的连接方式

2. 电子仪器的输入与输出线

在使用的电子仪器中，有的是向外输出电量，称为电源或信号源；有的是对内输入电量，以便对其进行测量。不管是输入电量还是输出电量，仪器对外的联系都是通过接线柱或测量线插座（普通仪器多用 Q9 型插座）来实现的。若用接线柱，通常将其中之一与仪器外壳直接相接并标上接地符号“⊥”，该柱常用黑

色，另一个与外壳绝缘并用红色。若用测量线插座实现对外联系，通常将插座的外层金属部分直接固定在仪器的金属外壳上，如图2-13所示。

实验室使用的测量线大多数为75Ω的同轴电缆线。一般电缆线的芯线接一红色鳄鱼夹，网状屏蔽线接一黑色鳄鱼夹，网状屏蔽线的另一端与测量线插头的外部金属部分相接。当把测量线插到插座上时，黑夹子线即和仪器外壳连在一起，也可以说，黑夹子线端即接地点，因为仪器外壳是与大地相接的。由此可见，实验室的测量系统实际上均是以大地为参考点的测量系统。如果不想以大地为参考点，就必须把所有仪器改为两芯电源线，或者把三芯电源线的接地线断开，否则就要采用隔离技术。

若使用两芯电源线，测量线的黑夹子线一端仍和仪器外壳连在一起，但外壳却不能通过电源线与大地连接，这种情况称为悬浮地。当测量仪器为悬浮地时，可以测量任意支路电压。当黑夹子接在参考点上时，测得的量为对地电位。

通过以上讨论得出这样一个结论：信号源一旦采用三芯电源线，那么由它参与的系统就是一个以大地为参考点的系统，除非采取对地隔离（如使用变压器、光耦等）；若测量仪器（如示波器、毫伏表）采用两芯电源线，它就只能测量对地电位，而不能直接测量支路电压。因此，在所有仪器都使用三芯电源线的实验系统中，其黑夹子必须都共地——接在同一点（接地点）上，否则就会造成短路。

2.4.4 安全用电

安全用电指两个方面：一是人身安全，二是仪器安全用电。

1. 人身安全

（1）影响电流对人体危害程度的主要因素

电流对人体伤害的程度与通过人体电流的大小、频率、持续时间、通过人体的路径及人体电阻的大小等多种因素有关。

1）电流大小。通过人体的电流越大，人体的生理反应越明显，感觉越强烈，引起心室颤动所需要的时间越短，致命的危险越大。

对于工频交流电，按照通过人体电流的大小和人体呈现不同状况，大致分为三种。

①感觉电流：是指引起人的感觉的最小电流。实验证明，成年男性的平均感觉电流约为1.1mA，成年女性约为0.7mA。

②摆脱电流：指人体触电后能自主摆脱电源的最大电流。实验证明，成年男性平均摆脱电流约为16mA，成年女性约为10mA。

③致命电流：指较短时间内危及生命的最小电流。实验证明，通过人体的电流达到50mA以上时，心脏会停止跳动，可能导致死亡。

2）电流频率。一般认为40～60Hz的电流对人体最危险。随着频率的升高，危险性将降低。高频电流不仅不伤害人体，还能治病。

3）通电时间。通电时间越长，人体电阻因出汗等原因降低，导致通过人体电流增加，触电的危险性也随之增加。引起触电危险的工频电流和通过电流的时间关系用下式表示：

$$I = 165/\sqrt{t}$$

式中，I 为引起触电危险的电流（mA）；t 为通电时间（s）。

4）电流路径。电流通过头部可使人昏迷；通过骨髓可能导致瘫痪；通过心脏会造成心跳停止，血液循环中断；通过呼吸系统会造成窒息。因此，从左手到胸部是最危险的电流路径，从手到手、从手到脚也是很危险的电流路径，从脚到脚是危险性较小的电流路径。

（2）人体电阻和安全电压

1）人体电阻。人体电阻的大小因人而异。一般来说，人体电阻基本上按表皮角质层电阻的大小而定。但由于皮肤状况不同，同一人的电阻值亦有变化，如皮肤潮湿、出汗、有损伤、带有导电性粉尘等都会降低人体电阻。在一般情况下，人体电阻可按1000～2000Ω计算。

2）安全电压。安全电压就是人体接触带电体时对人体各部分均不会造成伤害的电压值。从触电安全角度考虑，人体电阻取1700Ω，通过人体电流按30mA计算，人体允许接触的安全电压为

$$U_{sa} = 30 \times 1700\text{mV} = 51000\text{mV} \approx 50\text{mV}$$

安全电压的规定是从总体上考虑的，是否安全则与人体的现时状况（主要是人体电阻）、触电时间长短、工作环境、人体与带电体的接触面和接触压力等都有关系。我国规定12V、24V、36V三个电压等级为安全电压级别，不同场所应选不同等级的安全电压。

由于实验室采用220V/50Hz的交流电，当人体直接与动力电的火线接触时就会遭到电击。如何识别零线和火线呢？最简便的方法是用试电笔。试电笔是由金属探头、氖管、大电阻（大于1MΩ）、金属尾组成。使用时只要手指与金属尾接触，金属探头放到电源插孔里即可，这样，电源从金属探头、氖管、大电阻、金属尾及人体到大地构成回路。若是火线，氖管就会发光；若是零线，氖管就不发光。使用时，一定要注意手指不能与试电笔的金属探头接触。

为了防止触电，对使用动力电的仪器设备、用电器要经常检查电源插头有无松动，导线是否破损，外壳接地是否良好等。

2. 仪器安全用电

每台仪器只有在额定的电压下才能正常工作。当电压过高或过低时都会影响仪器正常工作，甚至烧坏仪器。我国生产并在国内销售的电子仪器多采用220V

交流电，在一些进口或国内外销售的国产电子仪器中，有一个 220V/110V 电源选择开关，通电前一定要将此开关置于与供电电网电压相符的位置。另外，还要注意仪器用电的性质，是交流还是直流，不能用错。若用直流供电，除电压幅度满足要求外，还要注意电源的正、负极性。

2.5　实验故障分析与排除

排除实验中出现的故障，是培养学生综合分析问题能力的一个重要方面。在实验中难免会出现各种各样的故障，学生通过排除故障，会有更大的收获，进一步巩固理论基础，积累实验技能及实践经验。

2.5.1　常见故障分析

实验中产生故障的原因有很多。常见故障归纳起来有以下几个方面。

1）仪器自身工作状态不稳定或损坏。

2）超出了仪器的正常工作范围，或调错了仪器旋钮的位置。

3）仪器旋钮由于松动，偏离了正常的位置。

4）用错了器件或选错了标称值。

5）连接线接触不良或损坏，导致原电路的拓扑结构发生改变。

6）同一个测量系统中有多点接地，或随意改变了接地位置。

7）实验者未严格按照操作规程使用仪器，盲目地改变了电路结构，采用不正确的测量方法等错误操作。

在上述情况中，连接线接触不良或损坏发生得最多，而仪器工作不稳定或损坏在实验过程中出现的概率要少得多。当还未完全掌握仪器的正确使用或者粗心大意时，会出现第 2 种情况。

当实验中的仪器都使用三芯电源线时，稍不注意（红夹子和黑夹子的区别）就会在同一个测量系统中造成多点接地故障，这在初学者中尤其常见。

通常说交流信号方向不固定，因此没有正负极，这在理论上是正确的。但在实验室里，由于电子仪器的信号输入输出线中一根（黑夹子线）已经和仪器外壳相连，即已经接在了以大地为测量参考点的地线上，因此实验时红夹子线和黑夹子线就不能随意乱接，黑夹子必须接在参考点上，即地线上。这样做并不等于说交流信号就有正负极了，它和直流电源的正负极性是不同的两个概念。

当仪器设备正常，电路连接准确无误，而测量结果却与理论值不符或出现了不应有的误差时，往往问题出在错误的操作上。

通过做实验，养成良好的工作习惯很重要，否则可能会造成严重后果，如损坏仪器、烧毁器件乃至整个系统。因此，在实验过程中，除了要学习掌握测量方法、实验技能，不断积累经验，提高分析问题、解决问题的能力外，培养科学的实验态度、养成良好的操作习惯也是非常重要的，这也是提高实验素质不可缺少的一个方面。

2.5.2　排除故障的一般方法

当故障发生后应采取如下措施：

1）根据故障现象，判断故障性质。从故障造成的后果上看，通常有破坏性和非破坏性两种。出现破坏性故障时经常会有打火、冒烟、发声、发热等现象，会对仪器、电路或器件造成永久性损坏。一旦发现此类故障，应立即关掉实验仪器和被测系统的电源，然后再对其进行检查处理，以免损坏程度进一步扩大。非破坏性故障只会影响实验结果，改变电路原有的功能，不会对电路或器件造成损坏。此类故障虽不具破坏性，但排除这样的故障一般比排除具有破坏性的故障难度更大。

2）根据性质，确定故障排除的方法。

检查破坏性故障时，一定要在完全断电的情况下进行。可通过查看、手摸，找出电路损坏的部分或发热器件，进而可仔细检查电路的连接、器件的参数值等。如果仅凭观察不易发现问题，可借助万用表对电路或器件进行检查。通常多采用测量电阻的方法进行，如电路是否短路、开路，某器件的电阻值是否发生了变化，电容、二极管是否被击穿等。该类故障多发生在具有高电压、大电流及含有有源器件的电路中。

对于非破坏性故障，先断电检查之后，通常还需加电检查，即对实验电路加上电源和信号，然后通过万用表测量电路的节点电位、支路电流来查找故障。在交流电路中，通常检查的是节点电位或者是支路电压。检查时，可按照实验电路从信号源输出开始，逐点向后直至故障点。

3）进行检测时，可以先通过理论计算出在正常情况下的相关电量值，做到心中有数，再用仪表进行检查，逐步缩小故障的范围，直到找到故障的部件。

第3章　基础测量型实验

本章是在学习电路理论相关知识后进行的基础测量型实验。此类型实验的“知识”目标是学习电工电子测量的基本知识和基本测量方法，配合电路理论学习，验证、加深理解和扩充某些重点理论知识；“技能”目标是掌握常用电工电子仪器、仪表的使用方法和基本测量技能；“能力”目标是培养对实验结果进行数据处理、分析、总结以及实验报告编写的能力。

3.1　仪表内阻的测定与测量误差的计算

预习与思考

1）根据实验内容1）和2），若已求出0.5mA档和2.5V档的内阻，可否直接计算得出5mA档和10V档的内阻？

2）用量限为10A的电流表测实际值为8A的电流时，实际读数为8.1A，求测量的绝对误差和相对误差。

3）图3-1a、b为伏安法测量电阻的两种电路，被测电阻的实际阻值为R_X，电压表的内阻为R_V，电流表的内阻为R_A，求两种电路测量电阻R_X的相对误差。

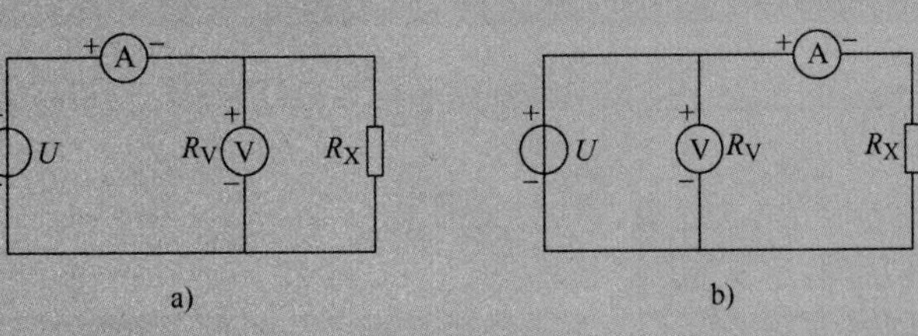

图3-1　伏安法测量电阻电路

1. 实验目的及教学目标

熟悉实验台上直流电源及测量仪表的使用方法；掌握指针式电压表、电流表内阻的测量方法；学习仪表测量误差的计算方法。

（1）知识目标

◆能说明产生测量误差的原因

◆能表述电压表、电流表内电阻的测量方法

（2）技能目标

◆学会使用恒压源和恒流源

◆掌握模拟万用表测量电压和电流的方法

◆能用合适的方法测量电压表、电流表的内电阻

（3）能力目标

◆归纳仪表测量误差的计算方法

◆总结减少仪表测量误差的方法

2. 实验原理

1）为了准确测量电路中实际的电压和电流，必须保证仪表接入电路后不改变被测电路的工作状态，这就要求电压表的内阻为无穷大，电流表的内阻为零，而实际使用的电工仪表都不能满足上述要求。因此，当测量仪表一旦接入电路，就会改变电路原有的工作状态，这就导致仪表读数值与电路原有的实际值之间出现误差。这种测量误差值的大小与仪表本身内阻值的大小密切相关。

2）本实验测量电流表的内阻采用“分流法”，如图 3-2 所示。A 为被测内阻（R_A）的直流电流表，测量时先断开开关 S，调节直流恒流源的输出电流 I 使 A 表指针满偏转；然后合上开关 S，并保持 I 值不变，调节可变电阻 R_B 的阻值，使电流表的指针指在 1/2 满偏转位置，此时有 $I_A = I_S = I/2$，则

$$R_A = R_B // R_1$$

R_1 为固定电阻的值，R_B 由可变电阻的刻度盘上读得。R_1 与 R_B 并联，且 R_1 选用小阻值电阻，R_B 选用较大电阻，则阻值调节可比单只可变电阻更为细微、平滑。

3）测量电压表的内阻采用“分压法”，如图 3-3 所示。

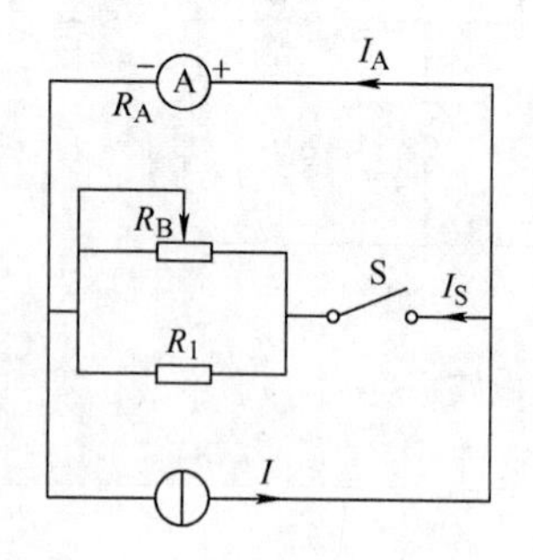

图 3-2　分流法测量电流表内阻

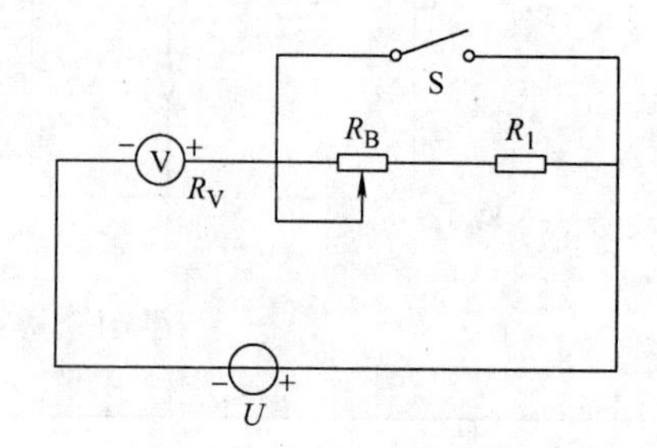

图 3-3　分压法测量电压表内阻

V 为被测内阻（R_V）的电压表。测量时先将开关 S 闭合，调节直流稳压电源的输出电压，使电压表 V 的指针为满偏转。然后断开开关 S，调节 R_B 阻值使电压表 V 的指示值减半。此时有 $R_V = R_B + R_1$。

电压表的灵敏度（单位为Ω/V）为：

$$S = R_V / U$$

4）仪表内阻引入的测量误差的计算（通常称为方法误差，而仪表本身构造上引起的误差称为仪表基本误差）。以图3-4所示电路为例，R_1 上的电压为

$$U_{R1} = \frac{R_1}{R_1 + R_2} U$$

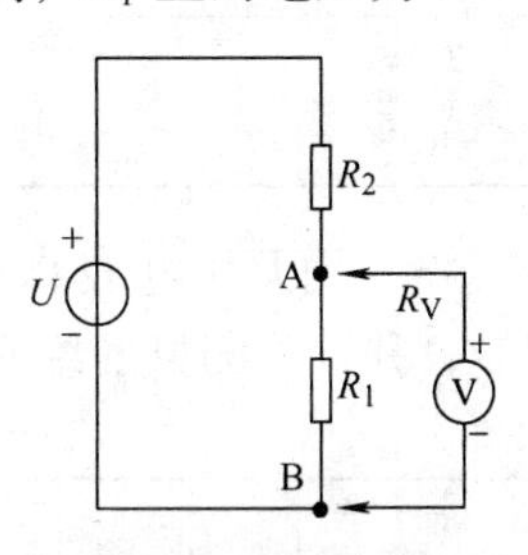

图3-4　测量误差的产生

若 $R_1 = R_2$，则 $U_{R1} = U/2$。

现用一内阻为 R_V 的电压表来测量 U_{R1} 值，当 R_V 与 R_1 并联后，$R_{AB} = \frac{R_V R_1}{R_V + R_1}$，以此来替代上式中的 R_1，则得

$$U'_{R1} = \frac{R_{AB}}{R_{AB} + R_2} U$$

绝对误差为

$$\Delta U = U'_{R1} - U_{R1} = U\left(\frac{R_{AB}}{R_{AB} + R_2} - \frac{R_1}{R_1 + R_2}\right)$$

化简后得

$$\Delta U = \frac{-R_1^2 R_2 U}{R_V(R_1^2 + 2R_1R_2 + R_2^2) + R_1R_2(R_1 + R_2)}$$

若 $R_1 = R_2 = R_V$，则得

$$\Delta U = -U/6$$

相对误差为

$$\Delta U = \frac{U'_{R_1} - U_{R_1}}{U_{R_1}} \times 100\% = \frac{-U/6}{U/2} \times 100\% = -33.3\%$$

3. 实验任务与内容

（1）实验任务

分别依据“分流法”“分压法”原理测量电流表、电压表的内电阻，计算由仪表内阻引入的测量误差。

（2）实验内容

1）根据“分流法”原理测定FM-47型（或其他型号）万用电表直流0.5mA和5mA档量限的内阻，电路接线如图3-2所示，并在表3-1中记录实验数据。

表3-1　分流法测电流表内阻数据

电流表量限	S关断读数 I/mA	S闭合读数 I/mA	R_B/Ω	R_1/Ω	计算内阻 R_A/Ω
0.5mA					
5mA					

2）根据“分压法”原理测定万用电表直流电压2.5V和10V档量限的内阻，电路接线如图3-3所示，并在表3-2中记录实验数据。

表3-2 分压法测电压表内阻数据

电压表量限	S闭合读数 U/V	S关断读数 U/V	R_B/kΩ	R_1/kΩ	计算内阻 R_A/kΩ	S/(Ω/V)
2.5V						
10V						

3）用万用电表直流电压10V档量限测量图3-4所示电路中 R_1 上的电压 U_{R1}，并计算测量的绝对误差与相对误差，在3-3中记录实验数据。

表3-3 误差测算数据

U	R_2	R_1	R_{10V}/kΩ	计算值 U_{R1}/V	实测值 U'_{R1}/V	绝对误差	相对误差
10V	10kΩ	20kΩ					

思考与扩展

减小仪表测量误差的方法

减小因仪表内阻而产生测量误差的方法有“不同量限两次测量计算法”和“同一量限两次测量计算法”两种方法：

(1) 不同量限两次测量计算法

当电压表的灵敏度不够高或电流表的内阻太大时，可利用多量限仪表对同一被测量用不同量限进行两次测量，所得读数经计算后可得到准确的结果。

(2) 同一量限两次测量计算法

如果电压表（或电流表）只有一档量限，且电压表的内阻较小（或电流表的内阻较大）时，可用同一量限进行两次测量法减小测量误差。其中，第一次测量与一般的测量并无两样，只是在进行第二次测量时必须在电路中串入一个已知阻值的附加电阻。采用多量限仪表两次测量法或单量限仪表两次测量法，不管电表内阻如何，总可以通过两次测量和计算得到比单次测量准确得多的结果。

试分别采用不同量限两次测量计算法和同一量限两次测量计算法减小仪表测量误差的方法，自行设计实验内容和测量数据，并进行总结和归纳。

4. 实验设备

可调直流稳压源1台。

可调直流恒流源1台。

万用电表1只。

可变电阻箱1个。

电阻1个。

5. 实验注意事项

1）直流稳压源和直流恒流源均可通过粗调（分段调）旋钮和细调（连续调）旋钮调节其输出值，并由指针式电压表或毫安表显示其输出值的大小。

2）稳压源的输出不允许短路，恒流源的输出不允许开路。

3）电压表应与电路并联使用，电流表与电路串联使用，并且应注意输入端的极性及合理选择量程。

6. 实验报告要求

1）列表记录实验数据，并计算各被测仪表的内阻值。

2）计算和分析实验内容3）的绝对误差与相对误差。

3）总结心得体会及其他。

3.2　电路元器件伏安特性的测绘

预习与思考

1）线性电阻与非线性电阻的概念是什么？白炽灯属于线性还是非线性电阻？

2）硅二极管的正向压降一般在什么范围？图3-7电路中1kΩ有什么作用？

3）稳压二极管与普通二极管的伏安特性有何区别？

1. 实验目的及教学目标

学会识别常用电路元器件的方法，掌握元器件伏安特性的逐点测试法，熟练掌握实验台上直流电工仪表和设备的使用方法。

(1) 知识目标

◆熟识常用元器件的伏安特性

◆能列举线性电阻元器件与非线性电阻元器件伏安特性的异同点

(2) 技能目标

◆熟练使用可调直流稳压电源和可调直流恒流源

◆学会用数字万用表测量电压和电流的方法

◆掌握线性电阻、非线性电阻元器件伏安特性的逐点测试法

(3) 能力目标

◆分析测试数据，总结、归纳被测各元器件的特性

◆判断哪类元器件的伏安特性曲线能用欧姆定律表征

2. 实验原理

任何一个二端元器件的特性可用该元器件上的端电压 U 与通过该元器件的

电流 I 之间的函数关系 $I=f(U)$ 来表示，即用 I-U 平面上的一条曲线来表征，这条曲线称为该元器件的伏安特性曲线，如图 3-5 所示。

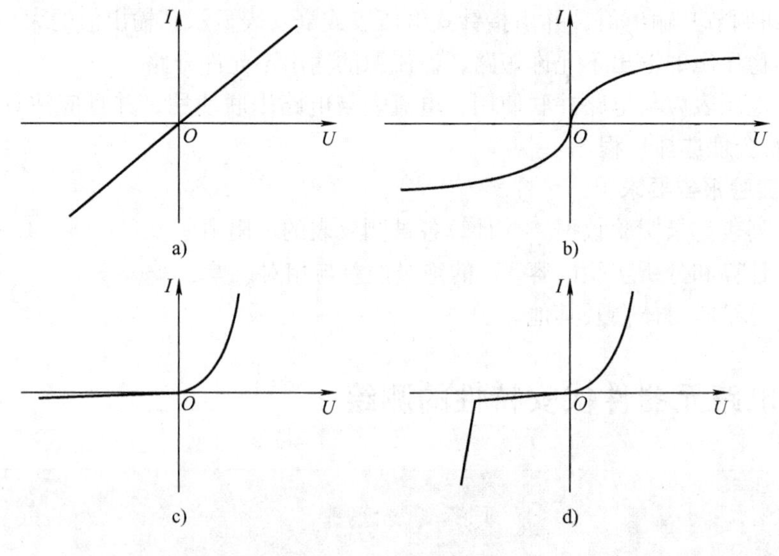

图 3-5　伏安特性曲线

1）线性电阻的伏安特性曲线是一条通过坐标原点的直线，如图 3-5a 所示，该直线斜率的倒数等于该电阻的阻值。

2）一般的白炽灯在工作时灯丝处于高温状态，其灯丝电阻随着温度的升高而增大。通过白炽灯的电流越大，其温度越高，阻值也越大。一般灯泡的“冷电阻”与“热电阻”的阻值可相差几倍至十几倍，所以它的伏安特性曲线如图 3-5b 所示。

3）一般的半导体二极管是一个非线性电阻元器件，其伏安特性曲线如图 3-5c 所示。正向压降很小（一般的锗管约为 0.2 ~ 0.3V，硅管约为 0.5 ~ 0.7V），正向电流随正向压降的升高而急骤上升，而反向电压从零一直增加到十几至几十伏时，其反向电流增加很小，粗略地可视为零。可见，二极管具有单向导电性，但反向电压加得过高，超过其极限值，则会导致二极管击穿损坏。

4）稳压二极管是一种特殊的半导体二极管，其正向特性与普通二极管类似，但反向特性较特别。稳压二极管的伏安特性曲线如图 3-5d 所示。在反向电压开始增加时，其反向电流几乎为零，但当电压增加到某一数值时（称为稳压值，有各种不同稳压值的稳压管）电流将突然增加，以后它的端电压将基本维持恒定，当外加的反向电压继续升高时其端电压仅有少量增加。

注意：流过二极管或稳压二极管的电流不能超过其极限值，否则管子就会烧坏。

3. 实验任务与内容

（1）实验任务

测量线性电阻和非线性元器件（灯泡、二极管、稳压管）的伏安特性。

（2）实验内容

1）测定线性电阻的伏安特性。按图 3-6 接线，调节稳压电源的输出电压 U_S，从 0V 开始缓慢地增加，一直到 10V，记下相应的电压表和电流表的读数 U_R、I，在表 3-4 中记录实验数据。

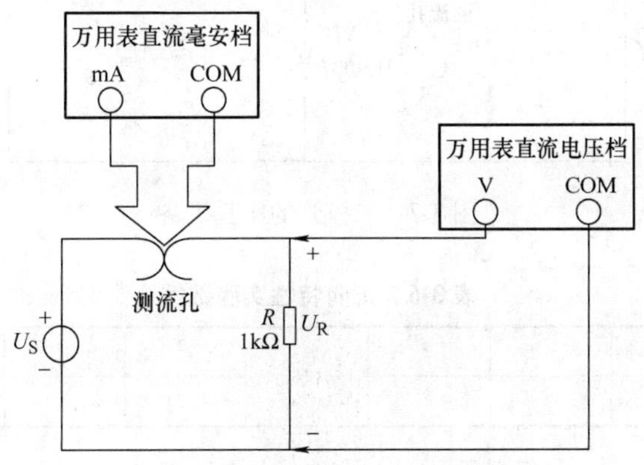

图 3-6　电阻元件的实验线路

表 3-4　线性电阻器伏安特性数据

U_R/V	0	2	4	6	8	10
I/mA						
$R/\Omega(R=U_R/I)$						

2）测定非线性灯泡的伏安特性。将图 3-6 中的 R 换成一只 12V，0.1A 的灯泡，重复 1 的测量，在表 3-5 中记录实验数据，表中 U_L 为灯泡的端电压。

表 3-5　非线性灯泡伏安特性数据

U_L/V	0.1	0.5	1	2	3	4
I/mA						
$R_L/\Omega(R_L=U_L/I)$						

3）测定半导体二极管的伏安特性。按图 3-7 接线，R 为限流电阻，二极管的型号为 1N4007。测二极管的正向特性时，其正向电流不得超过 35mA，二极管 VD 的正向压降 U_D 可在 0～0.75V 之间取值，VD 值可按实际调试值填入表格。在 0.5～0.75V 之间应多取几个测量点。测反向特性时，只需将图 3-7 中的 U_S 反接（注：由于 1N4007 反向耐压为 1000V，所以实验中无法做到反向击穿）。最

后，将实验数据记录在表 3-6 和表 3-7 中。

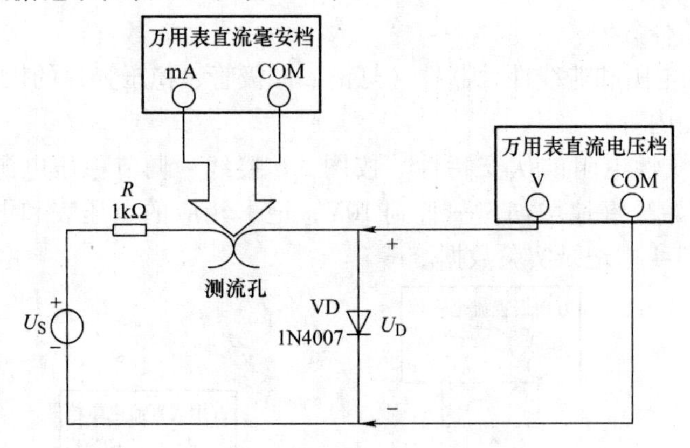

图 3-7　二极管的实验线路

表 3-6　正向特性实验数据

U_{VD}/V								0.75
I/mA								

表 3-7　反向特性实验数据

U_{VD}/V	0	−5	−10	−15	−20	−25	−30
I/mA							

4）测定稳压二极管的伏安特性。

①正向特性：将图 3-7 中的二极管换成稳压二极管 2CW51，重复实验内容 3）中的正向测量。U_{VD}为 2CW51 的正向压降。将实验数据记录在表 3-8 中。

表 3-8　正向特性实验数据

U_{VD}/V									0.75
I/mA									

②反向特性：将图 3-7 中的 R 换成 510Ω，U_S 反接，测量 2CW51 的反向特性。稳压电源的输出电压 U_S 为 0～30V，测量 2CW51 两端的电压 U_{VD}及电流 I，由 U_{VD}可看出其稳压特性。将实验数据记录在表 3-9 中。

表 3-9　反向特性实验数据

U_S/V	0	−5	−10	−15	−20	−30
U_{VD}/V						
I/mA						

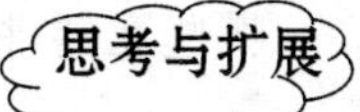

测量直流电压源和电流源的伏安特性

（1）测量直流电压源的伏安特性

将直流稳压电源 U_S 与电阻 R_0 相串联模拟实际直流电压源。参考图 3-8 接线，参照上面的方法测量相应的实际电压源的端电压 U 和电流 I，自拟表格记录并分析其特性。

（2）测量直流电流源的伏安特性

将电流源与电阻 R_0 并联来模拟实际直流电流源。参考图 3-9 接线，参照上面的方法测量相应的实际电流源的端电压 U 和电流 I，自拟表格记录并与直流电压源的伏安特性进行对比分析，两者可对外等效吗？

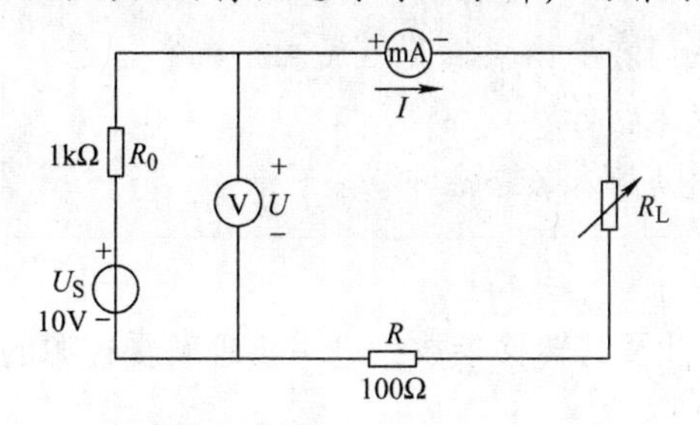

图 3-8　实际电压源实验线路

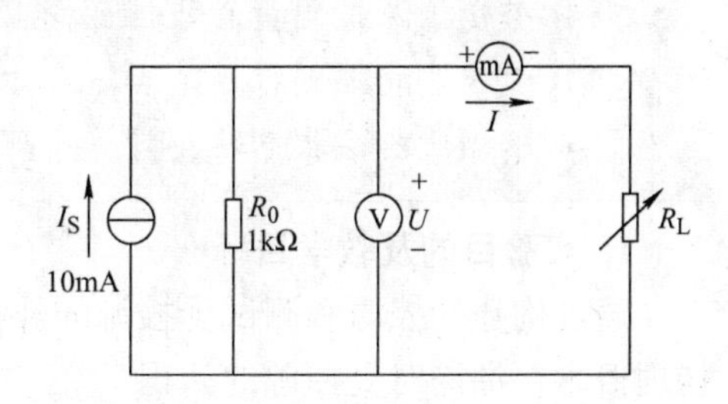

图 3-9　实际电流源实验线路

4. 实验设备

可调直流稳压源 1 台。

可调直流恒流源 1 台。

指针式万用表 1 只。

数字式万用表 1 只。

直流电路元件箱 1 个。

5. 实验注意事项

1）测二极管正向特性时，稳压电源输出应由小至大逐渐增加，应时刻注意电流表读数不得超过 35mA。稳压源输出端切勿碰线短路。

2）进行不同实验时，应先估算电压和电流值，合理选择仪表的量程，勿使仪表超量程，仪表的极性亦不可接错。

6. 实验报告要求

1）根据各实验结果数据，分别在方格纸上绘制出光滑的伏安特性曲线（其中二极管和稳压管的正、反向特性均要求画在同一张图中，正、反向电压可取为不同的比例尺）。

2）根据不同的伏安特性曲线的性质区分它们为何种性质的元器件。

3）通过元器件伏安特性曲线分析欧姆定律对哪些元器件成立，哪些元器件不成立。

3.3 运算放大器及其受控电源的构建

预习与思考

1）学习运算放大器及受控源的有关理论知识，说明受控源和独立源相比有何异同点？

2）四种受控源中μ、g_m、r_m和β的意义是什么？

3）若受控源控制量的极性反向，试问其输出极性是否发生变化？

4）受控源的控制特性是否适合于交流信号？

5）根据所给实验电路，计算出理论值填入各个表中。

1. 实验目的及教学目标

通过构建受控源和测试受控源的外特性及其转移参数，进一步理解受控源的物理概念，加深对受控源的认识。

（1）知识目标

◆能表述受控源的概念及四种受控源的模型结构和参数

◆能描述运算放大器的模型结构及“虚短”“虚断”的性质

（2）技能目标

◆熟练使用数字万用表测量电压、电流和电阻

◆能实现用运算放大器构成四种受控源并掌握受控源特性的测量方法

（3）能力目标

◆能自行推导构建四种受控源的μ、g_m、r_m和β的参数公式

◆分析测试数据，归纳四种受控源的不同点

2. 实验原理

（1）运算放大器的基本原理

运算放大器是一种有源二端口元件，图3-10是运算放大器的模型及其电路符号。它有两个输入端，一个输出端和一个对输入、输出信号的参考地线端。信号从“－”端输入时，其输出信号u_o与输入信号反相，故称“－”端为反相输入端；信号从“＋”端输入时，其输出信号u_o与输入信号同相，故称“＋”端为同相输入端。u_o为输出端的对地电压，A是运放的开环电压放大倍数，在理想情况下，A和输入电阻R_{in}均为无穷大，而输出电阻R_o为零。

当输出端与反相输入端“－”之间接入电阻等元件时，形成负反馈。这时，

理想运算放大器具有以下重要的性质：

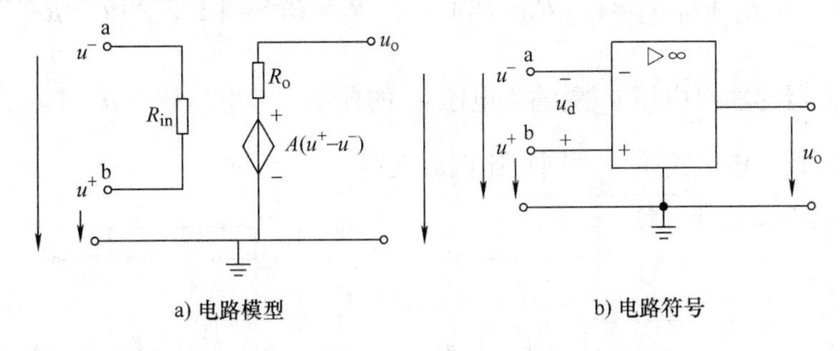

图3-10　运算放大器的模型及其电路符号

1）运算放大器的“+”端与“-”端之间等电位，即$u_+=u_-$，通常称为“虚短”。

2）运算放大器的输入端电流等于零，即$i_+=i_-=0$，通常称为“虚断”。

本实验选用LM324集成运算放大器，研究由运算放大器组成的四种受控源电路的特性。LM324采用14引脚双列直插塑料（陶瓷）封装，引脚如图3-11所示。它的内部包含四组形式完全相同的运算放大器，除电源共用外，四组运放相互独立，“V_{CC}”、“V_{EE}”为正负电源端。每一组运算放大器可用图3-10b所示的电路符号来表示。电路符号中，“+”、“-”两个信号输入端对应图3-11中的各组输入端“+”、“-”，电路符号中“u_o”输出端对应图3-11中各组输出端。

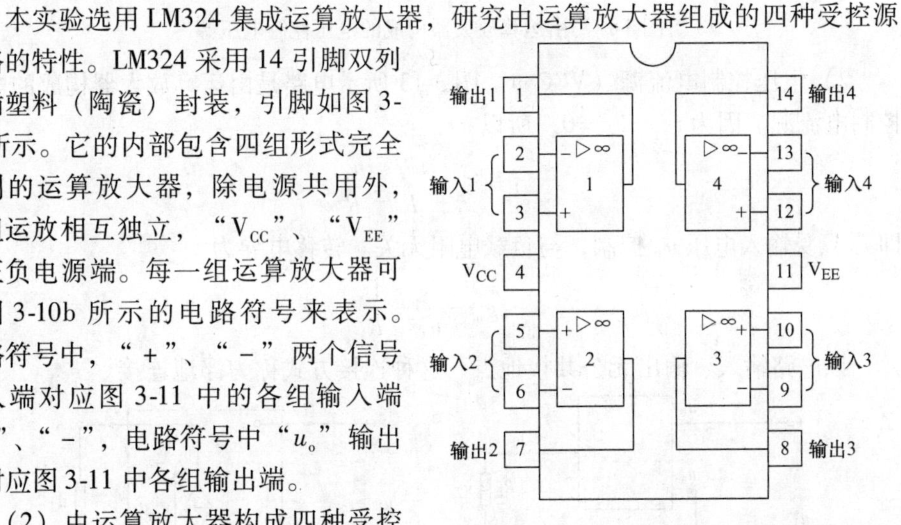

图3-11　LM324运算放大器引脚

（2）由运算放大器构成四种受控源的原理

受控源向外电路提供的电压或电流是受其他支路的电压或电流控制，因而受控源是双口元件：一个为控制端口或称输入端口，输入控制量（电压或电流）；另一个为受控端口或称输出端口，向外电路提供电压或电流。受控端口的电压或电流，受控制端口的电压或电流的控制。根据控制变量与受控变量的不同组合，受控源可分为四类：电压控制电压源（VCVS）、电压控制电流源（VCCS）、电流控制电压源（CCVS）、电流控制电流源（CCCS）。

1）电压控制电压源（VCVS）。图3-12所示电路是由运算放大器构成的电压控制电压源。因为$u_+=u_-=u_1$，且$i_{R_1}=i_{R_2}$，所以

$$u_2 = i_{R_1}R_1 + i_{R_2}R_2 = i_{R_2}(R_1 + R_2) = \frac{u_1}{R_2}(R_1 + R_2) = \left(1 + \frac{R_1}{R_2}\right)u_1 = \mu u_1$$

即运算放大器的输出电压 u_2 受输入电压 u_1 的控制，其电压比为$\mu = 1 + \frac{R_1}{R_2}$，称为电压放大系数。该电路是一个同相比例放大器。

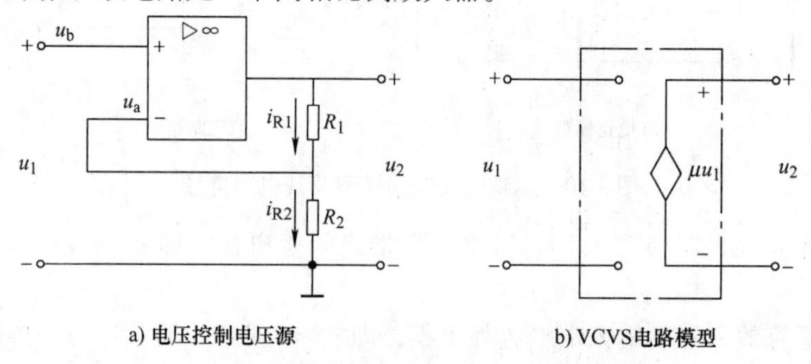

图 3-12　由运算放大器构成的电压控制电压源

2）电压控制电流源（VCCS）。图 3-13 所示电路是由运算放大器构成的电压控制电流源。因为 $i_+ = i_- = 0$，所以

$$i_2 = i_R = \frac{u_+}{R} = \frac{u_1}{R}$$

即 i_2 只受输入电压 u_1 控制，与负载电阻无关。转移电导为

$$g_m = \frac{i_2}{u_1} = \frac{1}{R}$$

该电路输入、输出无公共接地点，这种连接方式称为浮地连接。

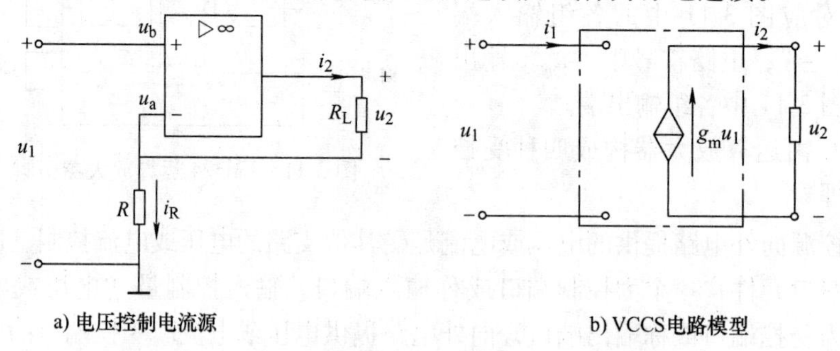

图 3-13　由运算放大器构成的电压控制电流源

3）电流控制电压源（CCVS）。由运算放大器构成的电流控制电压源电路如图 3-14 所示。由于运算放大器的“虚断”特性，流过电阻 R 的电流即为输入电流 i_1。因为运算放大器的“虚短”特性，$u_+ = u_- = u_0$，且 $i_1 = i_R$，所以运算放大器的输出电压为

$$u_2 = -i_1 R$$

即输出电压 u_2 受输入电流 i_1 控制。转移电阻为

$$r_m = \frac{u_2}{i_1} = -R$$

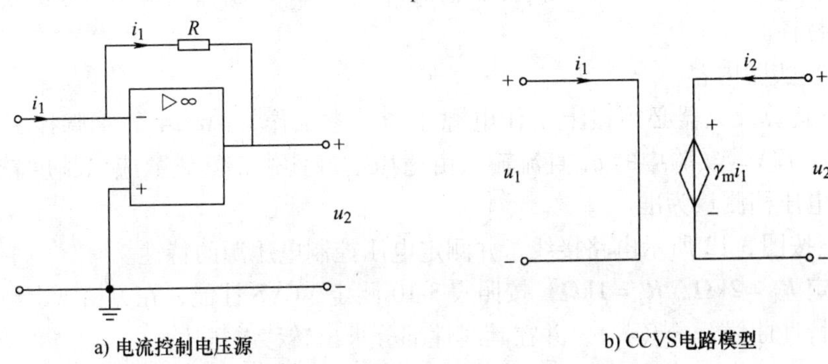

图 3-14　由运算放大器电流控制电压源

4）电流控制电流源（CCCS）。由运算放大器构成的电流控制电流源电路如图 3-15 所示。由于正相输入端“+”接地，“−”端虚地，电路中 a 点的电压为

$$u_a = -i_{R_1}R_1 = -i_1 R_1,\ i_{R_2} = -\frac{u_a}{R_2} = i_1\frac{R_1}{R_2}，所以$$

$$i_2 = i_{R_1} + i_{R_2} = i_1 + i_1\frac{R_1}{R_2} = \left(1 + \frac{R_1}{R_2}\right)i_1$$

即输出电流 i_2 受输入电流 i_1 控制，与负载电阻无关。输出电流比为

$$\beta = \frac{i_2}{i_1} = 1 + \frac{R_1}{R_2}$$

β 称为转移电流比或电流增益。

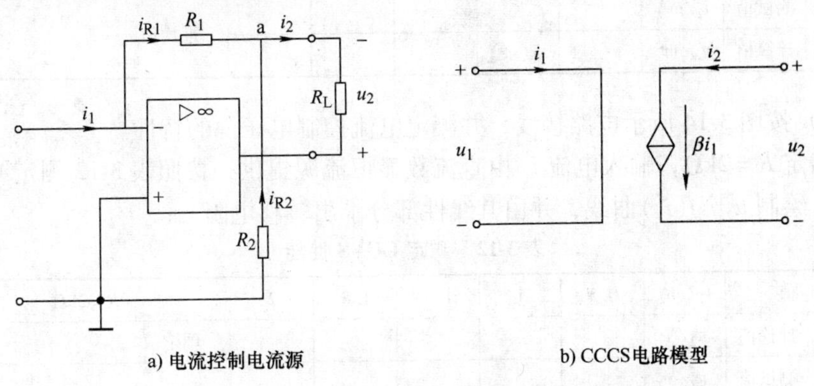

图 3-15　由运算放大器构成的电流控制电流源

3. 实验任务与内容

（1）实验任务

用运算放大器构成电压控制电压源（VCVS）、电压控制电流源（VCCS）、电流控制电压源（CCVS）、电流控制电流源（CCCS）四种受控源，并测定它们各自的特性。

（2）实验内容

1）运算放大器必须接上工作电源才能正常工作，LM324 的 4 脚接 +12V，11 脚接 -12V。实验中的 u_1 直流输入由稳压电源提供，其读数应以精度较高的万用表电压档测量为准。

2）按图 3-12 所示电路接线，并测定电压控制电压源的特性。

给定 $R_1=2\text{k}\Omega$，$R_2=1\text{k}\Omega$，按照表 3-10 测定 VCVS 性能，在方格纸上绘出电压转移特性曲线 $u_2=f(u_1)$，并在其线性部分求出转移电压比 μ。

表 3-10　测定 VCVS 性能

给定值		u_1/V	0.5	1.0	1.5	2.0	2.5	$R_1=2\text{k}\Omega, R_2=1\text{k}\Omega$
VCVS	理论值	u_2/V						理论值 $\mu=$
	测试值	u_2/V						平均值 $\bar{\mu}=$
	计算值	μ						

3）按图 3-13 所示电路接线，并测定电压控制电流源的特性。

给定 $R=1\text{k}\Omega$，$R_L=2\text{k}\Omega$，按照表 3-11 测定 VCCS 性能，实验中 i_2 的值通过测量 R_L 的端电压计算得到，绘制 $i_2=f(u_1)$ 曲线，并由其线性部分求出转移电导 g_m。

表 3-11　测定 VCCS 性能

给定值		u_1/V	1	1.5	2	2.5	3	$R=1\text{k}\Omega, R_L=2\text{k}\Omega$
VCCS	理论值	i_2/mA						理论值 $g_m=$
	测试值	i_2/mA						平均值 $\overline{g_m}=$
	计算值	g_m/mS						

4）按图 3-14 所示电路接线，并测定电流控制电压源的特性。

给定 $R=2\text{k}\Omega$，输入电流 i_1 由直流数显恒流源提供，按照表 3-12 测定 CCVS 性能，绘制 $u_2=f(i_1)$ 曲线，并由其线性部分求出转移电阻 r_m。

表 3-12　测定 CCVS 性能

给定值		i_1/mA	0.5	1	1.5	1.8	2	$R=2\text{k}\Omega$
CCVS	理论值	u_2/V						理论值 $r_m=$
	测试值	u_2/V						平均值 $\overline{r_m}=$
	计算值	r_m/kΩ						

5）按图3-15所示电路接线，并测定电流控制电流源的特性。

给定 $R_1 = R_2 = R_L = 1k\Omega$，输入电流 i_1 由直流数显恒流源提供，实验中 i_2 的值通过测量 R_L 的电压计算得到，按照表3-13测定CCCS性能，绘制 $i_2 = f(i_1)$ 曲线，并由其线性部分求出电流增益 β。

表3-13 测定CCCS性能

给定值		i_1/mA	0.5	1	1.5	1.8	2	$R_1 = R_2 = R_L = 1k\Omega$
CCVS	理论值	i_2/mA						理论值 β =
	测试值	i_2/mA						平均值 $\bar{\beta}$ =
	计算值	β						

思考与扩展

用运放构成加法运算电路

1）反相加法运算电路如图3-16所示，请分析输入-输出关系，写出输出表达式。

2）电路按图3-16连接，验证电路的加法关系。

①使输入电压 $u_{i1} = 0.5V$，输入端 u_{i2} 接地，用万用表测量 u_o 的数值，记入表3-14内。

②使输入电压 $u_{i2} = 0.3V$，输入端 u_{i1} 接地，用万用表测量 u_o 的数值，记入表3-14内。

③u_{i1}、u_{i2} 同时加入电源 $u_{i1} = 0.5V$，$u_{i2} = 0.3V$，用万用表测量 u_o 的数值，记入表3-14内。

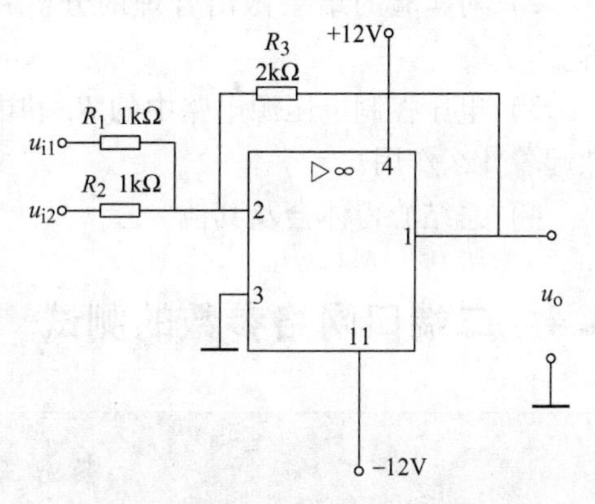

图3-16 反相加法运算电路

表3-14 加法运算电路实验数据

u_i/V	$u_{i1} = 0.5V$ u_{i2} 接地	u_{i1} 接地 $u_{i2} = 0.3V$	$u_{i1} = 0.5V$ $u_{i2} = 0.3V$
u_o/V			

3）根据以上加法电路，请设计一个电路，实现线性叠加表达式：

$$u_o = 0.2u_{i1} + 0.5u_{i2} + 2u_{i3}$$

4. 实验设备

可调直流稳压源1台。

可调直流恒流源 1 台。

直流数字电压表 1 只。

直流数字毫安表 1 只。

综合设计电路元件箱 1 个。

5. 实验注意事项

1）在做此实验前，应检查运算放大器是否正常工作，注意运算放大器的供电电源为 ±12V，并注意 ±12V 电压源的正确接线。

2）运算放大器输出端不能与地短路，且输出电压不宜过高（应小于 10V）。

3）运算放大器外部电路需要改接时（包括改变负载电阻的阻值），应当先切断供电电源并检查其工作状态是否正常。

4）注意恒流源输出端不要开路。

6. 实验报告要求

1）根据实验数据，在方格纸上分别绘出四种受控源的转移特性曲线，并求出相应的转移参量，填入表格。

2）对实验的结果做出合理的分析和结论，总结对四种受控源的认识和理解。

3）电压控制电压源电路中的 R_1 和电流控制电压源中的 R 对受控电源的参数起着什么作用？

4）总结心得体会及其他。

3.4 二端口网络参数的测试

预习与思考

1）二端口网络的参数与外加电压或流过网络的电流是否有关？

2）二端口网络的双口同时测量法与单口分别测量法有哪些测量步骤？

3）试述双口同时测量法与单口分别测量法的特点及其适用情况。

4）画出实验内容 2 的级联线路图，并完成相应的理论计算和仿真实验。

1. 实验目的及教学目标

学习无源线性二端口网络的参数测定方法；根据测试参数计算传输参数 A，并验证级联二端口网络传输参数之间的关系；深入理解二端口网络的互易特性。

（1）知识目标

◆熟识二端口网络各类方程的基本组成形式

◆能说明二端口网络四个测试参数 R_{10}、R_{1S}、R_{20}、R_{2S}的概念和含义

（2）技能目标

◆掌握二端口网络的“双口同时测量法”与“单口分别测量法”

◆能应用不同的测量法对二端口网络的传输参数进行测量

（3）能力目标

◆分析测试数据，评判所测二端口网络的互易性

◆归纳级联二端口网络的各传输参数测试数据之间的关系

2. 实验原理

“端口”是网络中的一对引出端钮，且流入其中一个端钮的电流恒等于从另一个端钮流出的电流，这一约束条件称为端口条件。对外具有两个端口的网络称为二端口网络，也称为双口网络。

对于任何一个线性二端口网络，通常情况下人们所关心的往往只是输入端口和输出端口的电压、电流间的相互关系。通过实验测定方法求取一个简化的等值二端口电路来替代原网络，也就是将二端口网络视为一个“黑箱”，不研究其内部电路的工作状态，仅测定表征二端口网络的参数便能得到由参数方程联系着的端口电压-电流关系，进而对二端口网络的传输特性进行分析。

（1）二端口网络的方程和参数

一个二端口网络两端口的电压和电流四个变量之间的关系，可以用多种形式的参数方程来表示。如果采用输出口的电压 U_2 和电流 I_2 作为自变量，以输入口的电压 U_1 和电流 I_1 作为应变量，所得的方程称为二端口网络的传输参数方程，如图3-17所示的无源线性二端口网络的传输参数方程为

$$\begin{aligned} U_1 &= a_{11}U_2 + a_{12}(-I_2) \\ I_1 &= a_{21}U_2 + a_{22}(-I_2) \end{aligned} \quad \text{或} \quad \begin{bmatrix} U_1 \\ I_1 \end{bmatrix} = \begin{bmatrix} a_{11} & a_{12} \\ a_{21} & a_{22} \end{bmatrix} \begin{bmatrix} U_2 \\ -I_2 \end{bmatrix} = \boldsymbol{A} \begin{bmatrix} U_2 \\ -I_2 \end{bmatrix}$$

式中，$\boldsymbol{A}$ 称为传输参数矩阵，各元素 a_{11}、a_{12}、a_{21}、a_{22} 为二端口网络的传输参数，其值完全决定于网络的拓扑结构及各支路元器件的参数值，这四个参数表征了该二端口网络的基本特性，它们的含义是：

$$a_{11} = \frac{U_{10}}{U_{20}} \quad (\text{令} -I_2 = 0\text{，即输出口开路时})$$

$$a_{12} = \frac{U_{1S}}{-I_{2S}} \quad (\text{令 } U_2 = 0\text{，即输出口短路时})$$

$$a_{21} = \frac{I_{10}}{U_{20}} \quad (\text{令} -I_2 = 0\text{，即输出口开路时})$$

$$a_{22} = \frac{I_{1S}}{-I_{2S}} \quad (\text{令 } U_2 = 0\text{，即输出口短路时})$$

图3-17　无源线性二端口网络

从四个端口变量中任选两个作为自变量共有六种选法。对每一种选法，均能得到一种两个应变量与两个自变量之间关系的显式方程，于是能得出六种二端口

网络的参数方程。表 3-15 是 R（电阻参数）、G（电导参数）、A（传输参数）和 H（混合参数）的比较表。

表 3-15 二端口网络四类参数方程及其参数

参数名称	G(电导)参数	R(电阻)参数	A(传输)参数	H(混合)参数
参数方程	$I_1=g_{11}U_1+g_{12}U_2$ $I_2=g_{21}U_1+g_{22}U_2$	$U_1=r_{11}I_1+r_{12}I_2$ $U_2=r_{21}I_1+r_{22}I_2$	$U_1=a_{11}U_2+a_{12}(-I_2)$ $I_1=a_{21}U_2+a_{22}(-I_2)$	$U_1=h_{11}I_1+h_{12}U_2$ $I_2=h_{21}I_1+h_{22}U_2$
参数矩阵	$\boldsymbol{G}=\begin{bmatrix}g_{11} & g_{12}\\ g_{21} & g_{22}\end{bmatrix}$	$\boldsymbol{R}=\begin{bmatrix}r_{11} & r_{12}\\ r_{21} & r_{22}\end{bmatrix}$	$\boldsymbol{A}=\begin{bmatrix}a_{11} & a_{12}\\ a_{21} & a_{22}\end{bmatrix}$	$\boldsymbol{H}=\begin{bmatrix}h_{11} & h_{12}\\ h_{21} & h_{22}\end{bmatrix}$
参数的开路/短路求法	$g_{11}=\left.\frac{I_1}{U_1}\right\|_{U_2=0}$	$r_{11}=\left.\frac{U_1}{I_1}\right\|_{I_2=0}$	$a_{11}=\left.\frac{U_1}{U_2}\right\|_{I_2=0}$	$h_{11}=\left.\frac{U_1}{I_1}\right\|_{U_2=0}$
	$g_{21}=\left.\frac{I_2}{U_1}\right\|_{U_2=0}$	$r_{21}=\left.\frac{U_2}{I_1}\right\|_{I_2=0}$	$a_{21}=\left.\frac{I_1}{U_2}\right\|_{I_2=0}$	$h_{21}=\left.\frac{I_2}{I_1}\right\|_{U_2=0}$
	$g_{12}=\left.\frac{I_1}{U_2}\right\|_{U_1=0}$	$r_{12}=\left.\frac{U_1}{I_2}\right\|_{I_1=0}$	$a_{12}=\left.\frac{U_1}{-I_2}\right\|_{U_2=0}$	$h_{12}=\left.\frac{U_1}{U_2}\right\|_{I_1=0}$
	$g_{22}=\left.\frac{I_2}{U_2}\right\|_{U_1=0}$	$r_{22}=\left.\frac{U_2}{I_2}\right\|_{I_1=0}$	$a_{22}=\left.\frac{I_1}{-I_2}\right\|_{U_2=0}$	$h_{22}=\left.\frac{I_2}{U_2}\right\|_{I_1=0}$
互易条件	$g_{12}=g_{21}$	$r_{12}=r_{21}$	$a_{11}a_{22}-a_{12}a_{21}=1$	$h_{12}=-h_{21}$
对称条件	$g_{12}=g_{21}$ $g_{11}=g_{22}$	$r_{12}=r_{21}$ $r_{11}=r_{22}$	$a_{11}a_{12}-a_{12}a_{21}=1$ $a_{11}=a_{22}$	$h_{12}=-h_{21}$ $\begin{vmatrix}h_{11} & h_{12}\\ h_{21} & h_{22}\end{vmatrix}=1$

（2）二端口网络传输参数 $\boldsymbol{A}$ 的测量

由传输参数的含义可知，只要在电路的输入口加上电压（输出口开路或短路），在两个端口同时测量其电压和电流，即可求出 a_{11}、a_{12}、a_{21}、a_{22} 四个参数，此即为“双口同时测量法”。

若要测量一条远距离输电线构成的二端口网络，采用“双口同时测量法”就很不方便，这时可采用“单口分别测量法”，即首先是在输入口加电压，而将输出口开路或短路，在输入口测量电压和电流，由传输方程可得

$$R_{10}=\frac{U_{10}}{I_{10}}=\frac{a_{11}}{a_{21}}\quad（令\ I_2=0，即输出口开路时）$$

$$R_{1S}=\frac{U_{1S}}{I_{1S}}=\frac{a_{12}}{a_{22}}\quad（令\ U_2=0，即输出口短路时）$$

然后在输出口加电压测量，而将输入口开路或短路，此时可得

$$R_{20}=\frac{U_{20}}{-I_{20}}=\frac{a_{22}}{a_{21}}\quad（令\ I_1=0，即输入口开路时）$$

$$R_{2S}=\frac{U_{2S}}{-I_{2S}}=\frac{a_{12}}{a_{11}}\quad（令\ U_1=0，即输入口短路时）$$

测试参数 R_{10}、R_{1S}、R_{20}、R_{2S}分别表示一个端口开路或短路时另一端口的等效输入电阻，且满足$\frac{R_{10}}{R_{20}}=\frac{R_{1S}}{R_{2S}}=\frac{a_{11}}{a_{22}}$，因此这四个测试参数中有三个参数是独立的。

至此，可根据测试参数求出四个传输参数：

$$a_{11}=\sqrt{R_{10}/(R_{20}-R_{2S})}$$
$$a_{12}=R_{2S}a_{11}$$
$$a_{21}=a_{11}/R_{10}$$
$$a_{22}=R_{20}a_{21}$$

（3）二端口网络的级联

两个二端口网络的级联连接如图 3-18 所示。若干个二端口网络级联后的复合二端口网络的传输参数亦可采用前述的测试方法之一求得。由理论可推得两个二端口网络 N′和 N″级联而成的复合二端口网络 N（图 3-18 中点画线框所示）传输参数与每一个参加级联的二端口网络的传输参数之间有如下的关系

$$a_{11}=a'_{11}a''_{11}+a'_{12}a''_{21} \qquad a_{12}=a'_{11}a''_{12}+a'_{12}a''_{22}$$
$$a_{21}=a'_{21}a''_{11}+a'_{22}a''_{21} \qquad a_{22}=a'_{21}a''_{12}+a'_{22}a''_{22}$$

即复合二端口网络 N 的传输参数矩阵 $\boldsymbol{A}=\boldsymbol{A}'\cdot\boldsymbol{A}''$，其中 $\boldsymbol{A}'$和 $\boldsymbol{A}''$分别为二端口网络 N′和 N″的传输参数矩阵。

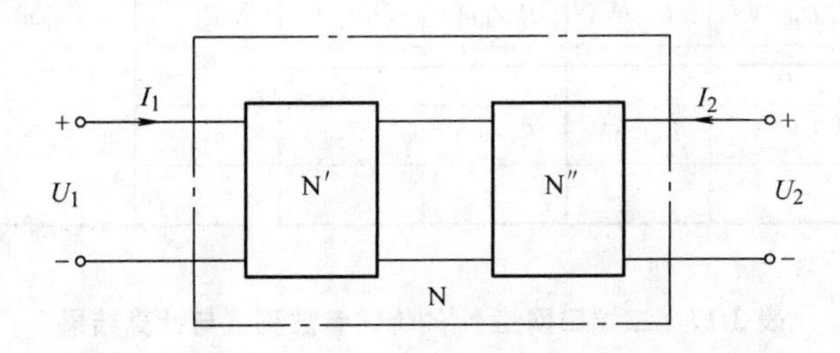

图 3-18　两个二端口网络的级联连接

3. 实验任务与内容

（1）实验任务

用“双口同时测量法”和“单口分别测量法”测定二端口网络或复合二端口网络的传输参数，并验证复合二端口网络传输参数与级联的两个二端口网络传输参数之间的关系。

（2）实验内容

二端口网络实验线路如图 3-19 所示。将直流稳压电源输出电压调至 10V，作为二端口网络的输入。

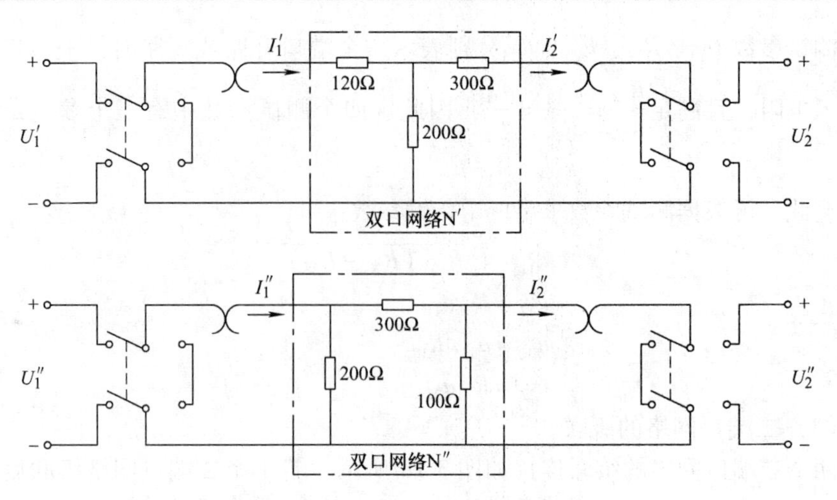

图 3-19　二端口网络的实验线路

1）按“双口同时测量法”分别测定两个二端口网络 N′和 N″的传输参数 a_{11}'、a_{12}'、a_{21}'、a_{22}'和 a_{11}''、a_{12}''、a_{21}''、a_{22}''，并列出它们的传输参数方程，将测量值和计算值分别填入表 3-16 和表 3-17（可设定一端口输入电压为 6V）。

表 3-16　二端口网络 N′的传输参数测试与计算结果

二端口网络N′		测量值			计算值		
	输出端开路 $I_2'=0$	U_{10}'/V	U_{20}'/V	I_{10}'/mA	a_{11}'	a_{21}'	$a_{11}'a_{22}'-a_{12}'a_{21}'$
		6					
	输出端短路 $U_2'=0$	U_{1S}'/V	I_{1S}'/mA	I_{2S}'/mA	a_{12}'	a_{22}'	
		6					

表 3-17　二端口网络 N″的传输参数测试与计算结果

二端口网络N″		测量值			计算值		
	输出端开路 $I_2''=0$	U_{10}''/V	U_{20}''/V	I_{10}''/mA	a_{11}''	a_{21}''	$a_{11}''a_{22}''-a_{12}''a_{21}''$
		6					
	输出端短路 $U_2''=0$	U_{1S}''/V	I_{1S}''/mA	I_{2S}''/mA	a_{12}''	a_{22}''	
		6					

2）将两个二端口网络级联后，用“单口分别测量法”测量级联后的复合二端口网络的传输参数 a_{11}、a_{12}、a_{21}、a_{22}，按级联次序分别为先 N′后 N″和先 N″后 N′填入表 3-18 和表 3-19，并验证复合二端口网络的传输参数与级联的两个二端口网络传输参数之间的关系（可设定端口输入电压为 6V）。

表 3-18　复合二端口网络 N 的传输参数测试与计算结果（级联次序为先 N′后 N″）

输出端开路 $I_2=0$			输出端短路 $U_2=0$			计　算 传输参数
U_{10}/V	I_{10}/mA	R_{10}/kΩ	U_{1S}/V	I_{1S}/mA	R_{1S}/kΩ	
6			6			a_{11} =
输入端开路 $I_1=0$			输入端短路 $U_1=0$			a_{12} =
U_{20}/V	I_{20}/mA	R_{20}/kΩ	U_{2S}/V	I_{2S}/mA	R_{2S}/kΩ	a_{21} =
6			6			a_{22} =

表 3-19　复合二端口网络 N 的传输参数测试与计算结果（级联次序为先 N″后 N′）

输出端开路 $I_2=0$			输出端短路 $U_2=0$			计　算 传输参数
U_{10}/V	I_{10}/mA	R_{10}/kΩ	U_{1S}/V	I_{1S}/mA	R_{1S}/kΩ	
6			6			a_{11} =
输入端开路 $I_1=0$			输入端短路 $U_1=0$			a_{12} =
U_{20}/V	I_{20}/mA	R_{20}/kΩ	U_{2S}/V	I_{2S}/mA	R_{2S}/kΩ	a_{21} =
6			6			a_{22} =

思考与扩展

具有互易性的二端口网络及其等效电路

概括地说，具有互易性的二端口网络，是指在只有一个激励源的二端口网络中，该激励与其在另一支路中的响应（电压或电流）可以等值地相互易换位置。按激励与响应选取电压或电流的不同组合，互易性共有三种不同的表现形式。

1）试通过实际测试说明表 3-15 中 G 参数、R 参数和 H 参数的互易条件分别对应着哪种形式的互易性？由表 3-16～表 3-18 的测试数据判断二端口网络 N′、N″和复合二端口网络 N 是否具有互易性。

2）试说明具有互易性的二端口网络的最简等效电路的形式，并根据表 3-18 的测试数据求复合二端口网络 N 的最简形式的等效电路 Ñ，再应用“双口同时测量法”或“单口分别测量法”对等效电路 Ñ 的传输参数进行测试和验算。

4. 实验设备

可调直流稳压源 1 台。

直流数字电压表 1 只。

直流数字毫安表 1 只。

直流电路元件箱 1 个。

5. 实验注意事项

1）用电流插头、插座测量电流时，要注意判别电流表的极性及选取适合的量程（根据所给的电路参数，估算电流表量程）。

2）两个二端口网络级联时，应将一个二端口网络 N′的输出端与另一个二端口网络 N″的输入端连接。

6. 实验报告要求

1）完成对数据表格的测量和计算任务，说明所测二端口网络的互易性。

2）列写 N′、N″和两者级联而成的复合二端口网络 N 的传输参数方程。

3）总结级联后等效二端口网络的传输参数矩阵与级联的两个二端口网络传输参数矩阵之间的关系。

4）总结、归纳二端口网络的测试技术及其实测体会。

3.5　常用电子仪器的使用与典型电信号的测量

预习与思考

1）阅读附录 A.3，了解双踪示波器的功能及面板上常用各主要旋钮（Y 轴衰减旋钮、X 扫描速度旋钮、起稳定波形作用的调节旋钮、输入耦合方式以及 Y\X 位移等）的作用和调节方法。

2）阅读附录 A.4 和 A.5，了解函数信号发生器和交流毫伏表的使用方法。

3）回答下列各题：

①示波器 Y 轴输入耦合转换按键置“DC”是______耦合，置“AC”是______耦合。若要观察带有直流分量的交流信号，开关置于____档时，观察交流分量；开关置于____档时，观察直流分量。

②示波器中的“⊥”或“GND”起什么作用？

③交流毫伏表是用来测量正弦波电压还是非正弦波电压？它的表头指示值是被测信号的什么数值？它是否可以用来测量直流电压的大小？

④在实验中，所有仪器与实验电路必须共地（所有的地接在一起），这是为什么？

1. 实验目的及教学目标

熟悉双踪示波器、函数信号发生器和交流毫伏表各旋钮、开关的作用及其使用方法；初步掌握用示波器观察典型电信号波形，定量测出正弦信号和脉冲信号的波形参数；熟练掌握直流稳压电源、万用表（模拟、数字）的使用方法。

（1）知识目标

◆了解常用电子仪器的类型和功能

◆能说明示波器、函数信号发生器、直流稳压电源、交流毫伏表、万用表在电路测量中的作用

（2）技能目标

◆掌握示波器的使用方法并能正确测量、测试信号波形及其参数

◆熟练使用函数信号发生器、直流稳压电源、交流毫伏表和万用表

（3）能力目标

◆具有利用电子仪器查找和排除电路中故障的能力

2. 实验原理

在电子电路实验中，经常使用的电子仪器有示波器、函数信号发生器、直流稳压电源、交流毫伏表等。它们和万用表一起，可以完成对电子电路的静态和动态工作情况的测试。各个仪器的功能和操作说明详见附录 A。

（1）示波器

示波器作为一种实用的时域仪器，可用来观察电信号的波形并定量测试被测波形的参数，例如幅度、频率、相位和脉宽等。GOS6031 型示波器面板如图 3-20 所示。

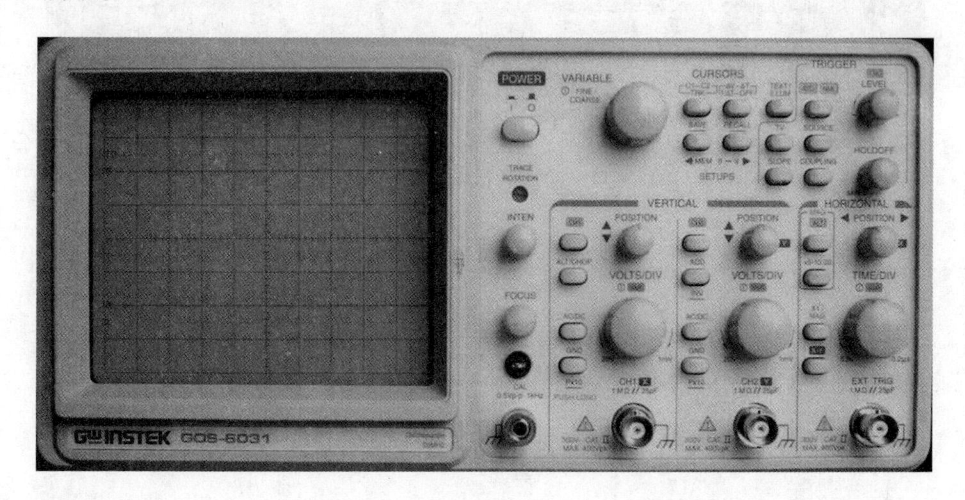

图 3-20　GOS6031 型示波器面板

（2）信号发生器

信号发生器是一种能提供不同类型时变信号的电压源，电路实验常用的信号发生器是函数信号发生器，它能产生正弦波、方波、三角波、锯齿波和脉冲波等信号。SG1651A 型函数信号发生器面板如图 3-21 所示。

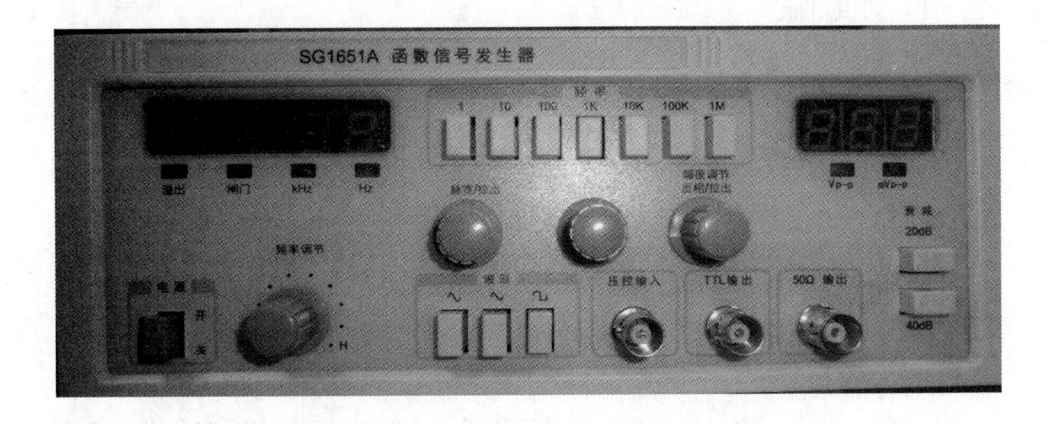

图 3-21　SG1651A 型函数信号发生器面板

（3）毫伏表

毫伏表能对频率范围较宽的正弦电压进行测量，该仪表表面上的标度只是按正弦电压有效值进行刻度的。AS2295A 双输入交流毫伏表面板如图 3-22 所示。

图 3-22　AS2295A 双输入交流毫伏表面板

（4）稳压电源

稳压电源能提供不同值的直流电压，GPS-3303C 型直流稳压电源二路独立输出 0 ~ 30V 连续可调，最大电流为 3A；二路串联输出时，最大电压为 60V，最大电流为 3A；二路并联输出时，最大电压为 30V，最大电流为 6A。另一路为固定输出电压 5V，最大电流为 3A 的直流电源。GPS-3303C 型直流稳压电源面板如图 3-23 所示。

图 3-23　GPS-3303C 型直流稳压电源面板

（5）万用表（模拟、数字）

万用表具有基本的直流电压、交流电压、直流电流、交流电流、电阻测量功能。万用表有模拟和数字两种类型。MF-14 为模拟万用表，其面板如图 3-24 所示。UT-803 为数字万用表，其面板如图 3-25 所示。万用表使用时要注意测量的是交流还是直流信号，注意选择量程，特别要注意不要用电流档去测量电压，会烧坏万用表。

图 3-24　MF-14 面板

仪器设备的互连如图 3-26 所示。接线时应注意，为防止外界干扰，各仪器的公共接地端应连接在一起，称共地。信号源和交流毫伏表的引线通常用屏蔽线或专用电缆线，示波器接线使用专用电缆线，直流电源的接线用普通导线。一般电缆线的芯线接一红色鳄鱼夹，网状屏蔽线接一黑色鳄鱼夹，网状屏蔽线的另一端与测量线插头的外部金属部分相接。当把测量线插到插座（普通仪器多用 Q9 型插座）上时，黑夹子线即和仪器外壳连在一起，也可以说，黑夹子线端即接地点，因为仪器外壳是与大地相接的。因此，在所有仪器都使用三芯电源线的实验系统中，其黑夹子必须都接在同一点（接地点）上，否则就会造成短路。交流毫伏表后面板有一拨位开关可选择黑夹子浮地或接地状态，若置浮地状态，则毫伏表可测电路任意两点电压。

图 3-25　UT-803 面板

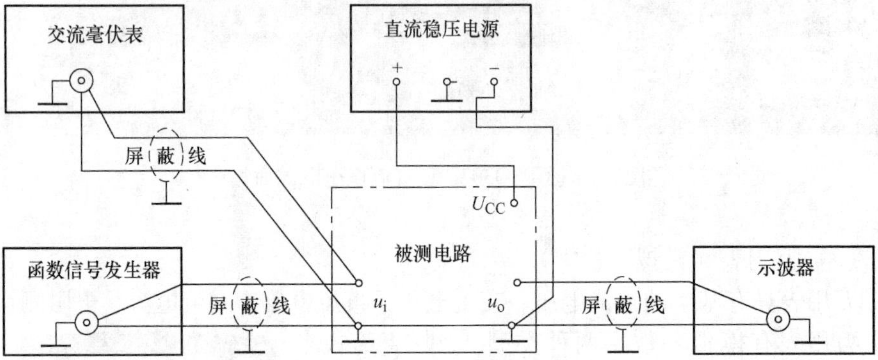

图 3-26　仪器设备的互连

3. 实验任务与内容

（1）实验任务

使用示波器、函数信号发生器、直流稳压电源、交流毫伏表、万用表来测试正弦波、矩形波的参数。

（2）实验内容

1）各仪器仪表的基本使用方法。

①示波器的基本使用方法。

a）开启电源，调节“辉度（INTENSITY）”按钮，使光点亮度适中；熟悉且反复调节“聚焦（FOCUS）”、“光迹旋转（TRACE ROTATION）”、“X 轴移位（HORIZONTAL POSITION）”、“Y 轴移位（VERTICAL POSITION）”等有关旋钮，使荧光屏上显示出一条水平的、清晰的、细而均匀的扫描基线，位置居中。

b）了解触发方式选择按键的作用。

●将 AUTO、NORM 键分别按入，观察荧光屏显示光迹的区别。

●将机内标准信号从 CH1 或 CH2 插座输入示波器，触发器（TRIGER SOURE）相应选择 CH1 或 CH2，再将 AUTO、NORM 键分别按入，调节光迹稳定度（LEVEL），观察信号波形显示的区别。

②函数信号发生器的基本使用方法。

a）根据需要按下“波形选择（WAVE FORM）”开关，选择输出信号的波形（正弦、方波或三角波）。

b）“频率选择”按键置某一档，确定输出信号的频率范围。

c）调整“频率调节（FREQUNCY）”旋钮，改变输出信号的频率。

d）调节“幅度（AMPLITUDE）”旋钮，改变输出信号的幅度。当需要输出小信号时，按下“衰减（ATTE）”键，输出信号的幅度将被衰减20dB（0.1倍）、40dB（0.01倍）或60dB（0.001倍）。函数发生器通常有“占空比”（有时标“对称性”）按键和调节旋钮，它的作用是改变输出波形的对称度（正半周和负半周的宽度）。在不要求改变波形的对称度时，此按键应弹出。

③毫伏表的基本使用方法。

a）仪器在接通电源前，先观察表针机械零点是否为“零”，如果未在零位上，应左右拨动表下方的小孔，进行调零。

b）连接测试线时，毫伏表的接地线（一般为黑色夹子）应与被测电路的公共地端相连。测量时，应先接上地线，然后连接另一端。测量完毕时，应先断开信号端，后断开接地端，以免因感应电压过大而损坏仪表。

c）根据被测电压的大小，选择适当的测量范围。若不知被测电压的可能范围，应将测量范围置最大档，然后逐渐减小，直至指针偏转至满量程的1/2以上。

d）毫伏表读数时，要根据所选择的量程来确定从哪一条刻度读数。例如，指针指在第一条刻度线的数字6处，若此时量程为10V，则读数为6V；若量程为100mV，则读数为60mV；若量程为3V，则读数为1.9V；若量程为30mV，则读数为19mV。其他各量程依此类推。

④直流稳压电源的基本使用方法。

a）接通稳压电源的开关，选择追踪模式“INDEP（独立）”、“SERIES（串联）”、“PARALLEL（并联）”。在INDEP（独立）模式时CH1和CH2的输出分别独立。在SERIES（串联）追踪模式下，CH1和CH2的输出最大电压完全由CH1电压控制，CH2输出端子的正端（红）则自动与CH1输出端子负端（黑）连接。两个键同时按下时，为PARALLEL（并联）追踪模式。在此模式下，CH1输出端和CH2输出端会并联起来，其最大电压和电流由CH1主控电源供应器控制输出。

b）可调电源作为稳压源使用时，应将电流调节旋钮顺时针旋到底，然后调节电压调节旋钮改变输出电压值，这时C.V.灯（绿灯）亮，输出在恒压源状态；可调电源作为稳流源使用时，应将电压调节旋钮顺时针旋到底，然后调节电流调节旋钮改变输出电流值，这时 C. C. 灯（红灯）亮，输出在恒流源状态。

c）直流稳压电源的一路输出端共有三个输出端子，即“+”“-”端子和接地（GND）端子。若“+”“-”两端都不与接地端相连接，则这时的输出电压是浮置的；当“+”“-”两端有一端与接地端连接在一起时，则电源输出是接地的。

d）有些集成电路需要正、负直流电压才能正常工作。这时可使用双路稳压电源，使其输出呈现一路为正、一路为负的形式，连接方法如图 3-27 所示。

⑤万用表的基本使用方法。

a）UT803 数字万用表有五个表笔插孔，测量时黑表笔插入 COM 插孔，红表笔则根据测量需要，插入相应的插孔。测量 mV 电压和电阻时，应插入 Ω · mV 插孔；测量大电压时应插入 V 插孔。测量电流时注意有两个电流插孔，一个是测量小电流的，一个是测量大电流的，应根据被测电流的大小选择合适的插孔。

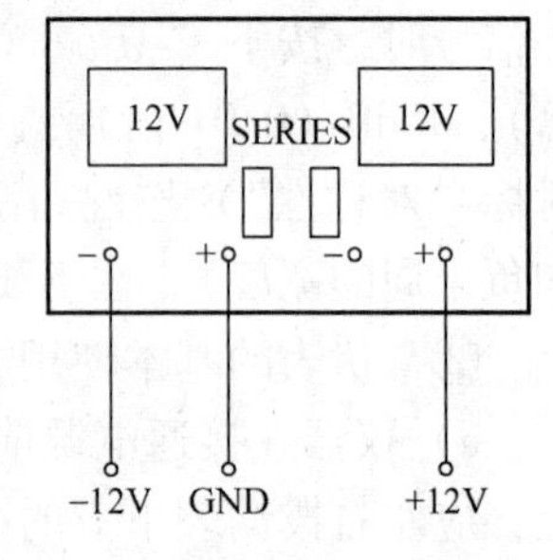

图 3-27 输出正、负电压时的连接方法

b）测量量程的选择。根据被测量值选择合适的量程范围，测直流电压置于 V-量程、交流电压置于 V ~ 量程、直流电流置于 A-量程、交流电流置于 A ~ 量程、电阻置于 Ω 量程。

- 当数字万用表仅在最高位显示“1”时，说明已超过量程，需调高一档。
- 用数字万用表测量电压时，应注意它能够测量的最高电压（交流有效值），以免损坏万用表的内部电路。
- 测量未知电压、电流时，应将功能转换开关先置于高量程档，然后再逐步调低，直到合适的档位。

c）测量交流信号时，被测信号波形应是正弦波，频率不能超过仪表的规定值，否则将引起较大的测量误差。

2）定量测试。

①测试示波器标准信号的幅度和频率。

调节 Y 轴衰减旋钮“V/DIV”（微调旋钮顺时针旋足至 CAL 位置），使荧光屏显示信号波形幅度为 1V，调节扫描速度旋钮“T/DIV”（微调旋钮顺时针旋足至 CAL 位置），使荧光屏显示两个周期的信号波形。记录所选择的 Y 轴衰减开关“V/DIV”的档级及扫描速度开关“T/DIV”档级，将测得的标准信号的幅度和频率填于表 3-20 中。

②交流信号的电压幅度和频率的测量。

a）启动函数信号发生器，使产生 $f = 1\text{kHz}$、幅度有效值 $V = 50\text{mV}$（用毫伏表测量）的正弦信号。正弦波波形及参数如图 3-28 所示。用示波器探头将信号从 CH1 插座输入，调节有关旋钮，使荧光屏稳定地显示完整的波形。试用示波器的正确读数法校核信号的频率和幅度值，且将各旋钮的指示值及测得的各参数值填于表3-20中。

b）改变信号发生器输出信号的频率，使分别产生频率为5kHz、500kHz的正弦信号，调节“T/DIV”开关，使测量时这三个信号波形显示的个数相同，且将测得各信号的波形的个数、“T/DIV”的档级及T和f记录于表3-20中。

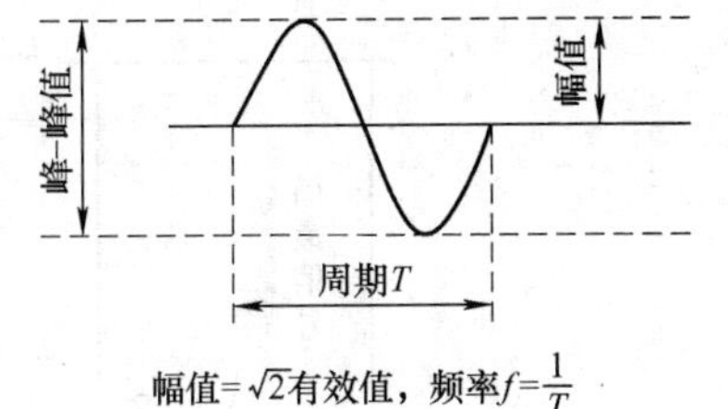

图3-28　正弦波波形及参数

表3-20　示波器测量频率、幅值实验数据

被测信号	示波器标准信号	正弦信号 $f=1\text{kHz}$ $V_{有效}=50\text{mV}$	正弦信号 $f=5\text{kHz}$ $V_{有效}=3\text{V}$	正弦信号 $f=500\text{kHz}$ $V_{有效}=3\text{V}$
扫描速度开关位置/(t/div)				
一个周期占有水平格数/div				
测得信号频率f/Hz，$f=1/T$				
Y轴衰减开关位置/(V/div)				
$V_{P\text{-}P}$占有格数/div				
测得信号幅度有效值/V				

③矩形波信号的观察和测定。

a）将电缆插头换接在信号的输出插口上，选择信号源为矩形波输出。矩形波波形及参数如图3-29所示。

b）调节矩形波的输出幅度为3.0$V_{P\text{-}P}$（峰-峰值，用示波器测定），分别观测100Hz、3kHz和30kHz矩形波信号的波形参数。

c）使信号频率保持在3kHz，选择不同的幅度及脉宽，观测波形参数的变化。

3）用双踪示波器显示测量两波形间相位差。

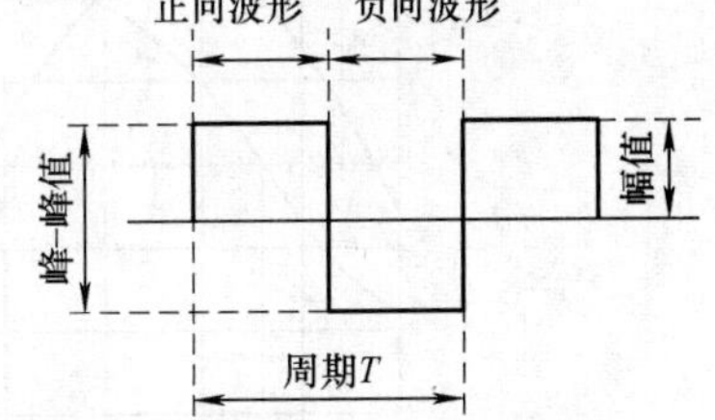

图3-29　矩形波波形及参数

①按图3-30连接实验电路，将函数信号发生器的输出电压调至频率为1kHz，幅值为2V的正弦波，经RC移相网络获得频率相同但相位不同的两路信号u_i和u_R，分别加到双踪示波器的CH1和CH2输入端。

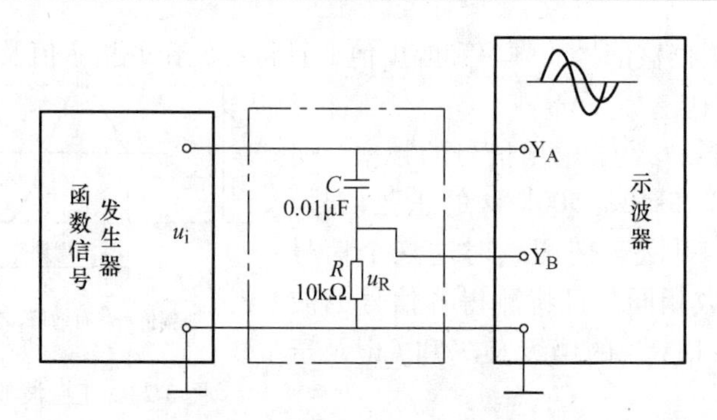

图 3-30　两波形间相位差测量电路

为便于稳定波形，比较两波形相位差，应使内触发信号取自被设定作为测量基准的一路信号。

②把显示方式开关置“交替”档位，将 CH1 和 CH2 输入耦合方式开关置“⊥”档位，调节 CH1 和 CH2 的垂直位移旋钮，使两条扫描基线重合。

③将 CH1 和 CH2 输入耦合方式开关置“AC”档位，调节触发电平、扫速开关及 CH1 和 CH2 灵敏度开关位置，使在荧屏上显示出易于观察的两个相位不同的正弦波形 u_i 及 u_R，如图 3-31 所示。根据两波形在水平方向差距 X 及信号周期 X_T，则可求得两波形相位差，即

$$\theta = \frac{X(div)}{X_T(div)} \times 360°$$

式中，X_T 为一周期所占格数；X 为两波形在 X 轴方向差距格数。

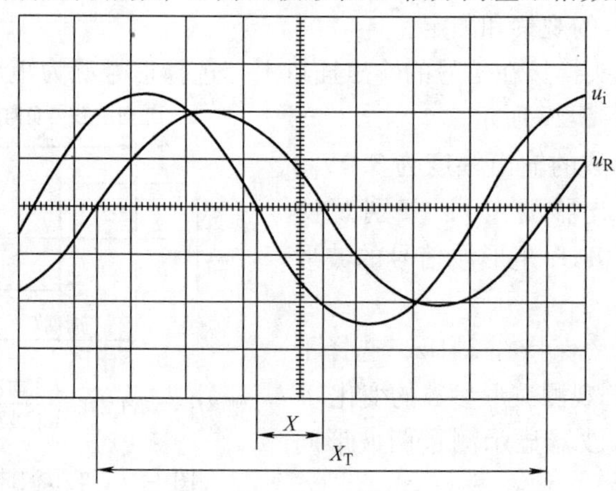

图 3-31　双踪示波器显示两相位不同的正弦波

记录两波形相位差于表 3-21。

表 3-21 两波形相位差测量

一周期格数	两波形 X 轴差距格数	相位差	
		实测值	计算值
X_T =	X =	θ =	θ =

为了读数和计算方便，可适当调节扫速开关及微调旋钮，使波形一周期占整数格。

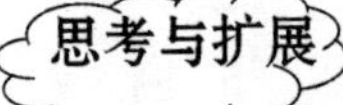

测量电压比较器的输入输出波形

电压比较器是集成运放非线性应用电路，它将一个模拟量电压信号和一个参考电压相比较，在二者幅度相等的附近，输出电压将产生跃变，相应输出高电平或低电平。比较器可以用于模/数转换、越限报警、自动控制，以及波形产生及变换等场合。

图 3-32 所示为一最简单的电压比较器。

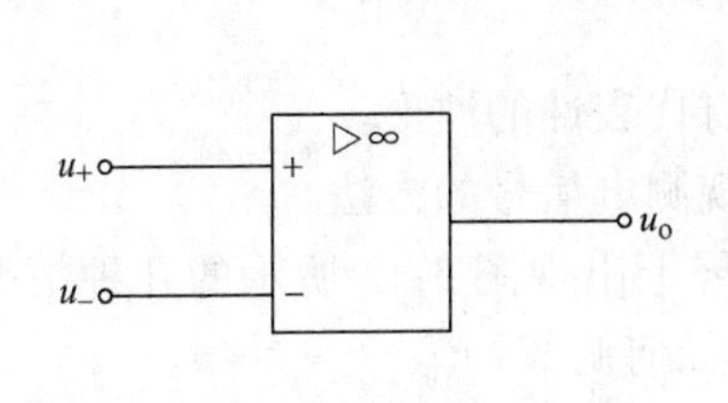

a) 比较器电路

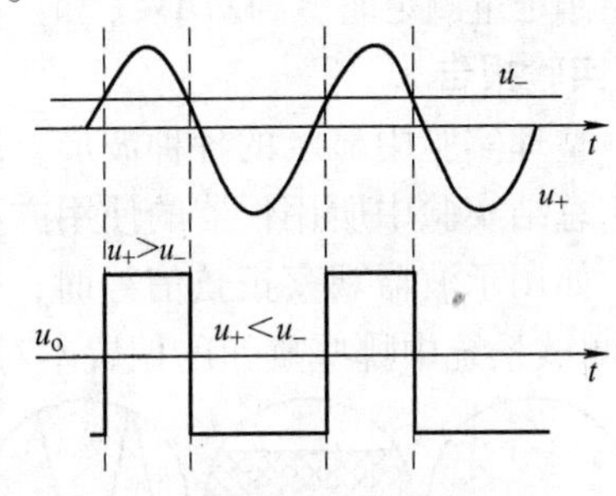

b) 比较器输入、输出波形

图 3-32 电压比较器

当 $u_+ > u_-$ 时，运放输出高电平，$u_o = +U_{OPP}$；

当 $u_+ < u_-$ 时，运放输出低电平，$u_o = -U_{OPP}$。

实验内容：

信号 1：$f = 1\text{kHz}$、峰-峰值位于 10 ~ 12V 之间的正弦波，由信号源提供，接于 u_+ 端。

信号 2：可调直流信号，由实验板上的直流信号源提供，调节范围为 −5 ~ 5V，接于 u_- 端。

请连续调节信号 2，使其从 −5V 到 0V 再到 +5V 变化（用一个直流电压表监测即可），同时观察输出信号与正弦波输入信号的变化关系，并选三组波形记录下来。这三组波形分别对应于信号 2 为正值、负值和零。

请通过实验观测，寻求如下问题的答案：

1）调节正弦输入信号的幅值是否可以改变输出信号的幅值？

2）在输入信号 2 的不同取值下，输出信号的频率是否改变？

注意：比较器以±12V 的直流电压为正常工作的前提条件。

4. 实验设备

双踪示波器 1 台。

函数信号发生器 1 台。

交流毫伏表 1 只。

指针式万用表 1 只。

数字式万用表 1 只。

可调直流稳压源 1 台。

5. 实验注意事项

1）为防止外界干扰，信号发生器的接地端与示波器的接地端要相连(称共地)。

2）调节示波器时，要注意触发开关和电平调节旋钮的配合使用，以使显示的波形稳定。

3）作定量测定时，“T/DIV”和“V/DIV”的微调旋钮应旋置“标准”位置。

6. 实验报告

1）整理实验中显示的各种波形，绘制有代表性的波形。

2）总结实验中所用仪器的使用方法及观测电信号的方法。

3）如用示波器观察正弦信号时，荧光屏上出现图 3-33 所示的几种情况时，试说明测试系统中哪些旋钮的位置不对？应如何调节？

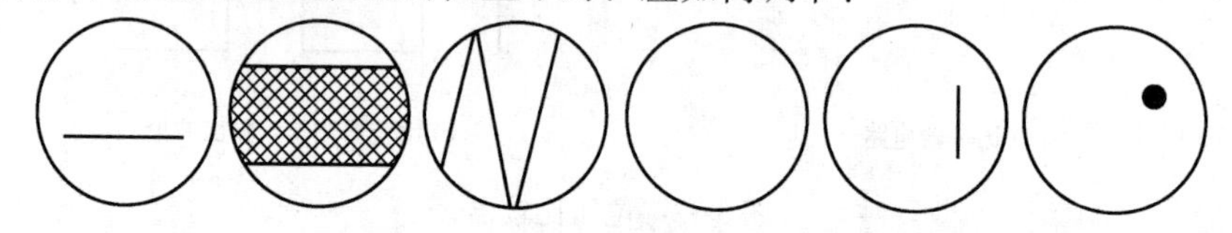

图 3-33　示波器荧光屏显示的几种情况

3.6　一阶电路的瞬态响应测试

预习与思考

1）已知 RC 一阶电路 $R = 10\text{k}\Omega$，$C = 6800\text{pF}$，试计算时间常数 τ，并指出 τ 值的物理意义，拟定测定 τ 的方案。

2）何谓积分电路和微分电路，它们必须具备什么条件？它们在方波序列脉冲的激励下，其输出信号波形的变化规律如何？

1. 实验目的及教学目标

测定 RC 一阶电路的零输入响应、零状态响应及完全响应；学习电路时间常数的测量方法；掌握有关微分电路和积分电路的概念；进一步学会用示波器观测波形。

（1）知识目标

◆能表述零输入响应、零状态响应及完全响应的概念

◆能说明 RC 一阶电路时间常数的物理意义及测定方法

◆能给出 RC 一阶微分电路和积分电路的实例

（2）技能目标

◆进一步熟识函数信号发生器及示波器的使用方法

◆熟练使用示波器对信号波形的定性观察和定量测量

（3）能力目标

◆分析所测时间常数的实验值与理论值的误差原因

◆归纳、总结积分电路和微分电路的形成条件及其响应的区别

2. 实验原理

（1）一阶电路及其瞬态响应

含有 L、C 储能元件（动态元件）的电路称为动态电路。当电路有换路过程时，其响应由一个稳态变化到另一个稳态，这种变化在通常情况下不能瞬间完成，而必须经过一定时间的过渡过程。在这个过渡过程之内，电路中的响应可以由微分方程求解。凡是可用一阶微分方程描述的电路，称为一阶电路。图 3-34 为 RC 一阶电路。

电路在换路后由激励和非零初始状态共同作用下引起的响应称为全响应，对图 3-34 所示的电路，电路中的动态元件（电容）有初始状态 $u_C(0_-)$，当 $t=0$ 时开关 S 在位置 1 合上，可以得出全响应 $u_C(t)$：

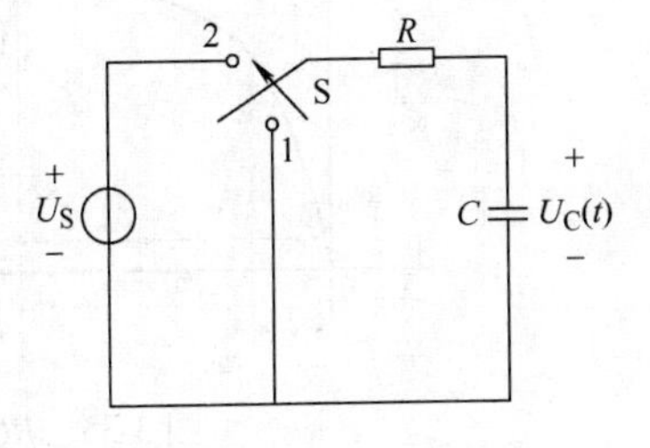

图 3-34　RC 一阶电路

$$u_C(t)=U_S+[u_C(0_+)-U_S]e^{-\frac{t}{\tau}},\ t\geqslant 0$$

式中，$u_C(0_+)$ 为电容的初始电压，等于 $u_C(0_-)$；U_S 为外加电源激励的电压值；$\tau=RC$ 为时间常数。

全响应是零状态响应和零输入响应的叠加。

1）电路在无激励情况下，由储能元件的初始状态引起的响应称为零输入响应。在图 3-34 中，电路中的动态元件（电容）有初始状态 $u_C(0_-)$，当 $t=0$ 时开关 S 在位置 2 合上，则电容的初始电压 $u_C(0_+)$ 经 R 放电，有

$$u_C(t)=u_C(0_+)e^{-\frac{t}{\tau}},\ t\geqslant 0$$

2）当电路中储能元件初始值为零（即零初始状态），且换路后有激励作用时的响应称为零状态响应。对于图 3-34 所示的一阶电路，$u_C(0_-)=0$，当 $t=0$ 时开关 S 合上，直流电源经 R 向 C 充电。有方程

$$u_C(t)=U_S(1-e^{-\frac{t}{\tau}}),\ t\geqslant 0$$

动态网络的过渡过程是十分短暂的单次变化过程，对时间常数 τ 较大的电路，可用慢扫描长余辉示波器观察光点移动的轨迹。然而如果用一般的双踪示波器观察过渡过程和测量有关的参数，必须使这种单次变化的过程重复出现。为此，可利用信号发生器输出的方波来模拟阶跃激励信号，即令方波输出的上升沿作为零状态响应的正阶跃激励信号，其响应得到电容充电曲线；方波下降沿作为零输入响应的负阶跃激励信号，相当于电容通过 R 放电，电路响应转换成零输入响应，得到电容放电曲线。只要选择方波的重复周期远大于电路的时间常数 τ，电路在这样的方波序列脉冲信号的激励下，它的影响和直流电源接通与断开的过渡过程就是基本相同的。

（2）时间常数及其测量

时间常数是反映电路过渡过程快慢的物理量。τ 越大，暂态响应所持续的时间越长，即过渡过程的时间越长；反之，τ 越小，过渡过程的时间越短。一般经过 $4\tau\sim5\tau$，即可认为过渡过程已经结束。图 3-35 为 RC 电路及其时间常数的测量波形。

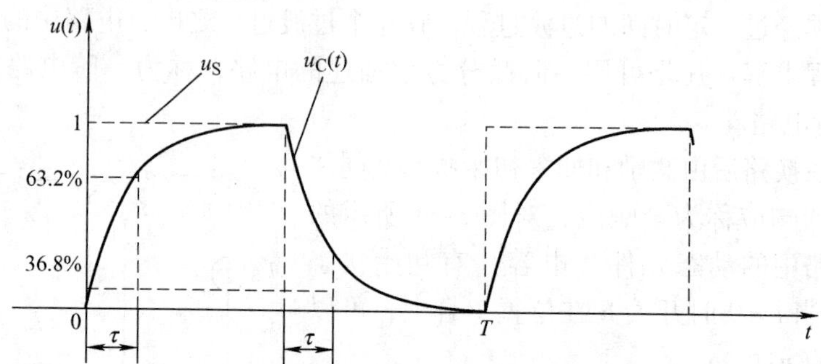

图 3-35　RC 电路及其时间常数的测量波形

为了清楚地观察到响应的全过程，应使方波的半周期和时间常数 τ 保持 $T/2\geqslant5\tau$ 的关系。可以用普通示波器显示出稳定的图形（见图 3-35）。充电曲线当幅值上升到最大值的 63.2% 和放电曲线幅值下降到初始值的 36.8% 所对应的时间即为一个 τ。当在示波器上观察到响应波形时，可根据示波器测时间的原理求得 τ 值。

（3）微分电路和积分电路

微分电路和积分电路对电路元件参数和输入信号的周期有着特定的要求。一

个简单的 RC 串联电路，在方波序列脉冲的重复激励下，当满足 $\tau = RC \ll T/2$（T 为方波脉冲的重复周期），且由 R 端作为响应输出时，就构成了一个微分电路，因为此时电路的输出信号电压与输入信号电压的微分成正比，如图 3-36a 所示。

若将图 3-36a 中的 R 与 C 位置调换一下，即由 C 端作为响应输出，且当电路参数的选择满足 $\tau = RC \gg T/2$ 条件时，即构成积分电路，因为此时电路的输出信号电压与输入信号电压的积分成正比，如图 3-36b 所示。

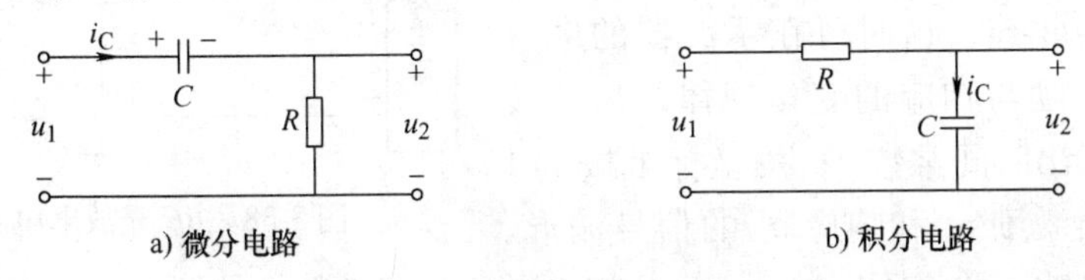

图 3-36　微分电路和积分电路

图 3-37 所示微分和积分电路输入输出电压波形是一般形式。如果选择适合的电路参数 R 和 C，可以使微分电路的输出波形在输入波形过零点时也同时经过零点，使积分电路在下一个脉冲开始时也同时衰减为零，具体的计算方法是使电路的时间常数的取值 τ 与相应的输入波形的周期 T 满足一定的关系。

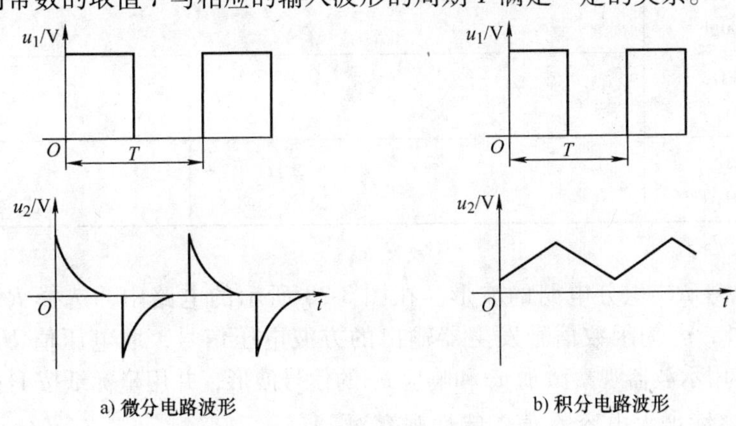

图 3-37　微分和积分电路输入输出电压波形

从输入输出波形来看，上述两个电路均起着波形变换的作用，请在实验过程中仔细观察与记录。

3. 实验任务与内容

（1）实验任务

用示波器观察 RC 一阶电路充、放电过程，并从示波器显示的波形测定时间常数 τ；设计 RC 积分电路和微分电路，定性观察一阶电路波形变换的作用。

（2）实验内容

1）观察 RC 电路充、放电过程及时间常数的测定。从电路板上选择 $R=10\text{k}\Omega$，$C=6800\text{pF}$ 组成如图 3-38 所示的 RC 充放电电路，u_s 为函数信号发生器输出的方波电压信号，取电压值 $U_{\text{P-P}}=6\text{V}$，$f=1\text{kHz}$，并通过两根同轴电缆线，将激励 u_s 和响应 u_c 的信号分别连至示波器的两个输入通道 CH1 和 CH2，示波器的地与此实验电路的地相连，这时可在示波器的屏幕上观察到激励与响应的变化规律，从示波器荧屏上读出时间常数 τ；用坐标纸按 1∶1 的比例描绘激励 u_s 和响应 u_c 的信号波形。改变电路参数，并将不同数值 R、C 相串联的时间常数 τ 的测量值、u_c 的信号测试波形填入表 3-22。

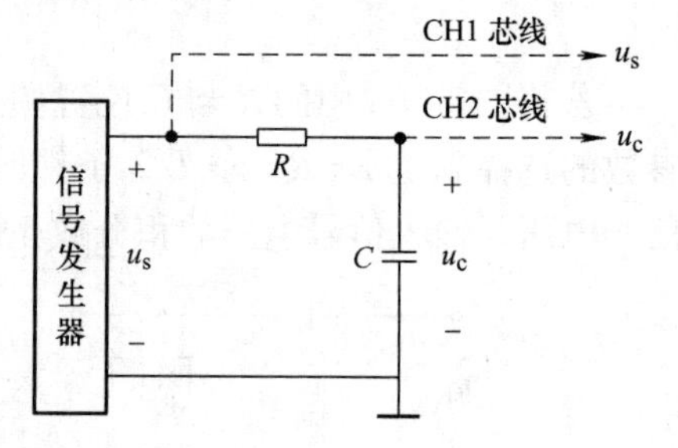

图 3-38　RC 充放电电路

表 3-22　一阶 RC 电路时间常数的测定

元件参数值（R，C）	时间常数 τ（τ = 占有水平格数 × 标尺系数 t/div）	u_c 信号波形（一周期）
$R=10\text{k}\Omega$，$C=6800\text{pF}$		
$R=10\text{k}\Omega$，$C=0.01\mu\text{F}$		
$R=3\text{k}\Omega$，$C=0.01\mu\text{F}$		

2）观察 RC 积分电路的波形。在图 3-38 所示的电路中，选择 $R=10\text{k}\Omega$，$C=0.01\mu\text{F}$，u_s 为函数信号发生器输出的方波电压信号，取电压值 $U_{\text{P-P}}=6\text{V}$，$f=1\text{kHz}$，用示波器观察激励 u_s 和响应 u_c 的信号波形，并用坐标纸按 1∶1 比例描绘出来；继续增大电容 C 值，定性观察对响应的影响，记录观察到的现象。

3）观察 RC 微分电路的波形。选择动态板上 R、C 元件，令 $R=1\text{k}\Omega$，$C=0.01\mu\text{F}$，组成如图 3-39 所示的 RC 微分电路。在同样的方波激励信号（$U_{\text{P-P}}=6\text{V}$，$f=1\text{kHz}$）作用下，用示波器观察激励 u_s 和响应 u_c 的信号波形，并用坐标纸按 1∶1

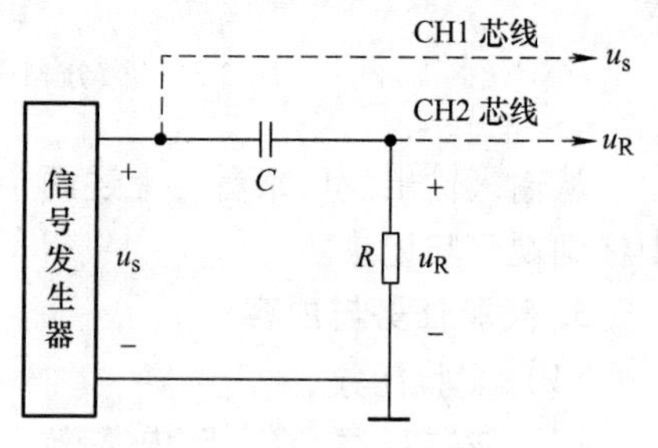

图 3-39　RC 微分电路

比例描绘出来；增加R值，定性观察对响应的影响，并作记录；当R增至1MΩ时，定性观察输入输出波形有何本质上的区别，并作记录。

思考与扩展

一阶电路在正弦激励下的瞬态响应

如图3-40所示的正弦激励下的RC电路中，采用正弦激励$u_s(t)=U_m\sin(\omega t+\theta)$，则

$$u_c(t)=-U_{cm}\sin(\omega t+\theta+\varphi)+U_{cm}\cos(\theta+\varphi)e^{-t/\tau}$$

式中，$U_{cm}=\dfrac{U_m}{\sqrt{R^2+\left(\dfrac{1}{\omega C}\right)^2}}\dfrac{1}{\omega C}$；$\varphi=\mathrm{arctg}^{-1}\left(\dfrac{\frac{1}{\omega C}}{R}\right)$

正弦激励下的电路可能不出现暂态过程直接进入稳态，还可能出现过电压现象，这些都与开关动作时接入的电源的初相角有关。当$\theta+\varphi=\pm\pi/2$时，电路中不出现过渡过程，而立即进入稳态。当$\theta+\varphi=k\pi$（$k=0,1,2\cdots$）时，电容的端电压将出现最大峰值电压。如果电路的时间常数较大，自由分量衰减较慢，电容电压将近似为稳态峰值的两倍。

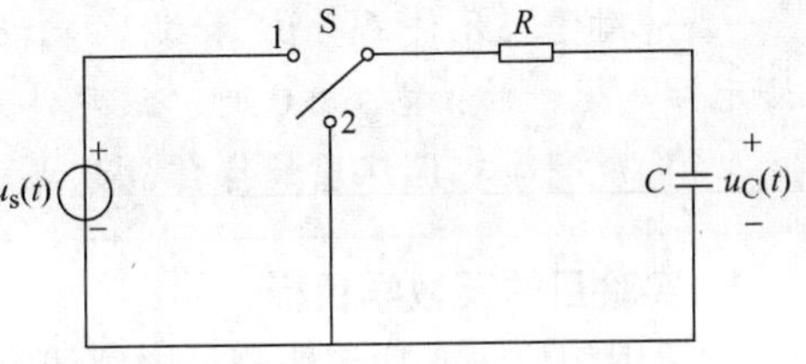

图3-40　正弦激励下的RC电路

在图3-40所示的实验电路中，选择$R=10\text{k}\Omega$，$C=6800\text{pF}$，激励u_s为函数信号发生器输出的正弦电压信号，有效值为4V，周期为0.6s。将开关S在位置“1”和“2”之间重复闭合，用长余辉示波器定性观察在不同接入角θ下的电容电压$u_c(t)$的波形并进行定量分析和讨论。

4. 实验设备

函数信号发生器1台。

双踪示波器1台。

动态电路元件箱1个。

5. 实验注意事项

1）调节示波器时，要注意触发开关和电平调节旋钮的配合使用，以使显示的波形稳定。

2）作定量测定时，X轴“T/DIV”和Y轴“V/DIV”的微调旋钮应旋置“校准”位置。

3）为防止外界干扰，函数信号发生器的接地端与示波器的接地端要共地。

6. 实验报告要求

1）由RC一阶电路充电或放电曲线，从示波器荧屏上测出时间常数τ值，

并与理论计算结果作比较，分析误差原因。

2）根据实验观测结果，在坐标纸上绘出 RC 一阶电路充放电、积分电路和微分电路的激励和响应的变化曲线。

3）根据实验曲线的结果，说明电路参数变化对 RC 电路充电或放电时电压 u_c 变化规律的影响。

4）根据实验观测结果，归纳、总结积分电路和微分电路的形成条件，阐明波形变换的特征。

3.7　交流电路中元件参数的测量

预习与思考

1）在频率为50Hz的交流电路中，测得一只铁心线圈（带线圈内阻 R_L）的 P、I 和 U，如何算得它的内阻值 R_L 及电感量 L?

2）如何用并联电容的方法来判别阻抗的性质?

3）对于某元件 $G+jB$ 来说，G、B 为元件的电导和电纳，当 $B<0$ 时，该元件是感性的；当 $B>0$ 时，该元件是容性的。试说明原因。

4）说明自耦调压器的操作注意点。

1. 实验目的及教学目标

学习用相位法或功率法测量电感线圈、电阻器、电容器的参数；学会根据测量数据计算出串联参数 R、L、C 和判别负载性质；正确掌握单相电量仪、自耦调压器的使用方法。

（1）知识目标

◆能表述电压三角形、阻抗三角形及相位差概念

◆能列举实际电阻、电感、电容的模型及其参数计算方法

（2）技能目标

◆学会用单相电量仪测量交流电路中电压、电流、功率和相位的方法

◆正确使用自耦调压器

◆掌握实际电阻、电感、电容等元器件的参数测定方法

◆能应用并联试验电容法判别负载性质

（3）能力目标

◆根据测量所得的数据画出电压、电流相量图，说明如何体现相量形式的电压定律和阻抗三角形，并分析误差原因。

◆阐述并联试验电容法判别负载性质的原理

2. 实验原理

电阻、电容和电感是交流电路中常用的元件，其交流参数的测量可用如图 3-41 所示的三表法（电压表、电流表、功率表）测量。

1）电阻 R 参数的测定，可通过功率表、电压表、电流表三个仪表中的任意两个的测量值确定，即

$$R = \frac{U_{\mathrm{R}}}{I_{\mathrm{R}}} = \frac{P_{\mathrm{R}}}{I_{\mathrm{R}}^2} = \frac{U_{\mathrm{R}}^2}{P_{\mathrm{R}}}$$

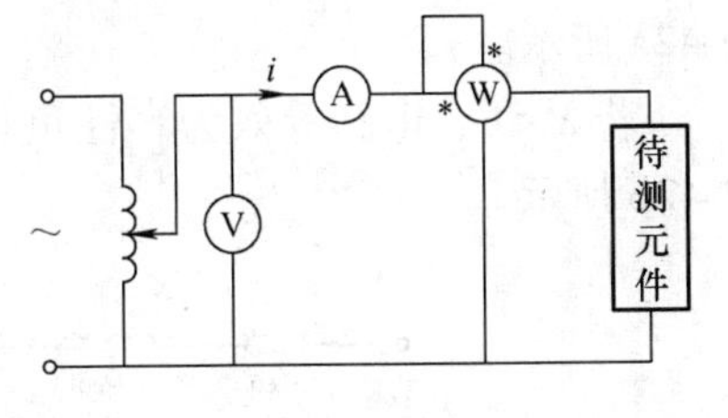

图 3-41　三表法测量元件交流参数

2）在理想元件构成的正弦稳态交流电路中，只有电阻消耗有功功率，而电感、电容的参数可依据电压表、电流表的测量值确定感抗和容抗，然后根据电源角频率，可求出 L 和 C，即

$$X_{\mathrm{L}} = \frac{U_{\mathrm{L}}}{I_{\mathrm{L}}} = \omega L \qquad L = \frac{X_{\mathrm{L}}}{\omega}$$

$$X_{\mathrm{C}} = \frac{U_{\mathrm{C}}}{I_{\mathrm{C}}} = \frac{1}{\omega C} \qquad C = \frac{1}{\omega X_{\mathrm{C}}}$$

但是，在实际电路中，实际电感元件为导线绕制的线圈，带有线圈电阻 R_{L}，即线圈的阻抗值

$$|Z_{\mathrm{L}}| = \frac{U_{\mathrm{L}}}{I} = \sqrt{(\omega L)^2 + R_{\mathrm{L}}^2} \qquad R_{\mathrm{L}} = \frac{P}{I^2}$$

一般电容比较接近于理想情况，其漏电阻可以忽略，所以，电容的容抗可以用 $C = \frac{1}{\omega X_{\mathrm{C}}}$ 计算。

3）在 RLC 串联电路中，若欲测得各元件的参数，可由电压表、电流表及功率表测出电路的电流有效值 I，电阻电压 U_{R}，线圈电压 U_{L}，电容电压 U_{C} 及总电压 U，则由下述各算式即可获得各元件参数：

$$R = \frac{U_{\mathrm{R}}}{I} \qquad X_{\mathrm{C}} = \frac{U_{\mathrm{C}}}{I} = \frac{1}{\omega C} \qquad C = \frac{1}{\omega X_{\mathrm{C}}}$$

$$|Z_{\mathrm{L}}| = \frac{U_{\mathrm{L}}}{I} = \sqrt{(\omega L)^2 + R_{\mathrm{L}}^2} \qquad R_{\mathrm{L}} = \frac{P}{I^2} - R$$

$$X_{\mathrm{L}} = \omega L = \sqrt{|Z_{\mathrm{L}}^2| - R_{\mathrm{L}}^2} \qquad L = \frac{X_{\mathrm{L}}}{\omega}$$

4）在 RLC 混联电路中，元件的等效阻抗值可计算得到

阻抗的模：$|Z_{\mathrm{L}}| = \frac{U}{I}$　　　　功率因数：$\cos\varphi = \frac{P}{UI}$

等效电阻：$R = \frac{P}{I^2} = |Z|\cos\varphi$　　等效电抗：$X = |Z|\sin\varphi$

若 $X > 0$，电路等效为感性负载，等效电路为电阻 R_{eq} 和电感 L_{eq} 串联，如图 3-42a 所示。

若 $X < 0$，电路等效为容性负载，等效电路为电阻 R_{eq} 和电容 C_{eq} 串联，如图 3-42b 所示。

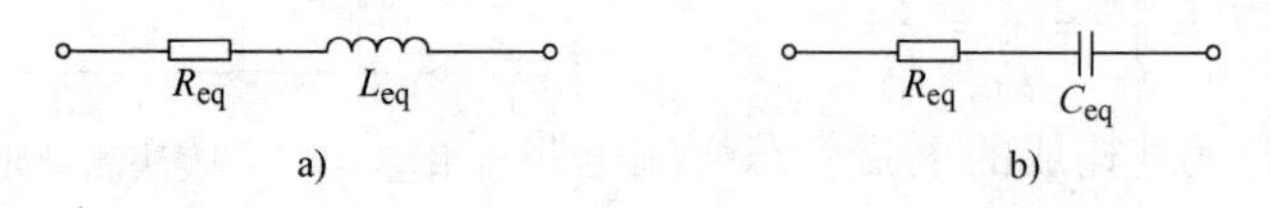

图 3-42　串联等效电路

5）阻抗参数的测定与电抗性质的测定。在 RLC 串联电路中，其复阻抗为

$$Z = R + R_L + j(X_L - X_C) = R' + jX = |Z|\angle\varphi$$

电抗 X 的正负可根据 X_L 和 X_C 的大小决定。若 $X_L > X_C$，则复阻抗为感性，否则复阻抗为容性。阻抗性质的判别一般可以用下列方法加以确定：

①在被测元件两端并联一只适当容量的试验电容，若串接在电路中电流表的读数增大，则被测阻抗为容性，电流减小则为感性。

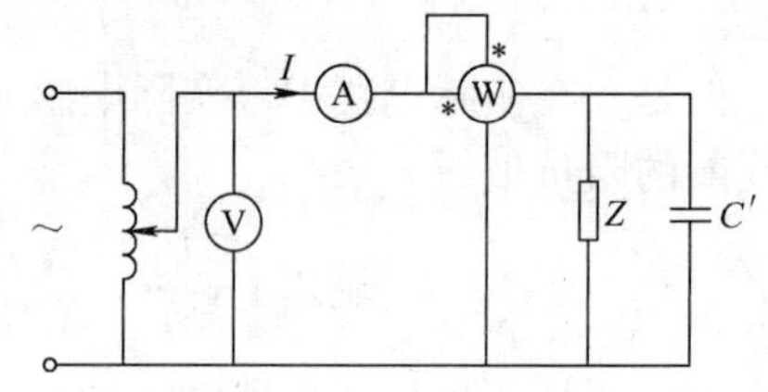

图 3-43　判断阻抗性质的电路原理图

图 3-43 中，Z 为待测定的元件，C' 为试验电容。则并联小试验电容 C' 以前电流表的读数为

$$I = U|G + jB| = U\sqrt{G^2 + B^2}$$

并联小试验电容 C' 以后，电流表的读数为

$$I' = U|G + jB + jB'| = U\sqrt{G^2 + (B + B')^2}$$

式中，G、B 为待测阻抗 Z 的电导和电纳，B' 为并联电容 C' 的电纳。若被测元件属于容性，则 $B > 0$，并联 C' 以后电流表读数必然增大；若被测元件属于感性，则 $B < 0$，只要取 $B' < |2B|$，则 $|B + B'| < |B|$ 总成立，故并联 C' 以后电流表读数必然减小。

②可以在电路中接入电量仪，测出相位角 φ，若 I 超前于 U，φ 为负值；若 I 滞后于 U，φ 为正值。

③利用示波器测量被测元件的端电流及端电压之间的相位关系，若电流超前电压，则被测元件属于容性，反之电流滞后电压则为感性。

3. 实验任务与内容

（1）实验任务

利用三表法测量15W白炽灯（R），20W日光灯镇流器（L），总容量为3.7μF的电容（C），R、L、C串联与并联后的等效参数。

（2）实验内容

1）用一个白炽灯泡和电容组成如图3-44所示的RC串联电路，调节调压器至220V，将测量值填入表3-23中，验证电压三角形关系。

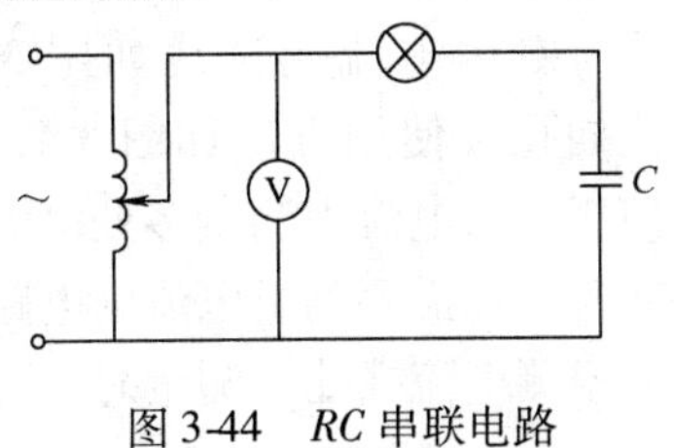

图3-44　RC串联电路

2）分别测量15W白炽灯（R）、20W日光灯镇流器（L, R_L）和3.7μF电容（C）的各参数，求出电路等效参数。

表3-23　电压三角形关系

测量值			计算值		
U/V	U_R/V	U_C/V	U'（$=\sqrt{U_R^2+U_C^2}$）	$\Delta U=(U'-U)$	$\Delta U/U'$

电路中各电压、电流、功率均可通过单相电量仪进行测量。

单相电量仪：可测试交流电压、电流、工频、有功功率、无功功率、视在功率、相位角、功率因素等参数，其面板如图3-45所示。其中电流表需经过专用连接线与测电流插孔连接进行测量。

单相电量仪的使用：在实验电路连接中，此电量仪可用来测试交流电路各电量参数。其中，Ⓥ两端的插孔并联接入被测电压两端，Ⓐ两端的插孔串联接入被测电流支路，带“＊”的两个插孔端子表示为“同名端”，在测量有功功率时需将这两个带“＊”的“同名端”短接在一起。此电量仪有三个显示窗口，电压测量值、电流测量值分别显示在第二排、第三排的四位显示窗口；第一排的四位显示窗口分别作为工频（Hz，灯亮）、功率因数（PF，灯亮）、无功功率（VAR，灯亮）、视在功率（VA，灯亮）、有功功率（W/kW，灯亮）、相位角（φ，灯亮）等参数的巡回显示。仪表上的SET键为转换参数类别和确定键，要转换第一排显示窗口的参数显示，只要轻按SET键即可。

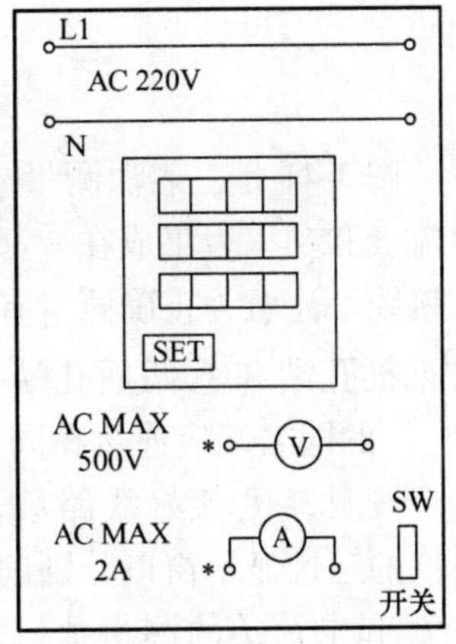

图3-45　单相电量仪面板

为了方便地将电流表串联在线路中，实验中采用测流插孔板。测量前，先用测流插孔板替代电流表接入电路；当需要测量某支路的电流时，再接入单相电量仪进行电流测量。测量电流时使用专用的测试线。专用电流测试线如图 3-46 所示，测流插孔板使用方法如图 3-47 所示。为了使用一块电流表测量多处电流，通常在接线时，在需要测量电流的电路中预先串入一组测电流插孔，测量时，再接入电流表。

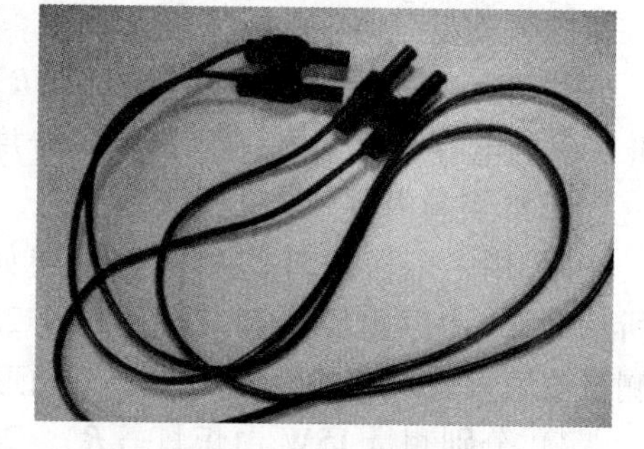

图 3-46　专用电流测试线

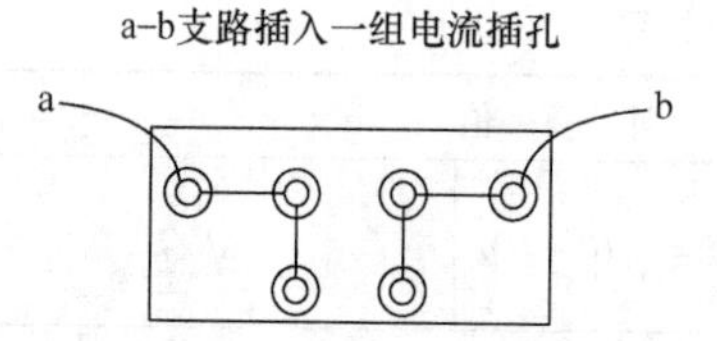

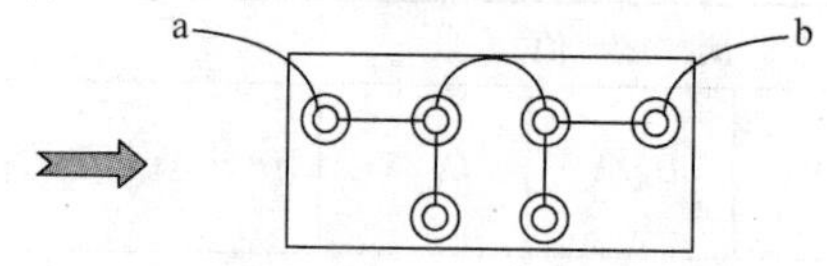

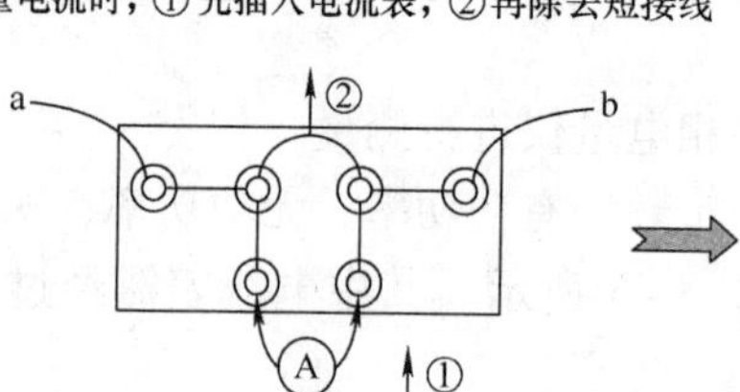

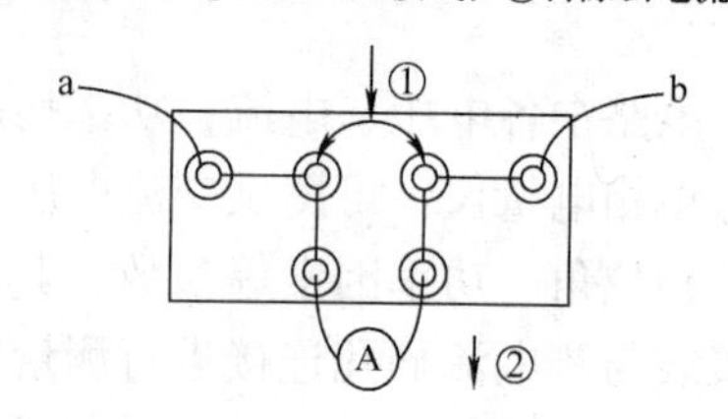

图 3-47　测流插孔板使用方法

图 3-41 是三表法测量二端元件参数电路原理，由于单相电量仪已将电压表、电流表和功率表集成在一起，所以具体实验测试线路应按照图 3-48 完成实物图的接线。注意为正确测量有功功率 P，电量仪Ⓥ两插孔端和Ⓐ两插孔端接入电路时，标识“＊”的同名端应连接在同一端子。

按图 3-48 接好线路后，可直接由单相电量仪的三排显示窗口分别读出有功功率 P、电压 U 和电流 I 的测量值，然后按切换键 SET 可读出电路的相位角 φ（φ 为电压超前电流的相位差），进而求出电路等效参数 R、R_L、L、C，填入表 3-24。

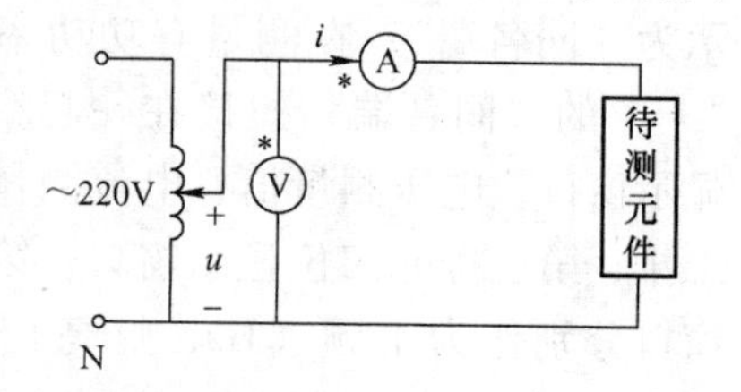

图 3-48　测量二端元件参数线路图

注意：整流器（电感线圈）中流过电流不得超过 100mA。

表 3-24　各元件的参数测量

被测阻抗	测量值				计算值		电路等效参数		
	U/V	I/mA	P/W	φ	$\|Z\|$/Ω	$\cos\varphi = P/UI$	R/Ω	L/H	C/μF
15W 白炽灯（R）	220								
镇流器（L，R_L）	100								
电容（C）	100								

3）测量 R、L、C 串联后的等效参数。将图 3-48 中待测元件换为 15W 白炽灯(R)、电感线圈(L，R_L)和总容量为 3.7μF 电容(C)的串联，可得图 3-49 所示测试电路，其中调压器输出调为 100V。按图 3-49 接好线路后，可直接由单相电量仪的显示窗口读出电压和电流的测量值，然后按切换键 SET 可读出电路的有功功率和功率因数 $\cos\varphi$（注意此时电压表必须接在总电压上，否则测出的不是整个电路的功率因数），进而求出电路等效参数 R、R_L、L、C，填入表 3-25。

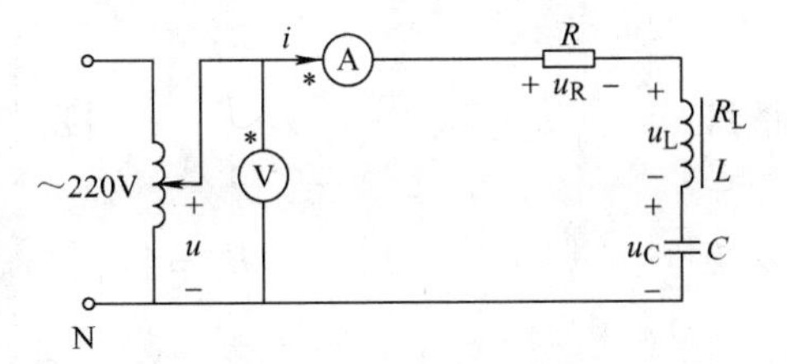

图 3-49　*RLC* 串联电路的交流参数测量接线图

表 3-25　*RLC* 串联电路的交流参数

U/V	U_R/V	U_L/V	U_C/V	I/mA	P/W	$\cos\varphi$	R/Ω	R_L/Ω	L/H	C/μF
100										

4）验证用并联试验电容法判别负载性质的正确性。实验线路如图 3-50 所示，第一组负载为镇流器（L，R_L）；第二组负载为电容 C = 3.7μF（总容量）。调节调压器至 100V，按表 3-26 内容进行测量和记录。

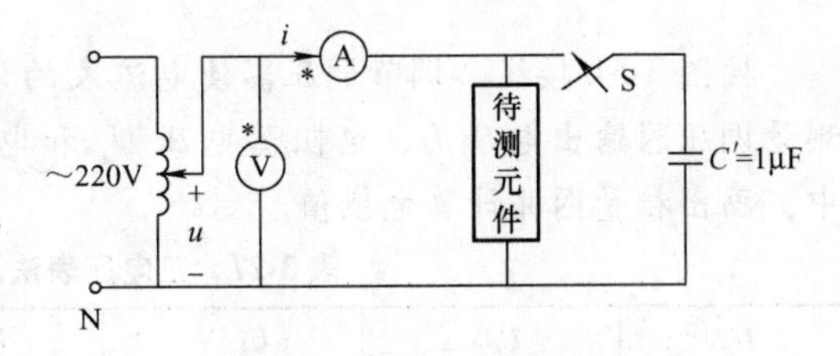

图 3-50　判别负载性质的并联电容法接线图

表 3-26　判别负载性质

负载（被测元件）	U/V	负载并联 1μF 电容		负载性质
		并前电流 I/mA	并后电流 I'/mA	
镇流器（L，R_L）	100			
C = 3.7μF	100			

思考与扩展

三电压表法测定电感线圈的参数

将电感线圈与一个可变电阻串联，其测量电路如图 3-51 所示。选取适当的电阻值，测出电压 U、U_1、U_2 以及电流 I 的值。电路中各电压间的相量关系如图 3-52 所示，可求得

$$U^2=(U_1+U_2\cos\varphi_L)^2+(U_2\sin\varphi_L)^2$$

因此有

$$\cos\varphi_L=\frac{U^2-U_1^2-U_2^2}{2U_1U_2}$$

根据

$$|Z_L|=\frac{U_2}{I}$$

以及

$$R_L=|Z_L|\cos\varphi_L=\frac{U_2}{I}\cos\varphi_L$$

可得

$$L=\frac{X_L}{2\pi f}=\frac{1}{2\pi f}\sqrt{|Z_L^2|-R_L^2}$$

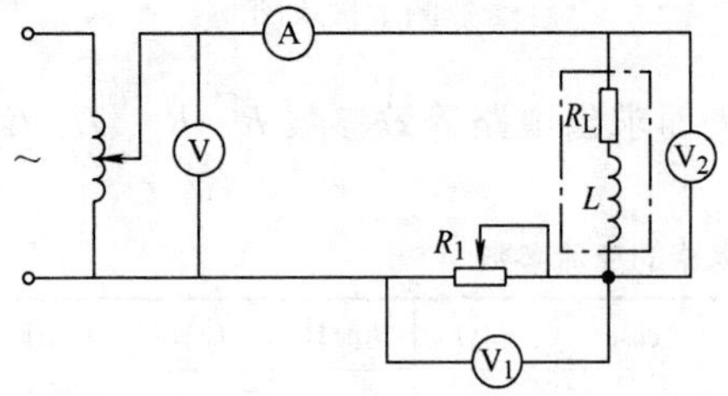

图 3-51　三电压表法测量电路

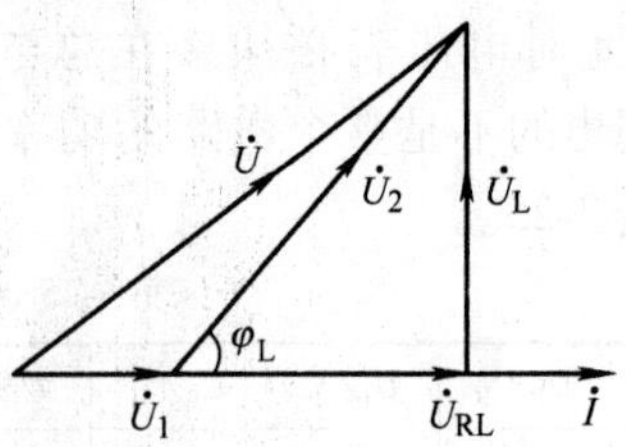

图 3-52　$\dot{U}$、$\dot{U}_1$、$\dot{U}_2$、$\dot{I}$ 的相量图

按图 3-51 接线，调节调压器使电流表的读数分别为 0.5A、0.75A、1.0A 时测量调压器输出电压 U、电阻器电压 U_1 和电感器电压 U_2，将数据填入表 3-27 中，画出相量图并计算电感值。

表 3-27　三电压表法测量电感

I/A	U/V	U_1/V	U_2/V	R_L/Ω	L/H
0.5					
0.75					
1.0					

4. 实验设备

单相电量仪 1 台。

万用表 1 台。

自耦调压器1只。

电感线圈（镇流器）1个。

电容1组。

白炽灯1只。

可变电阻1个。

5. 实验注意事项

1）本实验直接用市电220V交流电源供电，实验中要特别注意人身安全，不可用手直接触摸通电线路的裸露部分，以免触电。

2）自耦调压器使用时输入输出不能接反，火线和零线不能接反。在接通电源前，应将其手柄置在零位上，调节时，使其输出电压从零开始逐渐升高。每次改接实验线路及实验完毕，都必须先将其旋柄慢慢调回零位，再断开电源。必须严格遵守这一安全操作规程。

6. 实验报告要求

1）根据实验内容1测量数据，绘出电压相量图，验证相量形式的基尔霍夫定律。

2）按表3-24要求，计算电阻阻值、电容量、电感的内阻和电感量。

3）根据实验内容3测量所得的数据，画出U、U_R、U_C、U_L与I的相量图，并说明如何体现电压三角形和阻抗三角形。

4）分析实验内容4的测试结果，阐述其实验原理。

3.8 感性电路的测试及功率因数的提高

预习与思考

1）预习荧光灯启辉的原理及感性负载提高功率因数的有关理论知识。

2）在日常生活中，当荧光灯上缺少了辉光启动器时，人们常用一根导线将辉光启动器的两端短接一下，然后迅速断开，使荧光灯点亮；或用一只辉光启动器去点亮多只同类型的荧光灯，这是为什么？

3）为了提高电路的功率因数，常在感性负载上并联电容，此时增加了一条电流支路，试问电路的总电流是增大还是减小，此时感性元件上的电流和功率是否改变？

4）提高电路功率因数，所并的电容是否越大越好？为什么？

1. 实验目的及教学目标

通过荧光灯线路的接线，研究正弦稳态交流电路中电压、电流相量之间的关系；理解改善电路功率因数的意义并掌握其方法。

（1）知识目标

◆熟知强电实验中人身安全用电常识

◆能表述荧光灯电路的工作原理及荧光灯线路的接线方法

◆能说明改善电路功率因数的意义和方法

（2）技能目标

◆熟练使用电量仪对相关电量参数的测量

◆正确完成荧光灯线路的接线

（3）能力目标

◆归纳、总结提高功率因数的方法

◆分析功率因数对输电效率的影响

2. 实验原理

（1）荧光灯电路的工作原理

荧光灯线路如图 3-53 所示，它由荧光灯管、镇流器和辉光启动器（俗称启辉器）等三个部分构成。灯管是一根内壁均匀涂有荧光物质的细长玻璃管，在管的两端装有灯丝电极，灯丝上涂有受热后易于发射电子的氧化物，管内充有稀薄的惰性气体和水银蒸汽；镇流器是一个带有铁心的电感线圈；启辉器由一个辉光管和一个小容量的电容组成，它们装在一个圆柱形的外壳内。

荧光灯起辉过程如下：当接通电源后，启辉器内双金属片的动片与定片间气隙被击穿，连续发生火花，双金属片受热伸长，使动片与定片接触。灯管灯丝接通，灯丝预热而发射电子，此时，启辉器两端电压下降，双金属片冷却，使动片与定片分开。镇流器线圈因灯丝电路断电而感应出很高的感应电动势，与电源电压串联加到灯管两端，使管内气体电离产生弧光放电而发光，此时启辉器停止工作，（因启辉器两端所加电压等于灯管点燃后的管压降，这个电压不足以使双金属片打火）。镇流器在正常工作时起限流作用，灯管工作时，可以认为是一电阻负载 R；镇流器是一个铁心线圈，可以认为是一个电感量较大的感性负载（L，R_L），两者串联构成（$R+R_L$） $+j\omega L$ 串联阻抗。

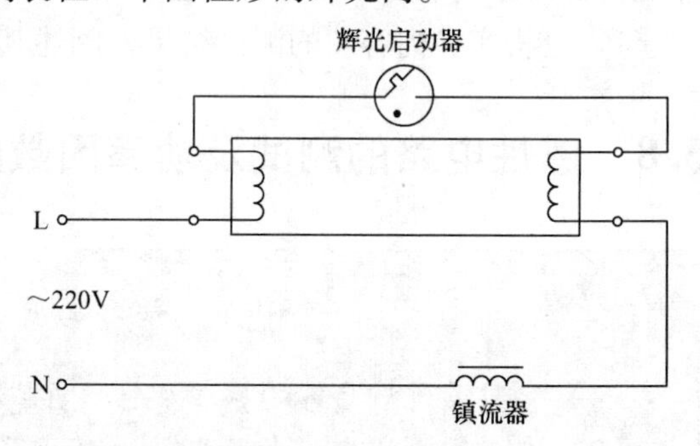

图 3-53 荧光灯线路

（2）提高功率因数的意义和方法

当电路（系统）的功率因数较低时，会带来两个方面的问题，一是在设备的容量一定时，使得设备（如发电机、变压器等）的容量得不到充分的利用；

二是在负载有功功率不变的情况下，会使得线路上的电流增大，线路损耗增加，导致传输效率降低。因此，提高电路（系统）的功率因数有着十分重要而显著的经济意义。

提高功率因数通常是根据负载的性质在电路中接入适当的电抗元件，即接入电容或电感。由于实际的负载（如电动机、变压器等）大多为感性的，因此在工程应用中一般采用在负载端并联电容的方法，用电容中容性电流补偿感性负载中的感性电流，从而提高功率因数。

如图3-54a所示感性负载电路，其端电压为$\dot{U}$，有功功率为P。图3-54b是并联电容后电路的相量图。

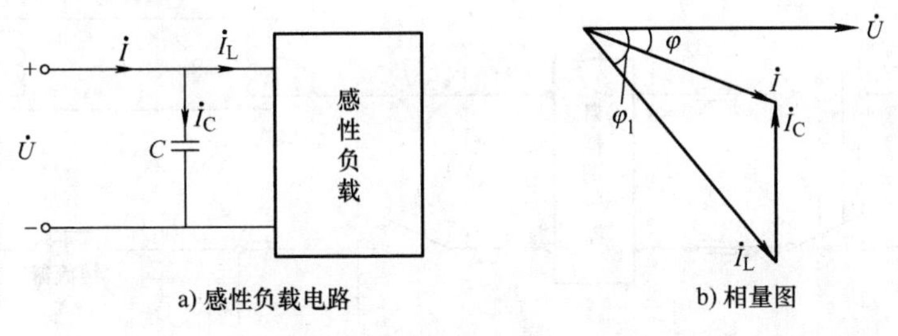

图3-54　提高功率因数的措施

从相量图可知：

1）在未并联电容C前，线路上的电流与负载上的电流相同，即$\dot{I}=\dot{I}_L$。

2）并联电容C后，线路上的总电流等于负载电流和电容电流之和，即$\dot{I}=\dot{I}_L+\dot{I}_C$。从相量图看出，线路上的电流变小，它滞后于电压$\dot{U}$的角度是$\varphi$，这时功率因数为$\cos\varphi$。显然，$\varphi<\varphi_1$，故$\cos\varphi>\cos\varphi_1$，即功率因数提高了。

进行补偿时会出现三种情况，即欠补偿、全补偿和过补偿。欠补偿是指接入电抗元件后，电路的功率因数提高，但$\cos\varphi\leqslant 1$，且电路等效阻抗的性质不变；全补偿是指将电路的功率因数提高后，使$\cos\varphi=1$；过补偿是指进行补偿后，电路等效阻抗的性质发生了改变，即感性电路变为容性电路，或反之。从经济的角度考虑，在工程应用中一般采用的是欠补偿，且通常使$\cos\varphi=0.85\sim0.9$，而过补偿是不可取的。

荧光灯实际为一感性负载，因此提高荧光灯电路功率因数的方法是采用并联电容器的方法。

3. 实验内容

（1）实验任务

按实验电路图进行荧光灯线路接线，验证电压、电流相量关系及计算灯管电阻R和镇流器内阻R_L及电感值L。在荧光灯负载的两端并联电容，论证提高电路功率因数的条件。

（2）实验内容

1）日光灯线路接线与测量。利用实验装置中20W荧光灯实验器件，按图3-55接线，此时电容箱不接。经指导教师检查后接通实验台电源，调节自耦调压器的输出，使其输出电压缓慢增大，直到荧光灯刚启辉点亮为止，利用电量仪测量电压U。然后将电压调至220V，利用电量仪测量表3-28中各正常工作值，将电压U、U_L、U_R，有功功率P和功率因数$\cos\varphi$测量值填入表中，计算灯管电阻R和镇流器内阻R_L及电感值L，并验证电压、电流相量关系。

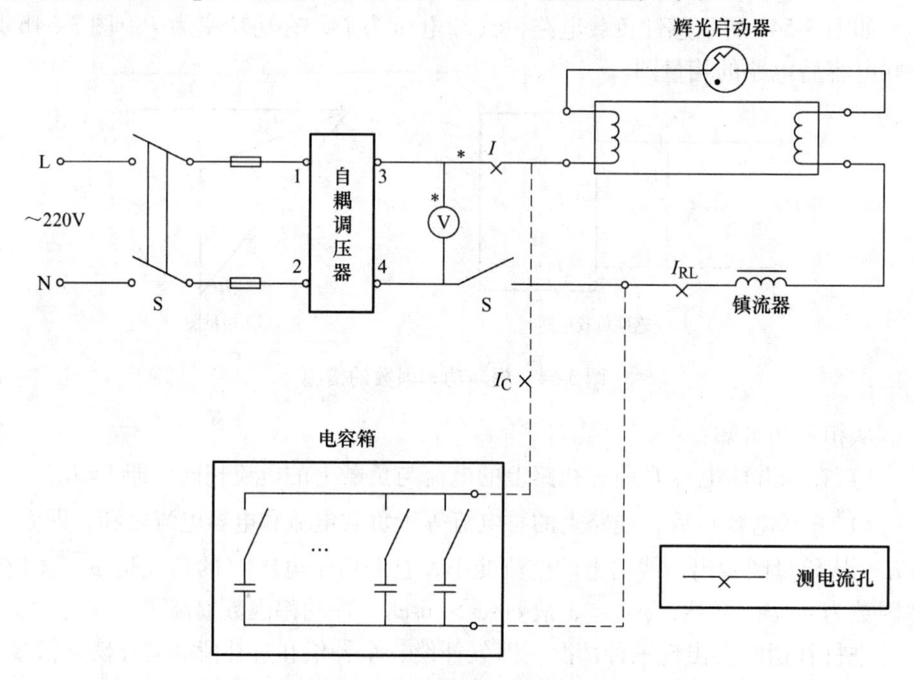

图3-55　荧光灯电路及功率因数提高的实验线路

表3-28　荧光灯电路的测量数据

	测 量 数 值						计算值		
	P/W	$\cos\varphi$	I/mA	U/V	U_L/V	U_R/V	R/Ω	R_L/Ω	L/H
正常工作值									

2）电路功率因数的改善。荧光灯电路两端并联电容，接线如图3-55所示。经指导老师检查后，接通实验台电源，将自耦调压器的输出调至220V，逐渐加大电容量，每改变一次电容量，都要测量端电压U，总电流I、荧光灯电流I_{RL}、电容电流I_C以及总功率P之值，记录于表3-29中。

表3-29　验证荧光灯电路功率因数的提高

$C/\mu F$	1	2	3	3.47	3.7	4.7	5.7
I_{RL}/mA							
I_C/mA							
I/mA							
P/W							
φ							
$\cos\varphi$							
计算值 $\cos\varphi' = P/UI$							

思考与扩展

功率因数对输电效率的影响分析

发电机产生电能后经传输线传送给负载，图3-56是输电线路原理，在传输距离不长的情况下，传输线阻抗 Z_1 可以看成是电阻 R_1 和感抗 X_1 相串联的结果。

若输电线的始端（供电端）电压为 $\dot{U}_1$，终端（负载端）电压为 $\dot{U}_2$。当负载电流为 $\dot{I}$ 时，传输线上的压降为 $\Delta\dot{U}_1 = \dot{I}Z_1 = \dot{U}_1 - \dot{U}_2$。对于电力线路不允许 $\dot{U}_2$ 下降过多，否则将影响接在输出端负载的正常运行。例如，电压下降10%使得白炽灯亮度约为应有亮度的90%，或使得电动机不能带负载起动。事实上 $\dot{U}_2$ 下降过多是因为传输线路上的功率损耗增大过多，从而使电路的输电效率下降。所以对于电力线路来讲，必须先考虑效率问题。

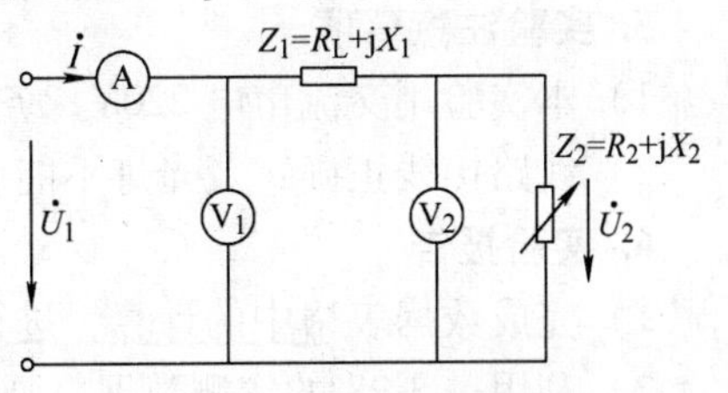

图3-56　输电线路原理

若负载阻抗为 $Z_2 = R_2 + jX_2$，负载功率为 P_2，负载端功率因数为 $\cos\varphi_2$，输电线始端功率为 P_1，则

输电线路上的电流为

$$I = \frac{P_2}{U_2\cos\varphi_2}$$

输电线路上的损耗功率为

$$\Delta P = I^2 R_1$$

输电效率为

$$\eta = \frac{P_2}{P_1} = \frac{P_2}{P_2 + \Delta P} = \frac{P_2}{P_2 + I^2 R_1}$$

要在负载正常运行（即 P_2 不变）时电路的输电效率 η 均提高，则必须使输电线路上损耗的功率尽量减小，即尽量减小输电线路上的电流。

试在图 3-55 所示荧光灯电路的基础上，用一个具有较小阻抗值的感性元件——100Ω/25W 的电阻与 0.1H 电感串联模拟输电线路阻抗（为了简化电路及计算，输电线路阻抗也可以只用一个 100Ω/25W 的电阻来模拟），用荧光灯电路作为常见的感性负载阻抗，自行设计实验内容和测量数据，研究在负载端（荧光灯电路）功率因数不同时，输电线路上功率损耗情况及对输电线路传输效率的影响。

4. 实验设备

单相电量仪 1 台。

万用表 1 只。

自耦调压器 1 个。

荧光灯电路板 1 个。

补偿电容板 1 个。

电流插座板 1 个。

5. 实验注意事项

1）本实验用交流市电 220V，务必注意用电和人身安全。

2）线路接线正确，荧光灯不能启辉时，应检查启辉器及其接触是否良好。

6. 实验报告

1）完成数据表格中的计算，进行必要的误差分析。

2）利用表 3-28 的实测数据，画出荧光灯电路中各电压和电流的相量图。

3）并联电容后，利用表 3-29 的实验数据，画出有补偿电容（$C=3\mu F$）时，电路中各电流的相量图。

4）根据表 3-29 中的实验数据，画出功率因数与并联电容 C 的关系曲线，并加以分析讨论。

3.9　互感的测量

预习与思考

1）根据所学理论知识写出互感线圈同名端的判定方法。

2）用直流法判断同名端时，可否根据开关断开瞬间毫安表指针的正、反偏来判断同名端？

3）用直流法判断同名端时，如何根据插、拔铁心时电流表的正、负读数变化来确定同名端？这与实验原理中所叙述的方法是否一致？思考两个线圈相对位置的改变时对互感的影响。

1. 实验目的及教学目标

学习互感线圈同名端的测定方法，掌握互感线圈、互感系数和耦合系数的测量方法。

（1）知识目标

◆能说明互感线圈同名端、互感系数以及耦合系数测量的实验原理

◆能说明“直流法”和“交流法”判定互感线圈同名端的异同

（2）技能目标

◆熟识互感线圈同名端判定的“直流法”和“交流法”

◆正确完成互感系数和耦合系数的测定

（3）能力目标

◆分析互感现象，说明 LED 亮度的变化及各电表读数的变化

◆研究互感耦合电路中次级负载对初级线圈的影响

2. 实验原理

（1）判断互感线圈同名端的方法

1）直流法。如图3-57所示，在线圈 N_1 侧接一直流电压源，在线圈 N_2 两端接一高内阻指针式直流电压表。当开关 S 闭合瞬间，线圈 N_1 中电流变化率 $\frac{\mathrm{d}i_1}{\mathrm{d}t}>0$，从而在线圈 N_2 中产生的感应电压 $M\frac{\mathrm{d}i_1(t)}{\mathrm{d}t}>0$，因此，若直流电压表的指针正偏，则可断定1、3为同名端；指针反偏，则1、3为异名端。

2）交流法。如图3-58所示，将两个绕组 N_1 和 N_2 的任意两端（如2、4端）连在一起，在其中一个绕组（如 N_1）两端加一个低电压，另一绕组（如 N_2）开路。用交流电压表分别测出端电压 U_{13}、U_{12} 和 U_{34}。若 U_{13} 是两个绕组端电压之差，则1、3是同名端；若 U_{13} 是两绕组端电压之和，则1、4是异名端。

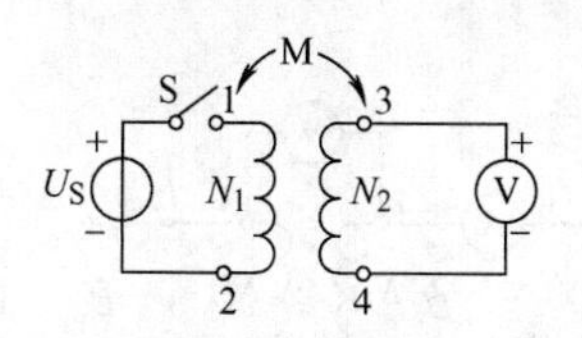

图3-57　直流法

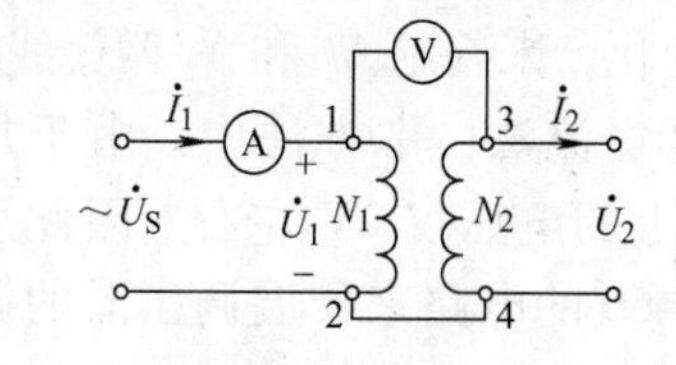

图3-58　交流法

（2）两线圈互感系数 M 的测定

在图3-58的 N_1 侧施加低压交流电压 U_1，由于 N_2 侧开路，交变电流 i_1 在 N_2 侧产生互感电压为 $u_2=M\frac{\mathrm{d}i_1(t)}{\mathrm{d}t}$，测出 I_1 及 U_2。根据互感电动势的有效值 $E_{2M}\approx$

$U_2=\omega MI_1$，可得到互感系数为：$M=\dfrac{U_2}{\omega I_1}$。

（3）耦合系数 k 的测定

两个互感线圈耦合松紧的程度可用耦合系数 k 来表示

$$k=\frac{M}{\sqrt{L_1L_2}}$$

如图 3-58 所示，先在 N_1 侧加低压交流电压 U_1，测出 N_2 侧开路时的电流 I_1；然后再在 N_2 侧加电压 U_2，测出 N_1 侧开路时的电流 I_2；用万用表测得 N_1 和 N_2 线圈的电阻值 R_1 和 R_2；求出各自的自感 L_1 和 L_2，即可算得 k 值。

3. 实验任务与内容

（1）实验任务

用直流法和交流法测定互感线圈的同名端，掌握互感线圈的互感系数和耦合系数的测量方法，并与理论计算值比较来验证测试数据。

（2）实验内容

互感线圈的同名端直流法测定如图 3-59 所示。将直流稳压电源输出电压调至 1. 5V 作为输入。

1）分别用直流法和交流法测定互感线圈的同名端。

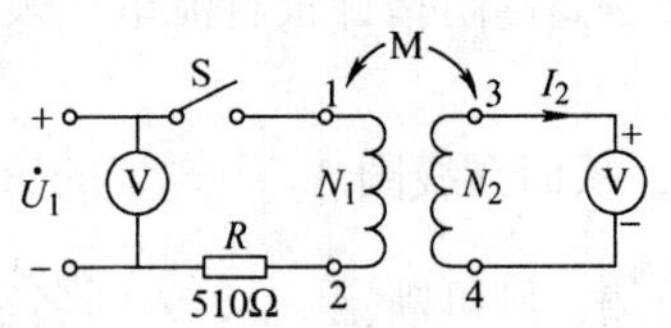

图 3-59　互感线圈的同名端直流法测定

①直流法：实验线路如图 3-59 所示。先将 N_1 和 N_2 两线圈的四个接线端子编以 1、2 和 3、4 序号。将 N_1、N_2 同心地套在一起，并放入细铁棒。U_1 为可调直流稳压电源，调至 10V。流过 N_1 侧的电流不可超过 0. 4A（选用 5A 量程的数字电流表），N_2 侧直接接入电压表。将铁棒迅速地拔出和插入，观察电压表读数正、负的变化，来判定 N_1 和 N_2 两个线圈的同名端。

②交流法：本方法中，由于加在 N_1 上的电压仅 2V 左右，因此采用图 3-60 的电路来扩展调压器的调节范围。图中 P、Q 为自耦调压器的输出端。将 N_2 放入 N_1 中，并在两线圈中插入铁棒。Ⓐ为 2. 5A 以上量程的交流电流表，N_2 侧开路。

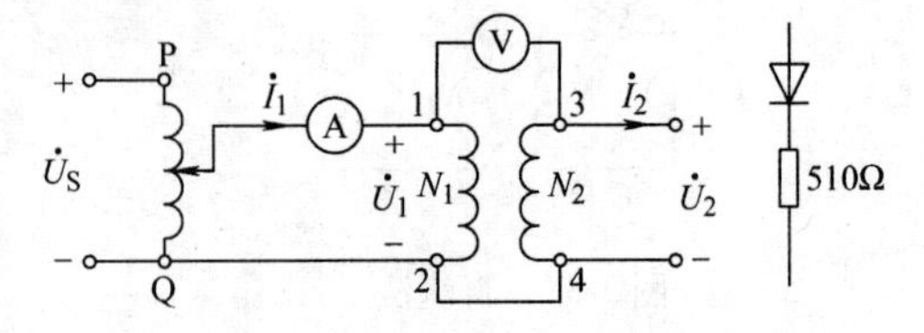

图 3-60　互感线圈的同名端交流法测定

接通电源前，应首先检查自耦调压器是否调至零位，确认后方可接通交流电源，令自耦调压器输出一个很低的电压（约 12V 左右），使流过电流表的电流小于1.4A，然后用0～30V量程的交流电压表测量U_{13}、U_{12}和U_{34}，填入表3-30中，判定同名端。

拆去2、4连线，并将2、3相接，重复上述步骤，测量U_{14}、U_{12}和U_{34}，填入表3-30中，判定同名端。

表3-30　互感线圈同名端的交流法判定

2、4连接	U_{13}	U_{12}	U_{34}	结论
2、3连接	U_{14}	U_{12}	U_{34}	结论

2）测定互感系数M。拆除2、3连线，测U_1、I_1和U_2，计算出$M=M_{21}=\frac{U_2}{\omega I_1}$。同理，将低压交流加在$N_2$侧，使流过$N_2$侧电流小于1A，$N_1$侧开路，测出$U_2$、$I_2$和$U_1$，计算出$M=M_{12}=\frac{U_1}{\omega I_2}$。

3）求耦合系数k。用万用表的$R\times1$档分别测出N_1和N_2线圈的电阻值R_1和R_2，计算k值。

4）观察互感现象。在图3-60中的N_2侧接入LED发光二极管与500Ω（电阻箱）串联的支路。先将铁棒慢慢地从两线圈中抽出和插入，观察LED亮度的变化及各电表读数的变化，记录现象。再将两线圈改为并排放置，并改变其间距，以及分别或同时插入铁棒，观察LED亮度的变化及仪表读数。

思考与扩展

互感耦合谐振电路的测试

研究互感耦合电路中，次级负载对原级谐振频率的影响。如图3-61所示电路，初、次级线圈电感与等效损耗电阻分别为r_1与L_1和r_2与L_2，次级线圈负载阻抗为Z_2。取$U_1=9\text{V}$，$f=200\text{Hz}$，$R=1\text{k}\Omega$，$C=0.47\mu\text{F}$。

1）试计算次级回路总阻抗$Z_{22}=R_{22}+\text{j}X_{22}$反映到初级的阻抗值$Z_{\text{ref}}$，画出初级等效电路。

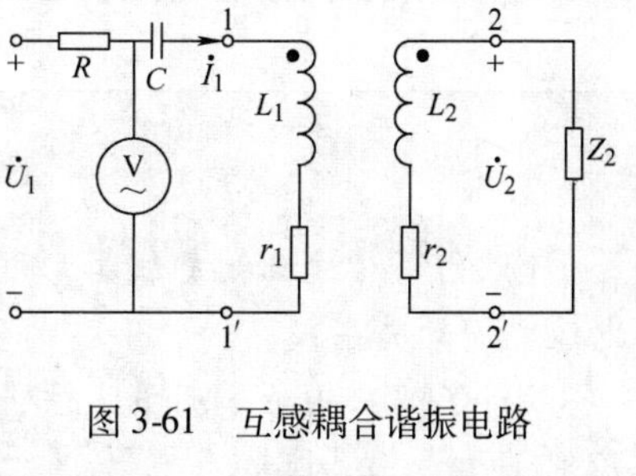

2）计算从11′端看入的总阻抗$Z=\frac{\dot{U}_1}{\dot{I}_1}$，试根据次级电抗$X_{22}$反映到初级线圈的电抗间符号关系来分析次级负载对初级回路阻抗的影响。

图3-61　互感耦合谐振电路

3）当次级负载 Z_2 依次开路、短路和接电容 $C=0.47\mu F$ 时，调节信号源频率，测定初级回路的谐振频率。

4. 实验设备

可调直流稳压电源 1 台。

自耦调压器 1 个。

互感耦合线圈 1 对。

模拟万用表 1 只。

电量仪 1 个。

发光二极管 1 个。

铁心 2 个。

可调电阻箱 1 个。

5. 实验注意事项

1）整个实验过程中，注意流过线圈 N_1 的电流不得超过 0.4A，流过线圈 N_2 的电流不得超过 0.5A。

2）做交流实验前，首先要检查自耦调压器，要保证置在零位。因实验时加在 N_1 上的电压只有 2 ~ 3V 左右，因此调节时要特别仔细、小心，要随时观察电流表的读数，不得超过规定值。

3）用直流电压判定互感线圈同名端时，看清毫安表指针偏转方向后，立即断开直流电压源。

6. 实验报告要求

1）总结对互感线圈同名端、互感系数的实验测试方法。

2）自拟测试数据表格，完成计算任务。

3）解释实验中观察到的互感现象。

4）对实验内容中 2、3、4 项自制表格并录入数据进行分析讨论。

3.10 三相交流电路的电压、电流及功率测量

预习与思考

1）列写对称三相负载星形联结及三角形联结时的线、相电压及线、相电流之间的关系式。

2）了解三相功率测量方法，弄清三瓦计法、二瓦计法测量三相功率的原理。

3）完成下列选择题：

①三相星形联结的负载与三相电源相连接时，一般采用______（三相四线制、三相三线制）接法，若负载不对称，中线电流______（等于、不等于）零。三相负载接成三角形时，电路为______（三相四线制、三相三线制）接法，负载两端的电压为电源______（线电压、相电压）。

②在三相四线制中的不对称灯泡负载____（能、不能）省去中性线，中性线上____（能、不能）安装熔丝。

4）三相对称负载做三角形联结时，负载相电压和线电压什么关系？380V/220V供电系统能否直接用来做此实验？

1. 实验目的及教学目标

掌握三相负载作星形联结、三角形联结的方法，并验证在这两种接法下线、相电压及线、相电流之间的关系；掌握三相功率的测量方法；充分理解三相四线供电系统中性线的作用。

（1）知识目标

◆熟知实验室供电系统及仪器安全用电常识

◆能表述三相四线制电路负载星形联结和三角形联结时，线电压与相电压、线电流与相电流之关系

◆能说明三相四线制电路中的中性线作用

◆能表述两瓦计法和三瓦计法测量三相电路功率的方法

（2）技能目标

◆熟练使用单相电量仪测量电压、电流和功率

◆能正确连接负载的星形、三角形联结

◆能正确连接三相功率表并测量三相功率

（3）能力目标

◆能分析测试数据，总结、归纳负载不同情况下各电压、电流的大小和相位关系

2. 实验原理

目前，民用电和工业用电中多采用三相四线制供电系统。三相四线制供电系统可以分三路向用户提供工频50Hz、大小相等、相位互差120°的正弦交流电。接入电力系统的负载的连接方式有两种，根据需要可接成星形（又称“Y”）或三角形（又称“△”）。

1）三相对称电源连接成三相四线制供电线路时，其线电压U_L和相电压U_P都是对称的。线电压超前相应的相电压30°。线电压与相电压的大小关系是

$$U_L = \sqrt{3} U_P$$

2）三相对称负载作Y形联结时，线电压U_L是相电压U_P的$\sqrt{3}$倍。线电流I_L

等于相电流 I_P，即

$$U_L=\sqrt{3}U_P,\ I_L=I_P$$

在这种情况下，流过中性线的电流 $I_N=0$，可以省去中性线。

三相不对称负载作Y联结时，倘若中性线断开，会导致三相负载两端的电压不对称，致使负载轻的一相的相电压过高，负载遭受损坏；负载重的一相的相电压过低，负载不能正常工作。在这种情况下，必须采用三相四线制接法，而且中性线必须牢固连接，以保证三相不对称负载每相的相电压维持对称不变。

3）三相对称负载作△形联结时，线电流 I_L 是相电流 I_P 的$\sqrt{3}$倍，线电压 U_L 等于相电压 U_P，即

$$I_L=\sqrt{3}I_P,\ U_L=U_P$$

当三相不对称负载作△联结时，$I_L\neq\sqrt{3}I_P$。若端线阻抗可以忽略，仍有 $U_L=U_P$，即加在三相负载上的电压仍是对称的，对各相负载工作没有影响。

4）三相电路的功率。在三相负载中，不论如何连接，总的有功功率等于各相有功功率之和，即

$$P=P_1+P_2+P_3=U_1I_1\cos\varphi_1+U_2I_2\cos\varphi_2+U_3I_3\cos\varphi_3$$

若三相负载对称，三相有功功率计算式可简化为

$$P=3U_PI_P\cos\varphi$$

式中，U_P、I_P 为相电压和相电流；$\cos\varphi$ 为每相功率因数。如果以线电流和线电压表示三相有功功率，则对三相对称负载，不论采用星形或三角形联结，三相有功功率为

$$P=\sqrt{3}U_LI_L\cos\varphi$$

式中，U_L、I_L 为线电压、线电流。同理，三相对称负载的无功功率和视在功率分别为

$$Q=\sqrt{3}U_LI_L\sin\varphi\qquad S=\sqrt{3}U_LI_L$$

三相电路功率测量可根据连接方式和负载对称性选用单瓦计法、两瓦计法和三瓦计法。

①三相四线制电路功率的测量。

单瓦计法：用于三相对称星形负载电路功率的测量，只要用一个单相功率表测量出一相电路的功率，然后将其读数乘以 3 就是三相电路的总功率。图 3-62 为单瓦计法测量原理。

三瓦计法：用于三相对称/非对称星形负载电路功率的测量，用三个单相功率表分别测量每相负载的功率，然后叠加起来，即为三相电路的总功率。图 3-63 为三瓦计法测量原理。

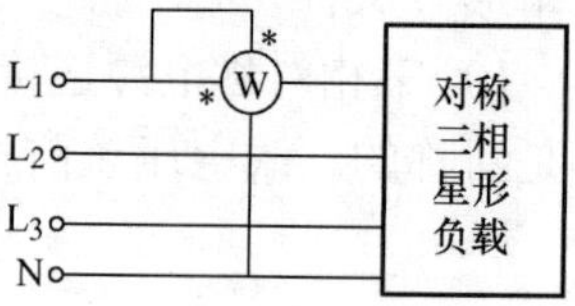

图 3-62　单瓦计法测量原理

②三相三线制电路功率的测量。在测量三相三线制电路的有功功率时，不论负载对称与否、不论负载是星形联结还是三角形联结，都可以采用两瓦计法，即用两个功率表进行三相电路功率的测量。

两瓦计法：以三相电路中任一线为基准，用两个单相功率表分别测另两线与基准线之间的功率后叠加起来，即为三相三线制电路的总功率，即有 $\sum P = P_1 + P_2$（P_1、P_2 本身不含任何意义），此公式推导的理论依据是三相三线制电路满足 $i_1 + i_2 + i_3 = 0$。

以 L_3 线为基线的二瓦计法测量原理如图 3-64 所示。若负载为感性或容性，且当相位差 $\varphi > 60°$时，线路中的一只功率表指针将反偏（数字式功率表将出现负读数），其读数应记为负值。

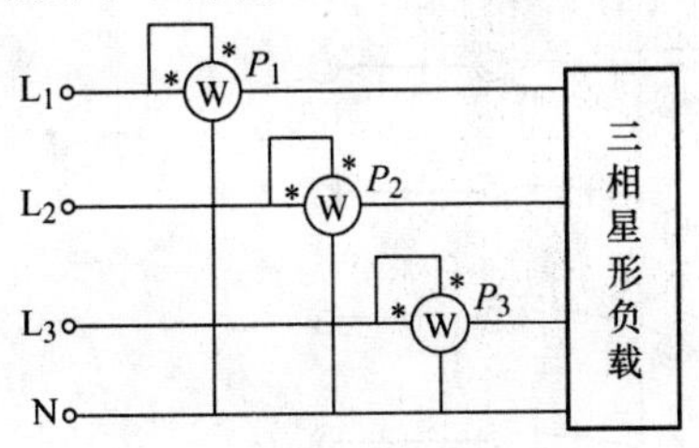

图 3-63 三瓦计法测量原理

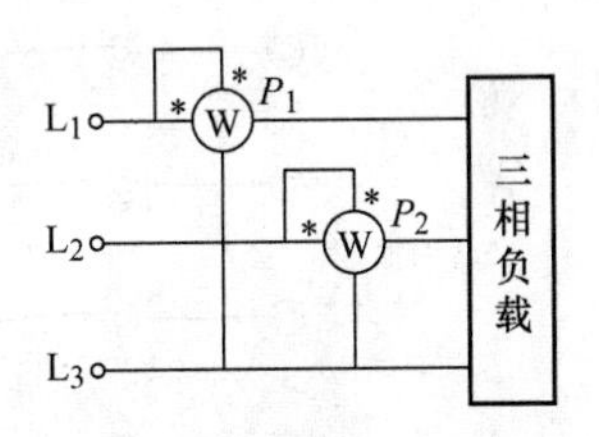

图 3-64 两瓦计法测量原理

3. 实验任务与内容

（1）实验任务

测量三相负载星形联结、三角形联结时线电压与相电压、线电流与相电流值。用单瓦计法、二瓦计法测量三相负载功率。

（2）实验内容

1）测量三相四线制电源的相、线电压，将结果记录于表 3-31 中。

表 3-31 三相四线制电源的相、线电压

	U_{AB}	U_{BC}	U_{CA}	U_{AN}	U_{BN}	U_{CN}
220V 电源						

注意：通常，三相四线制供电系统提供的三相线电压为 380V，相电压为 220V。本实验中三相线电压降为 220V，相电压为 127V。

2）三相负载星形联结（三相四线制供电）。三相负载星形联结如图 3-65 所示，即三相灯组负载接通三相对称电源，经指导教师检查后，方可合上三相电源开关，按数据表格所列各项要求分别测量三相负载的线电压、相电压、线电流（相电流）、中性线电流、电源中点与负载中点间的电压，记录之。并观察各相灯组亮暗的变化程度，特别要注意观察中性线的作用。

实验过程中测量电流时，必须使用测流孔板，电流插孔的连接方式如图 3-66 所示。实验数据记录于表 3-32 中。

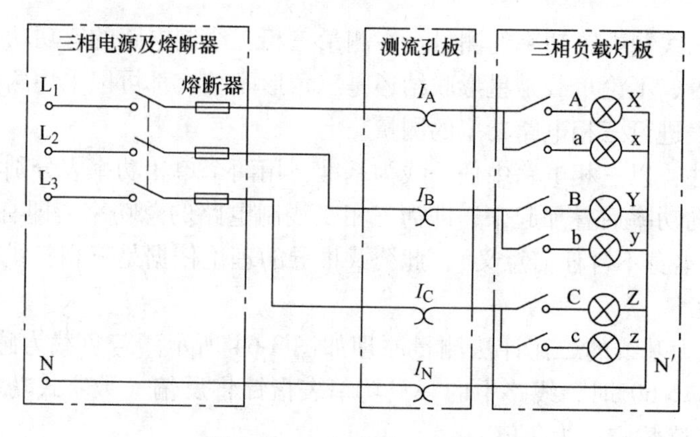

图 3-65　三相负载星形联结

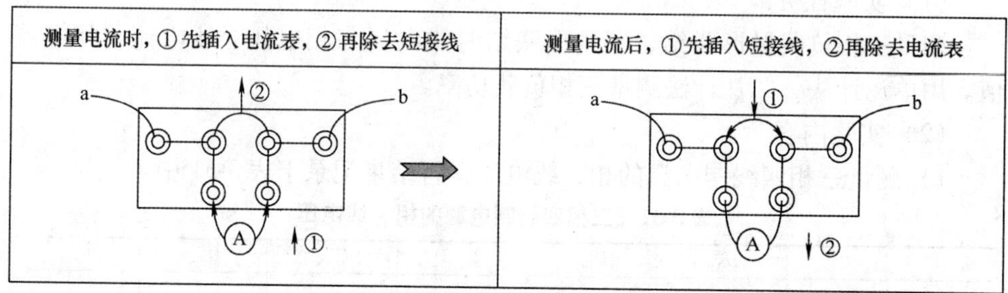

图 3-66　电流插孔的连接方式

表 3-32　三相负载星形联结下电压与电流测量值

测量数据 / 负载情况		开灯盏数			线电流/mA			相电压负载侧/V			中性线电流/mA	中点电压/V	灯亮度变化
		A 相	B 相	C 相	I_A	I_B	I_C	$U_{AN'}$	$U_{BN'}$	$U_{CN'}$	I_N	$U_{NN'}$	
负载对称	有中性线	2	2	2									
	无中性线	2	2	2									
负载不对称	有中性线	1	2	2									
	无中性线	1	2	2									

3）负载三角形联结（三相三线制供电）。三相负载三角形联结如图 3-67 所示，经指导教师检查后接通三相电源，按表 3-33 的内容进行测试。

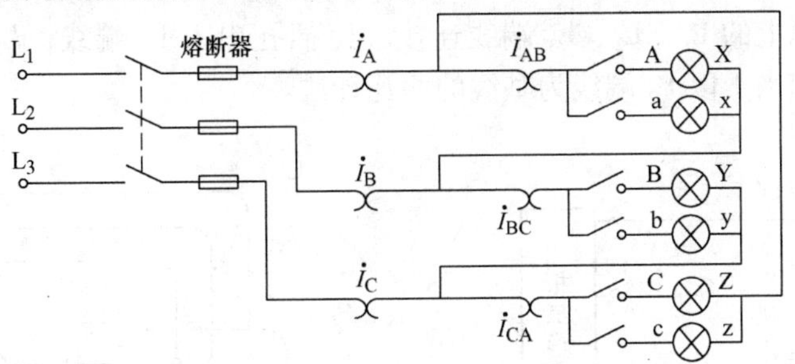

图 3-67　三相负载三角形联结

表 3-33　三相负载三角形联结下电压与电流

测量数据 负载情况	开灯盏数			线电压 = 相电压/V			线电流/mA			相电流/mA		
	A-B 相	B-C 相	C-A 相	U_{AB}	U_{BC}	U_{CA}	I_A	I_B	I_C	I_{AB}	I_{BC}	I_{CA}
△联结三相对称	2	2	2									
△联结三相不对称	1	2	2									

4）三相电路的功率测量。按表 3-34 所示内容进行有中性线星形对称/不对称负载和无中性线星形对称/不对称负载的三相功率测量，所测数据计入表 3-34 中。

表 3-34　测量三相负载功率

测量数据 负载情况		开灯盏数			各相功率测量值 （三瓦计法）			三相总功率 （两瓦计法）
		A 相	B 相	C 相	P_A/W	P_B/W	P_C/W	P/W
Y形负载对称	有中线	2	2	2				
	无中线	2	2	2				
Y形负载不对称	有中线	1	2	2				
	无中线	1	2	2				

有中性线星形对称/不对称负载情况的三相功率可采用单瓦计法或三瓦计法测量。在使用单相电量仪测任一单相电路的功率时，电量仪上的ⓥ两端并联在所测相/线和中点之间，Ⓐ两端串联在该相/线中，注意ⓥ与Ⓐ标识“＊”的同名端应连接在同一端子，如图 3-68 所示。

无中性线星形对称/不对称负载情况的三相功率可采用二瓦计法测量。三相功率表实际上是根据“二瓦计”原理制成的，所以工程上三相三线制线路常用三相功率表直接测量三相功率。如图 3-69 所示三相功率表上的 U_A、U_B、U_C 直接与三相电源上的 L_1、L_2、L_3 端线连接。I_A 插孔串入 L_1 端线，I_C 插孔串入 L_3 端线。此时相当于以 L_2 端线为基线的两瓦计法。

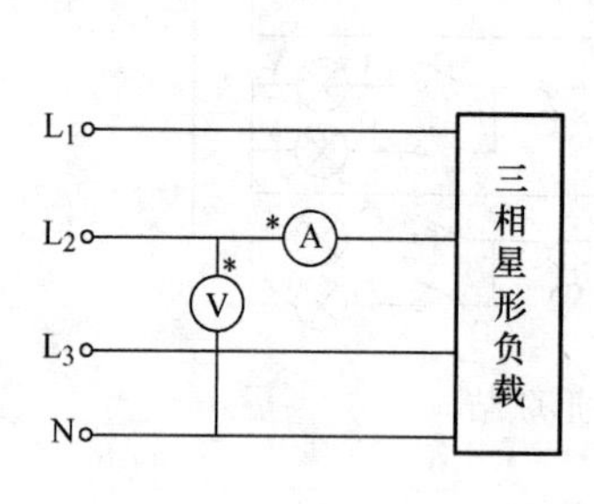

图 3-68　采用单相电量仪测量单相电路功率

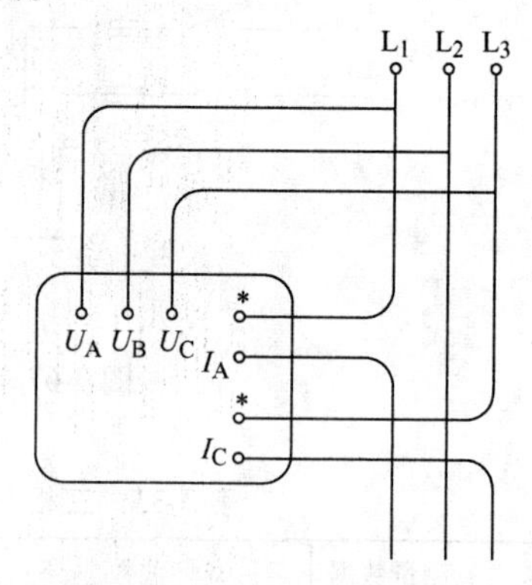

图 3-69　用三相功率表测量功率

注意：两瓦计法对于有中性线情况，功率表的读数没有任何意义。

思考与扩展

三相电源相序的测量

三相电源的相序就是三相电源的排列顺序。通常情况下的三相电路是正序系统，即依次为 A 相、B 相和 C 相，反之称为负序和逆序。有时会遇到要判断三相电源的相序的情况，可利用图 3-68 测定相序。

注意：相序 A、B、C 是相对的，任何一相都可作为 A 相，但 A 相确定后，B 相和 C 相也就确定了。

在图 3-70 所示的三相三线电路中，电源为三相对称，若假设电容 C 所接的相为 A 相，那么，两相灯泡中，亮的一相即为 B 相，较暗的一相即为 C 相，其原理可从相量图上的中点位移得到说明，如图 3-71 所示。

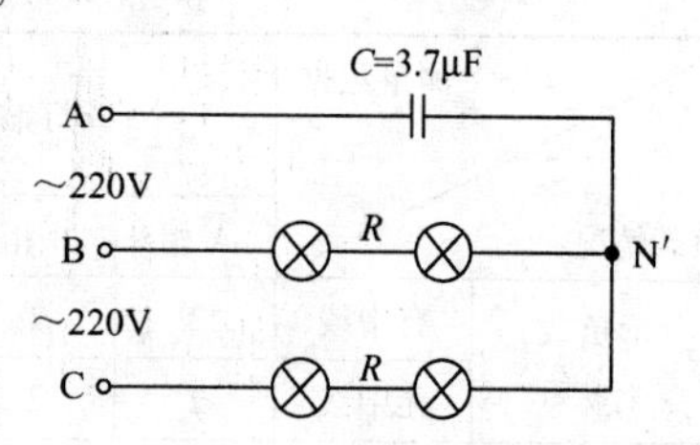

图 3-70　三相电源的相序

4. 实验设备

三相断路器板 1 块。

三相熔断器板 1 块。

三相负载板 1 块。

单相电量仪 1 个。

三相功率表 1 个。

电流插孔板 1 块。

5. 实验注意事项

1）本实验电压较高，实验时要注意人身安全，不可触及导电部件，防止意外事故发生。

2）每次接线完毕，同组同学应自查一遍，方可接通电源，必须严格遵守先接线后通电，先断电后拆线的实验操作原则。

3）严禁带电改接线路和拆线。

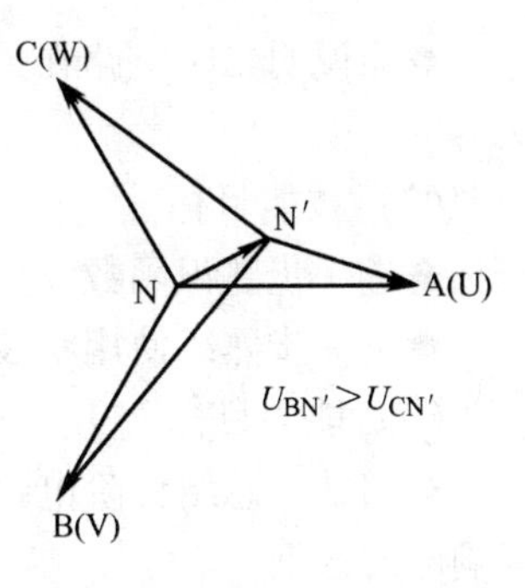

图 3-71　中点位移

6. 实验报告要求

1）在星形连接负载不对称有中性线时，各灯泡亮度是否一致？断开中性线各灯泡亮度是否一致？为什么？

2）用实验测得的数据验证对称负载星形联结时线/相电压和三角形联结时线/相电流的$\sqrt{3}$关系。

3）根据不对称负载三角形联结时的相电流值做相量图，并求出线电流值，然后与实验测得的线电流作比较分析。

4）总结、分析三相电路功率测量的方法与结果。

3.11　二阶电路的响应研究

预习与思考

1）根据二阶电路实验电路元件的参数，计算出处于临界阻尼状态的 R 的值。

2）在示波器荧光屏上如何测得二阶电路零输入响应欠阻尼状态的衰减常数 α 和振荡角频率 ω_d？

3）完成实验内容 4 的仿真实验。

1. 实验目的及教学目标

通过观察二阶电路过阻尼、临界阻尼和欠阻尼三种情况下的响应波形，研究 R、L、C 串联电路的电路参数与其暂态过程的关系；利用所测响应波形，计算二阶电路暂态过程的有关参数；掌握观察动态电路状态轨迹的方法。

（1）知识目标

◆能表述二阶电路过阻尼、临界阻尼和欠阻尼三种情况下的响应波形及其特点

◆能说明二阶电路在欠阻尼状态下的角频率和衰减系数的物理意义及测定方法

（2）技能目标

◆进一步熟识函数发生器及示波器的使用

◆进一步熟练使用示波器对信号波形的定性观察和定量测量

（3）能力目标

◆归纳、总结二阶电路过阻尼、临界阻尼和欠阻尼三种情况下的形成条件及其响应的区别

◆总结电路元件参数的改变对响应波形变化趋势的影响

2. 实验原理

（1）串联 *RLC* 电路的响应特性

可以用二阶微分方程描述的电路称为二阶电路。对于如图 3-72 所示的二阶 *RLC* 串联电路，根据基尔霍夫定律可得 $u_C(t)$ 为变量的微分方程为

$$LC\frac{d^2u_C}{dt^2}+RC\frac{du_C}{dt}+u_C=u_s$$

若输入为零，即为零输入响应，电路方程为

$$LC\frac{d^2u_C}{dt^2}+RC\frac{du_C}{dt}+u_C=0$$

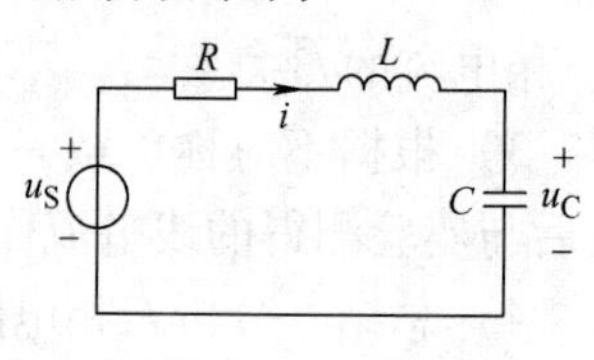

图 3-72　*RLC* 串联电路

电路的特征方程为

$$LCP^2+RCP+1=0$$

其解为

$$P_{1,2}=-\frac{R}{2L}\pm\sqrt{\left(\frac{R}{2L}\right)^2-\frac{1}{LC}}$$

式中，$P_{1,2}$是特征方程的根，由电路的结构和参数决定，称为电路的固有频率。当电路参数 *R*、*L*、*C* 取值不同时，电路的固有频率可能出现三种情况：

1）当 $R>2\sqrt{L/C}$时，电路的固有频率是两个不相等的负实数，响应是非振荡性的，称为过阻尼情况。

2）当 $R=2\sqrt{L/C}$时，电路的固有频率是两个相等的负实数，响应处于临界状态，称为临界阻尼情况。

3）当 $R<2\sqrt{L/C}$时，电路的固有频率是共轭复数，响应将形成衰减振荡，称为欠阻尼情况。可表示为

$$P_{1,2}=-\frac{R}{2L}\pm j\sqrt{\frac{1}{LC}-\left(\frac{R}{2L}\right)^2}=-\alpha\pm j\sqrt{\omega_0^2-\alpha^2}=-\alpha\pm j\omega_d$$

故

$$u_C(t)=\frac{U_0}{p_2-p_1}(p_2\mathrm{e}^{p_1t}-p_1\mathrm{e}^{p_2t})=\frac{U_0\omega_0}{\omega}\mathrm{e}^{-\alpha t}\sin(\omega_d t+\varphi)=k\mathrm{e}^{-\alpha t}\sin(\omega_d t+\varphi)$$

式中，$\alpha=\frac{R}{2L}$称为衰减系数；$\omega_0=\frac{1}{\sqrt{LC}}$称为谐振角频率；$\omega_d=\sqrt{\omega_0^2-\alpha^2}$称为阻尼振荡角频率。

图 3-73 所示为方波激励下二阶电路电容电压的过阻尼、临界阻尼和欠阻尼的响应波形。

(2) α 和 ω_d 的测量方法

对于欠阻尼情形，可从振荡响应波形测量出衰减系数 α 和振荡角频率 ω_d。二阶电路的衰减振荡波形如图 3-74 所示。

从图 3-74 中可以看出，可从示波器上测量出响应曲线两个相邻的最大值之间的距离，则振荡周期为：$T_d=t_2-t_1$，从而求得振荡角频率为 $\omega_d=\frac{2\pi}{T_d}$。再测得相邻两个最大值分别为 U_{m1} 和 U_{m2}，由于 $U_{m1}=kU\mathrm{e}^{-\alpha t_1}$，而 $U_{m2}=kU\mathrm{e}^{-\alpha t_2}$，故 $\frac{U_{m2}}{U_{m1}}=\mathrm{e}^{-\alpha(t_2-t_1)}$，求得衰减系数为：$\alpha=\frac{1}{t_2-t_1}\ln\frac{U_{m1}}{U_{m2}}$。

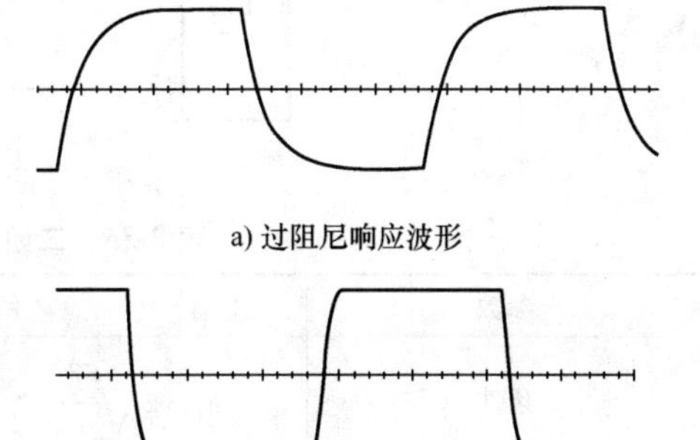

a) 过阻尼响应波形

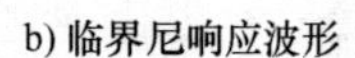

b) 临界尼响应波形

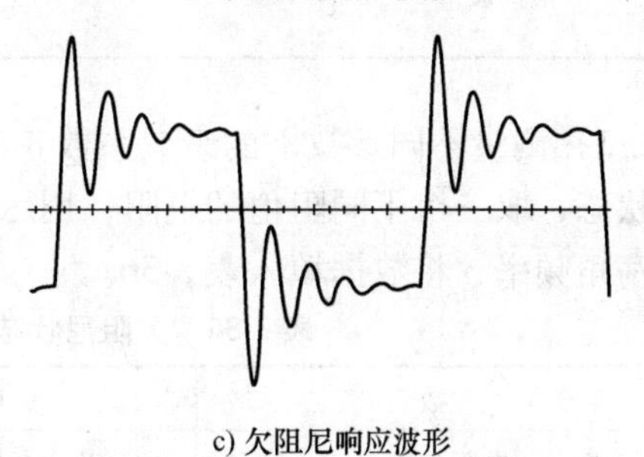

c) 欠阻尼响应波形

图 3-73　方波激励下二阶电路电容电压的过阻尼、临界阻尼和欠阻尼的响应波形

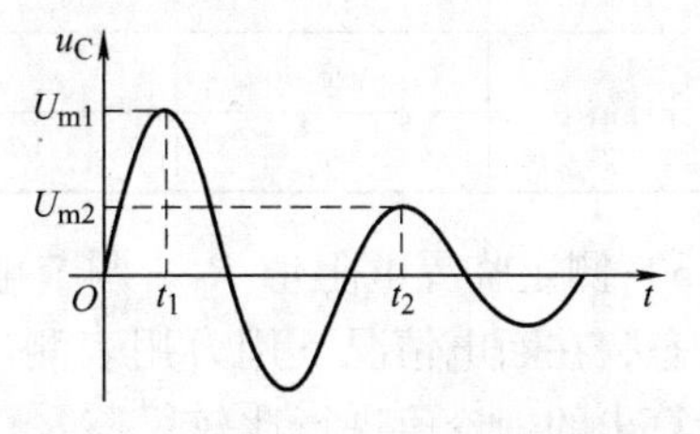

图 3-74　二阶电路的衰减振荡波形

3. 实验任务与内容

(1) 实验任务

用示波器观察二阶电路三种情况下的响应波形，实测出电路处于临界阻尼状态的临界电阻值；测算出电路处于欠阻尼状态的衰减系数 α 和振荡角频率 ω_d，归纳、总结电路元件参数的改变对响应变化趋势的影响。

(2) 实验内容

1) 测试二阶电路三种情况下的响应波形。将电阻、电容、电感串联成图

3-75所示的二阶 RLC 串联电路，$U_S=1V$，$f=1.5kHz$，调节实验箱上的 10kΩ 电位器 R_P，通过示波器观察电容两端的电压波形，并记录在表 3-35 中。

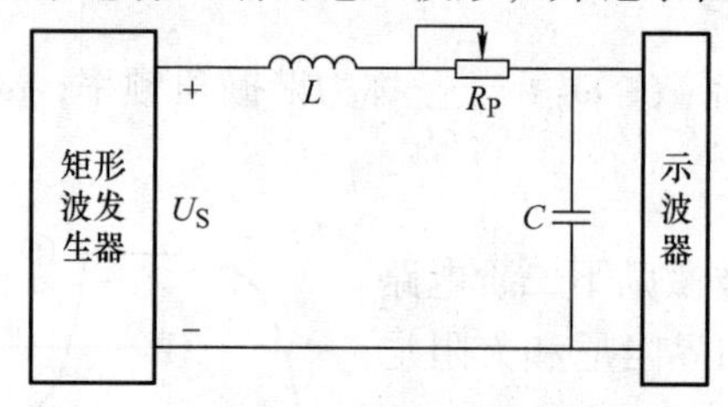

图 3-75　二阶 RLC 串联电路

表 3-35　二阶电路响应波形

参数	$L=10mH$　$C=0.022\mu F$　$f_0=1.5kHz$		
条件	$R_P>2\sqrt{\frac{L}{C}}$	$R_P=2\sqrt{\frac{L}{C}}$	$R_P<2\sqrt{\frac{L}{C}}$
响应波形			

2）测量不同参数下的衰减系数 α 和振荡角频率 ω_d。保证电路一直处于欠阻尼状态，取三个不同阻值的电阻，用示波器测量输出波形，并计算出衰减系数和振荡角频率，将数据填入表 3-36。

表 3-36　欠阻尼状态下的波形参数测量数据

参数		$L=10mH$　$C=0.022\mu F$　$f_0=1.5kHz$		
电阻参数		$R_1=51\Omega$	$R_2=100\Omega$	$R_3=200\Omega$
测量值	U_{m1}			
	U_{m2}			
	T_d			
计算值	α			
	ω_d			

3）测定临界电阻值 R_0。调节电位器 R_P，使得响应出现振荡和非振荡的临界状态，在断电情况下用万用表测出此时的电位器值 R_P，即为临界电阻值 R_0。与计算出的理论值进行比较。

4）仿真实验观测波形并测定临界电阻值 R_0 和欠阻尼状态下的波形参数。

①建立如图 3-76 所示的二阶电路仿真模型。激励信号为方波，从电源库中选取时钟源，设定其频率为 1.5kHz，幅值为 1V，用示波器观测电容两端电压的变化。从基本元件（Basic Components）中选取电感和电容，设定其值分别为 10mH 和 0.022μF。

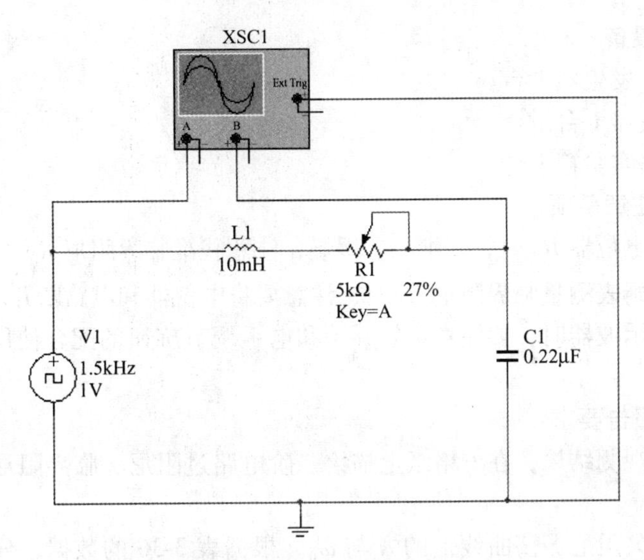

图 3-76　二阶电路仿真模型

②启动仿真开关后双击示波器。调节示波器使输出波形稳定后分别单击 A 键使电位器的阻值按 2% 的速度减少，或按下 Shift + A 键，使电位器的阻值按 2% 的速度增加，观察欠阻尼、临界阻尼和过阻尼情况下的方波响应波形；调节电位器 R，使得响应出现振荡和非振荡的临界状态，并记录临界阻尼情况下电位器 R 的电阻值 R_0，测定表 3-36 中欠阻尼状态下的波形参数。

思考与扩展

二阶电路状态变量法的分析及状态轨迹测试

对于 RLC 串联电路，也可以用两个一阶方程的联立（即状态变量法）来分析：

$$\frac{\mathrm{d}u_{\mathrm{C}}(t)}{\mathrm{d}t}=\frac{i_{\mathrm{L}}(t)}{C}$$

$$\frac{\mathrm{d}i_{\mathrm{L}}(t)}{\mathrm{d}t}=\frac{u_{\mathrm{C}}(t)}{L}-\frac{Ri_{\mathrm{L}}(t)}{L}+\frac{U_{\mathrm{S}}}{L}$$

初始值为 $u_{\mathrm{C}}(0_-)=U_0$，$i_{\mathrm{L}}(0_-)=I_0$。取 i_{L} 和 u_{C} 作为状态变量。状态变量的每一组确定值，均对应状态空间的一个点，在整个响应过程中，状态变量随时间连续变化，在状态空间中就构成了一条曲线，称之为状态轨迹。

试用示波器观察 RLC 串联电路的零输入响应中不同过程状态轨迹，即把 i_{L} 从 CH1 输入，u_{C} 从 CH2 输入，示波器显示置为 XY 方式，适当调整 Y 轴和 X 轴的幅值，则屏幕上所显示曲线就是 i_{L}、u_{C} 的状态轨迹，最后进行总结和归纳。

4. 实验设备

函数信号发生器 1 台。

双踪示波器 1 台。

动态电路实验箱 1 个。

5. 实验注意事项

1）调节电位器 R_P 时，要细心、缓慢，注意找准临界阻尼 R_0。

2）用欧姆表测量临界阻尼 R_0 时，注意要将电位器和电路断开。

3）调节示波器时，要注意触发开关和电平调节旋钮的配合使用，以使显示的波形稳定。

6. 实验报告要求

1）根据观测结果，在方格纸上描绘二阶电路过阻尼、临界阻尼和欠阻尼的响应波形。

2）测算欠阻尼振荡曲线上的 α 与 ω_d，根据表 3-36 的数据，分析理论值与实际测算值误差的原因。

3）将 Multisim 软件仿真结果与实验结果、理论计算值进行比较，并分析讨论。

4）归纳、总结电路元件参数的改变对响应变化趋势的影响。

第4章　测试归纳型实验

本章实验是可以先于学习电路理论相关知识进行的测试归纳型实验，注重实验现象的观察和实验数据的归纳分析，旨在培养从个别到一般的归纳推理能力，从而由“感性”上升到“理性”，获得相关理论知识。此类型实验的“知识”目标是学生进行实验前应掌握的相关基本概念和实验后归纳推导出的相关理论知识；“技能”目标是掌握电路仿真软件的使用，熟练应用实验测量方法并自行在软/硬件平台上完成电路中基本电量的测试；“能力”目标是培养学生在实验中的观察和分析能力，以及由实验现象和测试结果归纳电路的功能、特性，进而推导出相关理论知识的能力。

4.1　电流定律和电压定律的自主仿真实验研究

自习与思考

1）Multisim 电路仿真软件具有哪些基本功能？搭建一个电路进行仿真分析的基本步骤有哪些？

2）电路分析中为什么要设定电流、电压的参考方向或极性？

3）在实际测试中如何判断电流、电压的实际（真实）方向或极性？

4）电荷守恒和能量守恒是自然界的两个基本法则，在集中（总）参数电路中如何分别体现为流入任一节点各电流的线性约束和任一回路中各电压的线性约束？

1. 实验目的及教学目标

学习用 Multisim 仿真软件进行电路仿真测试实验；自行设置电路元件参数进行各支路电压、电流的测量；根据测试数据归纳、总结电流定律和电压定律满足的约束关系。

（1）知识目标

◆能表述电流、电压、电位的概念，并说明其参考方向和实际方向的含义

◆能列举任一电路中的支路、节点、回路和网孔

（2）技能目标

◆熟识电流、电压、电位的测量方法及其实际方向或极性的判定

◆会用电路仿真软件 Multisim 创建电路，用虚拟仪表进行直流电路中各电量的测量

(3) 能力目标

◆总结流出（或流入）任一节点之各支路电流所必须满足的约束关系

◆总结任一回路中各元件电压所必须满足的约束关系

◆总结任意两个节点间的电压计算公式，归纳电位和电压之异同点

2. 预备知识

(1) Multisim 概述（详见附录 2） 随着电子技术和计算机技术的迅速发展，出现了各种电子设计自动化（Electronic Design Automation，EDA）软件，如 Protel、PSpice、EWB、MATLAB、LabVIEW 等。EWB（Electronics Workbench）是加拿大 IIT（Interactive Image Technoligics）公司于 20 世纪 80 年代末推出的电子线路仿真软件，它就像把实验室装进了计算机中，可以对模拟、数字和模拟/数字混合电路进行仿真，用虚拟的元器件搭建各种电路，用虚拟的仪表进行各种参数和性能指标的测试。随着技术的发展，EWB 软件升级到 5. x 版本以后，IIT 公司对其进行了较大的变动，软件名称也变为 Multisim V6。2001 年该软件又升级为 Multisim 2001，允许用户自定义元器件的属性，可以把一个子电路当作一个元器件使用，并且开设了 EdaPARTS. com 网站，为用户提供元器件模型的扩充和技术支持。2003 年，IIT 公司又对 Multisim 2001 进行了较大的改进，升级为 Multisim7，增加了 3D 元器件以及安捷伦的万用表、示波器、函数信号发生器等仿实物的虚拟仪表，使得虚拟电子工作平台更加接近实际的实验平台。附录 2 为 Multisim10 的简介与使用说明。

为了更好地掌握电路的性能，Multisim 电路仿真软件还提供了直流工作点分析、交流分析、敏感度分析、3dB 点分析、批处理分析、直流扫描分析、失真分析、傅里叶分析、模型参数扫描分析、蒙特卡罗分析、噪声分析、噪声系数分析、温度扫描分析、传输函数分析、用户自定义分析和最坏情况分析等多种分析，这些分析在现实中有可能是无法实现的。

Multisim 电路仿真软件以图形界面为主，采用菜单、工具栏和热键相结合的方式，具有一般 Windows 应用软件的界面风格。直观的图形界面使用户可以在计算机屏幕上模拟实验室的工作台，用屏幕抓取的方式从元器件库中选择需要的元器件放置在电路图中并连接起来，创建电路后再连接测量仪器，为仿真分析做准备。

用虚拟实验台方式仿真直流电路的主要步骤为：

1）搭建电路接线图，设置元件参数。

2）放置和连接测量仪器，设置测量仪器参数。

3）启动仿真开关，在虚拟仪器上观察仿真结果。

(2) 电流强度的测量及电流实际（真实）方向的确定

电场的作用使电荷移动，电荷的移动形成电流，习惯上把正电荷的移动方向规定为电流的实际（真实）方向。单位时间内通过导体横截面的电荷的多少表示了电流的强弱，亦称为电流强度，一般用符号 i 表示电流。

电路图中箭头标示的电流方向一般为参考方向，参考方向可以任意设定，其实际方向可以结合电路分析计算电流值的正、负来确定。计算值为正表明参考方向即为实际方向，为负则表明参考方向的相反方向为实际方向。

电流实际方向也可以直接由测量来确定。测量某支路中的电流，必须把电流表串接在被测支路中，如图 4-1 所示。当模拟电流表指针正偏或数字电流表显示数值为正时，表明电流实际方向从“+”接线柱流进电流表，并从“-”接线柱流出来；而模拟电流表指针反偏或数字电流表显示数值为负时，表明电流实际方向从“-”接线柱流进电流表，并从“+”接线柱流出来。

综上，串联接入数字电流表测量时，使电流参考方向从“+”接线柱流进电流表（见图 4-1），则读数为正表明参考方向即为实际方向，为负则表明参考方向的相反方向为实际方向。

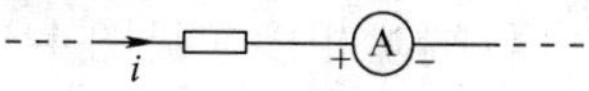

图 4-1 电流表串联在被测支路中

在用模拟电流表测量前，应先估算一下电流强度的范围，然后再将合适量程的电流表接入电路。在闭合开关时，必须先试着触接电键，若模拟电流表的指针急骤摆动并超过满刻度，则必须调节量程或换用更大量程的电流表。如果模拟电流表的指针反偏，则需调换电流表的“+”“-”接线柱以使指针正偏，再依据量程读出指针所示数值。

(3) 电压、电位的测量及其实际（真实）极性的确定

电压也称为“电位差”，用符号 u 表示。如图 4-2 所示，电路中 a、b 两点间的电压 u_{ab} 表明了单位正电荷由 a 点转移到 b 点时所获得或失去的能量，亦即库仑电场力移动单位正电荷由电场中的 a 点到 b 点所做的功。如果正电荷由 a 移动到 b 获得能量，即有 $u_{ab}<0$，此时 a 点为低电位，即负极，b 点为高电位，即正极；相反，如果正电荷由 a 移动到 b 失去能量，即有 $u_{ab}>0$，则 a 点为高电位，即正极，b 点为低电压，即负极。习惯上规定电压的实际（真实）方向为正极指向负极。

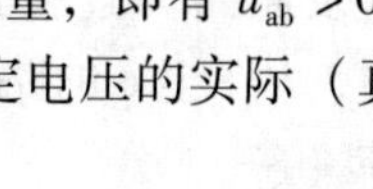

图 4-2 电压参考极性的表示方法

一般设电路中参考点（基准点）的电位为 0，则电路中任一点相对于参考点的电压即电位，因此电路中某点的电位是一个相对量，是相对于参考点而言的，本质上也是电压。

一般电路图中标示的电压、电位的方向或极性均为参考方向或参考极性，可以任意设定。电压的参考方向通常采用“+”“-”极性符号表示，也可以采用双下标字母表示，并规定由前一个字母指向后一个字母。

电压的实际方向或极性可以结合电路分析计算值的正、负来确定，计算值为正表明参考方向即为实际方向，反之参考方向的相反方向为实际方向。

电压的实际方向或极性也可以直接由测量来确定。测量某部分电路或元件两端电压时，必须把电压表跟这部分电路或元件并联，如图 4-3 所示。当模拟电压表指针正偏或数字电压表显示数字为正时，表明电压实际方向是“ + ”接线柱（红端）为高电位，“ - ”接线柱（黑端）为低电位。而模拟电压表指针反偏或数字电压表显示数字为负时，表明电压实际方向是“ + ”接线柱（红端）为低电位，“ - ”接线柱（黑端）为高电位。

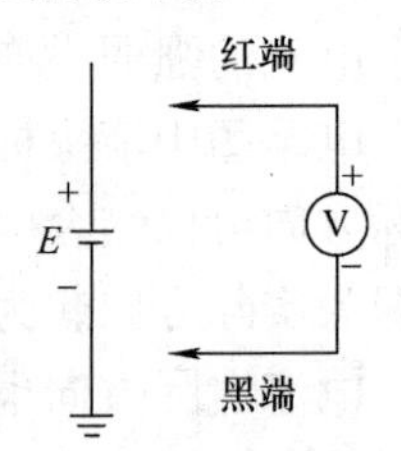

图 4-3　电压表并联在被测元件两端

综上，并联接入数字电压表测量时，使电压“ + ”参考极性与“ + ”接线柱（红端）相接（见图 4-3），则读数为正表明参考极性即为实际极性，为负则表明参考极性与实际极性相反。

每个电压表都有一定的测量范围即量程，使用时必须注意所测的电压不得超出伏特表的量程。如若被测的那部分电路或元件的电压数值估计得不够准，可在闭合电键时采取试触的方法，如果发现电压表的指针很快地摆动并超出最大量程范围，则必须选用更大量程的电压表才能进行测量。如果电压表的指针反偏，则需调换电压表的“ + ”“ - ”接线柱以使指针正偏，再依据量程读出指针所示数值。

(4) 支路、节点、路径、回路与网孔

电路中每个分支称支路，每一支路只流过一个电流。所谓“节点”即指若干支路的连接点。图 4-4 所示的三网孔直流电路中，共有六条支路，a、b、c、d 为节点。在计算机辅助设计中，为易于大型网络编程的规范化，也可将每一个二端元件称为一条支路，在此定义下，e、f 亦为节点。

如果电路中两个节点间存在由不同支路和不同节点依次连接而成的一条通路，则称这条通路为连接该两节点的路径。如图 4-4 中，从 f 至 c 的路径有：fac、fabc、fdec、fdbc 等。

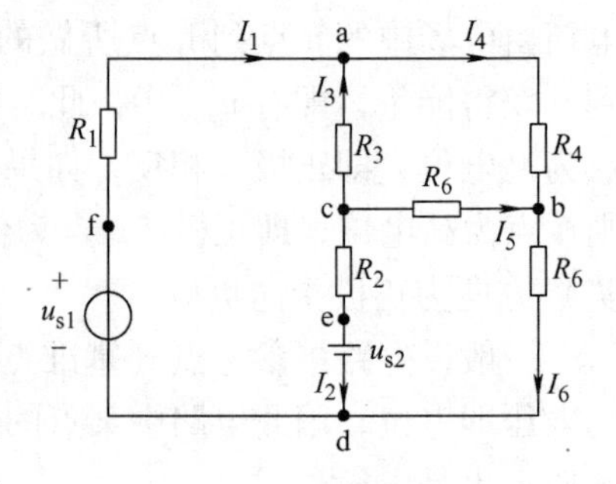

图 4-4　三网孔直流电路

由支路组成的闭合路径称回路，即从电路中某一个节点出发，沿支路方向循行，最后回到原节点所形成的闭合路径，途中每个节点只通过一次。图 4-4 中的 abca、cbdec、acedfa、abdeca、acbdfa、abcedfa、abdfa 均为回路。在回路内部无支路穿过的回路称为网孔，图 4-4 中有 abca、cbdec、acedfa 三个网孔。

3. 实验任务与内容

(1) 实验任务

自主仿真实验测试并总结流出（或流入）任一节点各支路电流所必须满足的约束关系；测试并总结任一回路各元件电压所必须满足的约束关系；测试并总结任意两个节点间的电压计算公式，归纳电位和电压之异同点。

(2) 实验内容

需测试的两个直流电路模型如图 4-5 和图 4-6 所示。

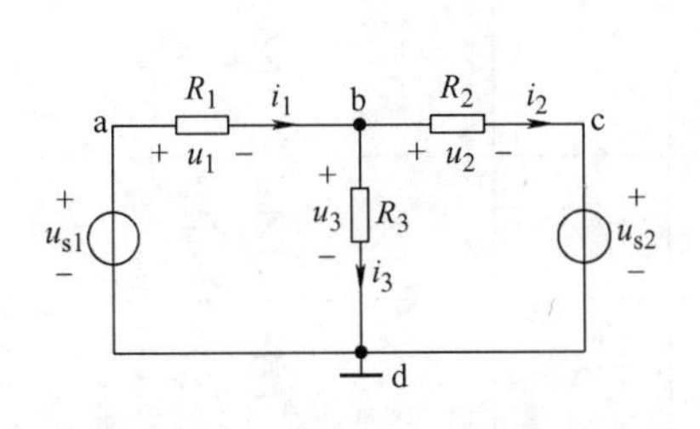

图 4-5　测试电路 1

图 4-6　测试电路 2

1) 支路电流的仿真测试。按图 4-5 和图 4-6 所示的两个测试电路，建立测量支路电流的仿真实验电路接线图。设测试电路 1 中电压源 $u_{s1}=15V$，$u_{s2}=12V$，电阻 $R_1=R_2=R_3=R_4=3\Omega$；测试电路 2 中电压源 $u_{s1}=12V$，$u_{s2}=20V$，电阻 $R_1=R_2=R_3=R_4=R_5=R_6=2\Omega$。

如图 4-7 所示为测试电路 1 的电流测量仿真实验接线图，其中电流表取自 Indicators 库中 AMMTER（注意电流表“+”极性至“−”极性的方向与电流的参考方向一致），电源及接地符号取自 Sources 库中 DC_POWER 和 GROUND，电

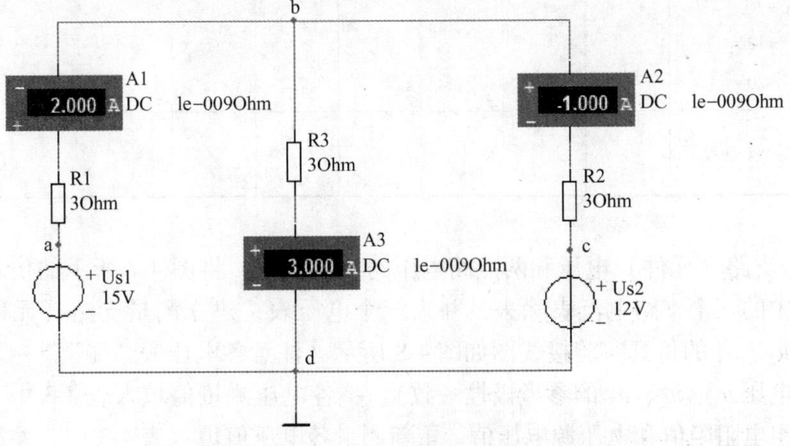

图 4-7　测试电路 1 的电流测量仿真实验接线图

阻取自基本元件库，元件值可双击修改。启动仿真开关后，将电流表测出的各支路电流填入表 4-1 中。自行设定两组电阻阻值和电压源电压值，重新测量各支路电流填入表 4-1 中，并根据测试数据进行规律总结。

表 4-1　测试电路 1 的电流测量值与规律总结

测量值 / 电路参数	i_1	i_2	i_3	总结 流出（或流入）节点 b 的所有支路电流之代数和
$R_1=R_2=R_3=3\Omega$ $u_{s1}=15V$ $u_{s2}=12V$				$\sum_{k=1}^{3} i_k =$
第 2 组参数（自设）				$\sum_{k=1}^{3} i_k =$
第 3 组参数（自设）				$\sum_{k=1}^{3} i_k =$

注：设电流参考方向流出节点取正、流入节点取负，则由图 4-5 可得 $\sum_{k=1}^{3} i_k = -i_1+i_2+i_3$。

自行完成图 4-6 所示测试电路 2 的电流测量仿真实验接线图，将测试数据填入表 4-2 中，并根据测试数据进行规律总结。

表 4-2　测试电路 2 的电流测量值与规律总结

测量值 / 电路参数	i_1	i_2	i_3	i_4	i_5	i_6	总结电流定律 流出（或流入）任一节点 的所有支路电流之代数和
$R_1=R_2=R_3=2\Omega$ $R_4=R_5=R_6=2\Omega$ $u_{s1}=12V$ $u_{s2}=20V$							
第 2 组参数（自设）							

2）支路（元件）电压和两点间电压的仿真测试。将图 4-7 所示的仿真测试电路 1 中的三个支路电流表除去，并入三个电压表，建立测量支路（元件）电压 u_1、u_2、u_3 的仿真实验接线图如图 4-8 所示（注意各电压表“+”“-”极性与被测电压 u_1、u_2、u_3 的参考极性一致）。将各电压测量值填入表 4-3 中。自行设定两组电阻阻值和电压源电压值，重新测量各电压值填入表 4-3 中，并根据测试数据进行规律总结。

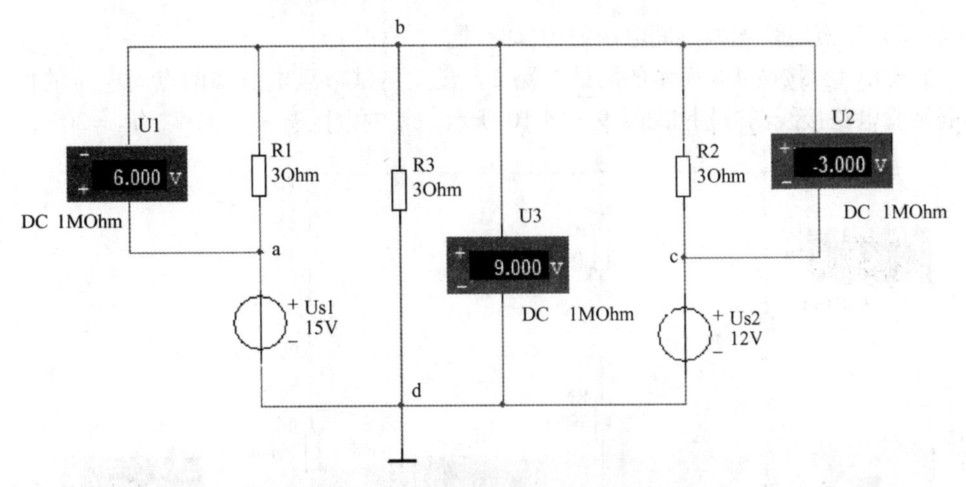

图 4-8　实验电路 1 的电压测试仿真实验接线图

表 4-3　测试电路 1 的电压测量值与规律总结

测量值 / 电路参数	u_1	u_2	u_3	总结 沿任一回路(abda、bcdb、abcda)所有支路(元件)电压之代数和
$R_1 = R_2 = R_3 = 3\Omega$ $u_{s1} = 15V$ $u_{s2} = 12V$				
第 2 组参数(自设)				
第 3 组参数(自设)				

注：电压参考方向与回路绕行一致者取正，相反者取负，则由图 4-5 可得沿回路 abda 顺时针方向，所有支路（元件）电压之代数和表达式为 $\sum u_k = -u_{s1} + u_1 + u_3$。

自行完成图 4-6 所示测试电路 2 的电压测量仿真实验接线图，将测量值填入表 4-4 中，并根据测量数据进行规律总结。

表 4-4　实验电路 2 的电压测量值与规律总结

测量值 / 电路参数	u_1	u_2	u_3	u_4	u_5	u_6	总结电压定律 沿任一回路所有支路(元件)电压之代数和
$R_1 = R_2 = R_3 = 2\Omega$ $R_4 = R_5 = R_6 = 2\Omega$ $u_{s1} = 12V$ $u_{s2} = 20V$							
第 2 组参数(自设)							

3）节点电位和两点间电压的仿真测试。

方法 1：按图 4-6 所示的测试电路 2，建立测试节点电位和两点间电压的仿真实验电路接线图分别如图 4-9 和 4-10 所示，其中电压源 $u_{s1}=12\text{V}$，$u_{s2}=20\text{V}$，

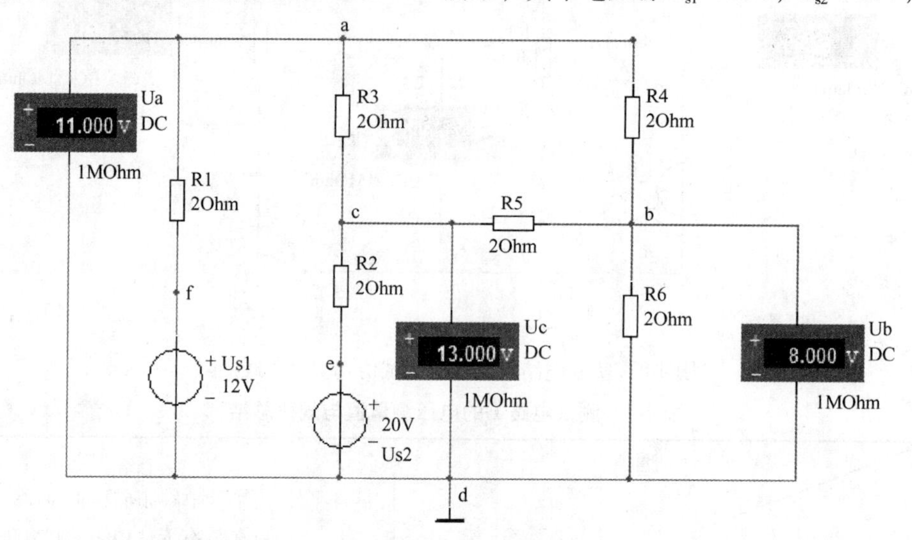

图 4-9　测试节点电位 u_a、u_b、u_c 的仿真实验接线图（以 d 为参考点）

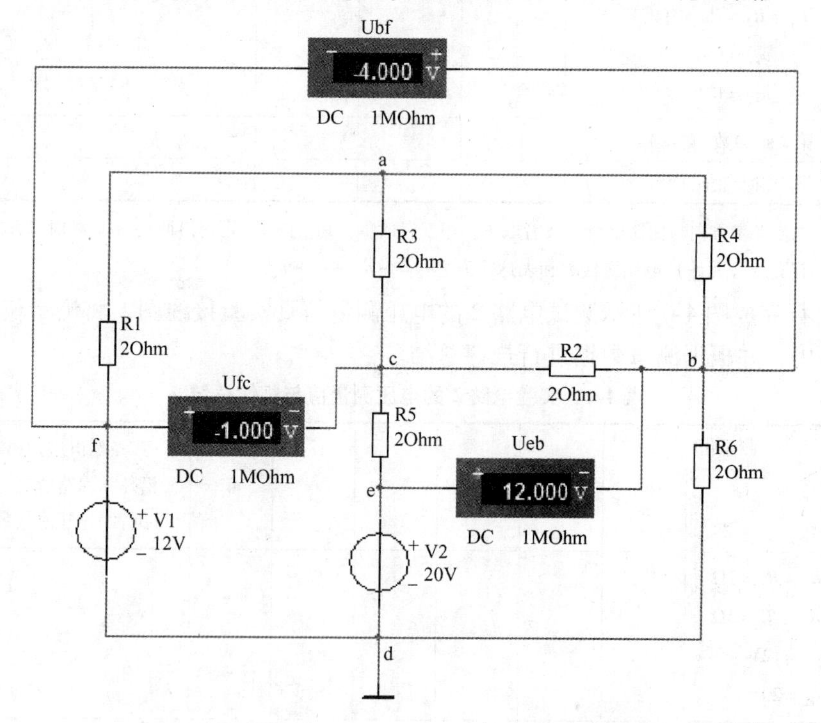

图 4-10　测试两点间电压 u_{fc}、u_{bf}、u_{eb}的仿真实验接线图

电阻 $R_1 = R_2 = R_3 = R_4 = R_5 = R_6 = 2\Omega$。在设置不同的参考点情况下，测量各节点电位和两点间电压 u_{fc}、u_{bf}、u_{eb} 并填入表 4-5 中。

方法 2：设置各节点标号，应用 Multisim 电路仿真软件提供的直流工作点分析（参见附录 2），直接得出各节点电位和两点间电压值填入表 4-5 中。

表 4-5　相对于不同参考点的各节点电位和两点间电压 u_{fc}、u_{bf}、u_{eb} 测量值

测量值 / 电路参考点	u_a	u_b	u_c	u_d	u_f	u_e	u_{fc}	u_{bf}	u_{eb}
a									
b									
e									

测试与归纳

电流定律和电压定律的推广

将节点推广至封闭面，测试图 4-11 中封闭面 S 所关联的所有电流 i_3、i_4、i_5、i_6，计算其代数和。自选任一电路之任一封闭面进行测试，归纳其所有流入电流和流出电流所满足之约束关系。

将闭合回路推广至开口回路（假想的闭合回路），分别测试图 4-11 中开口回路①、开口回路②所关联的所有元件电压，计算开口处端电压 u_{fc}，即计算从 f 至 c 的任一路径上所有电压降之代数和。自选任一电路之任一开口回路进行测试，归纳其开口处端电压之代数表达式。

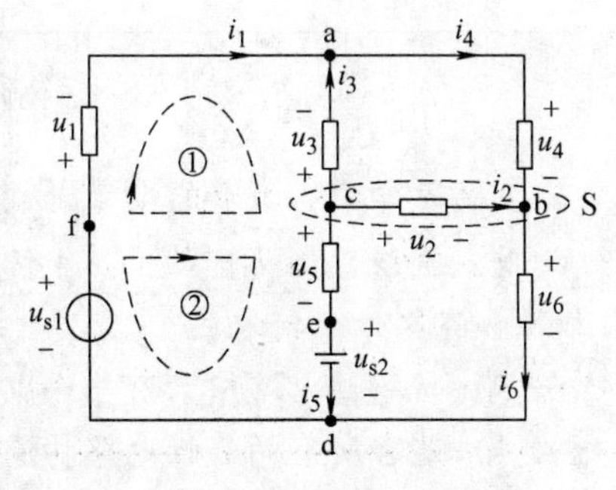

图 4-11　封闭面 S 和开口回路①、②标示图

思考：是否所有的节点电流约束方程均独立？是否所有的回路电压约束方程均独立？

4. 实验设备

计算机（安装 Multisim 电路仿真软件）1 台。

5. 实验注意事项

1）测试直流电流、电压时，注意根据关联参考方向接入电表极性。测试电位时，注意电压表负极接参考点。

2）电压表内阻设为 1MΩ，电流表内阻设为 1μΩ。

3）仿真电路中必须设立接地端。

6. 实验报告要求

1）根据表 4-1 和表 4-2 所测数据和电流的参考方向分别计算流出各节点电流之代数和，并总结在参考方向下，流出（或流入）任一节点各支路电流所必须满足的约束方程，说明方程中正、负号与电表读数中正、负号的意义，确定各电流的实际方向。

2）根据表 4-3 和表 4-4 所测数据和电压的参考方向计算图 4-6 所示三个回路电压降之代数和，并总结在参考极性下，任一回路中各支路（元件）电压所必须满足的约束方程，说明方程中正、负号与电表读数中正、负号的意义，确定各电压的实际极性。

3）根据表 4-5 所测数据，总结在电压参考极性下，任两个节点间的电压计算公式。

4）根据表 4-5 所测节点电位数据计算两点间电压数据，并与所测数据比较，归纳电位和电压之异同点。

5）总结节点电流约束方程和回路电压约束方程是否与元件参数、电路结构有关。

4.2　电路叠加性、齐次性和互易性的实验研究

自习与思考

1）数学中函数和自变量之间满足的可加性和齐次性是如何表述的？

2）将线性电路中的响应和激励分别视为数学中的函数和自变量，其可加性和齐次性如何表述？

3）当线性电路中只有一个电源时，响应与激励之间具有什么样的关系？

4）是否所有的线性电路均满足互易性？

5）自拟实验内容 2 的三种互易形式仿真实验方案与测试数据表格。

1. 实验目的及教学目标

进一步熟练用 Multisim 仿真软件进行电路仿真测试实验；自行设置电路元件参数进行相关电压、电流的测量；根据测试数据归纳、总结电路的叠加性、齐次性和互易性。

（1）知识目标

◆能表述线性电路的叠加性、齐次性

◆能举例说明线性电阻电路互易性的三种表现形式

（2）技能目标

◆熟练应用电路仿真软件 Multisim 进行直流电路分析

◆熟练应用虚拟仪表进行直流电路中各电量的测量

（3）能力目标

◆总结线性电路中激励和响应之间具有的线性关系

◆归纳三种互易形式在互易前、后同侧支路上电源与响应的参考方向应满足的关联性

2. 预备知识

（1）数学中的线性关系

数学中函数$f(x_1, x_2)$和自变量x_1、x_2之间满足的可加性可用数学式表达为

$$f(x_1 + x_2) = f(x_1) + f(x_2)$$

函数$f(x)$和自变量x之间满足的齐次性可用数学式表达为

$$f(kx) = kf(x)$$

其线性关系可综合表达为

$$f(k_1x_1 + k_2x_2) = k_1f(x_1) + k_2f(x_2)$$

（2）线性电路中的线性关系

线性电路中的线性关系可用示意图表示，如图4-12所示。

（3）电路中的互易性

一个具有互易性的网络，在单一激励下产生的响应，当激励和响应互相易位时，其比值保持不变。并非任何网络都具有互易性，一般只有那些不含受控源、独立电源和回转器的线性定常无源双口网络才具有互易性，它有如图4-13所示的三种形式，统称为互易定理。

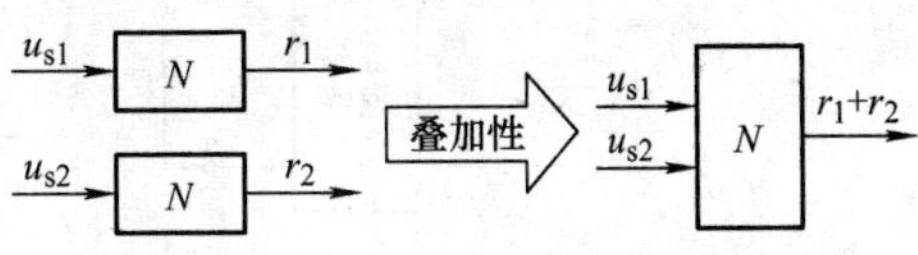

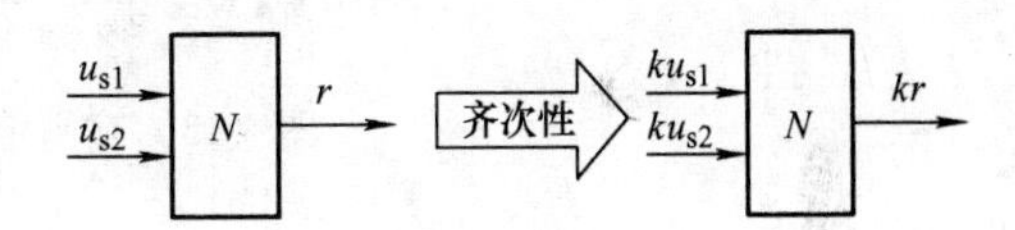

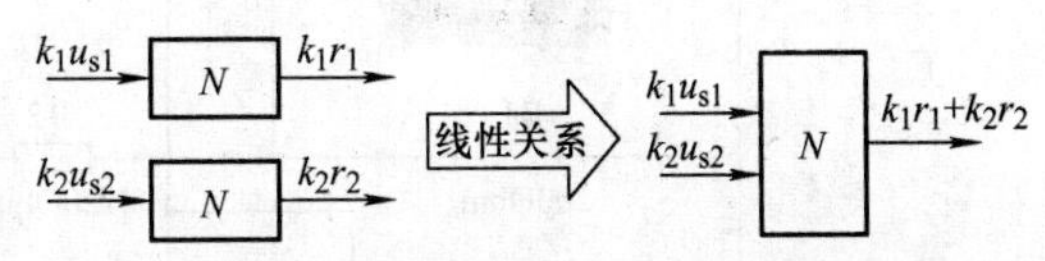

图4-12　线性电路中的线性关系示意图

3. 实验任务与内容

（1）实验任务

通过自主仿真实验，测试并归纳线性电路中激励和响应之间具有的线性关系；自拟实验方案、步骤与表格，测试并归纳电路的互易性，掌握其适用范围。

（2）实验内容

1）线性电路中激励和响应之间线性关系的测试。

①叠加性的测试。建立如图4-14所示的仿真电路。电源及接地符号取自电源/信号源零件库中DC_POWER，单元值可双击修改。电阻取自基本元件库。电压表和电流表取自Indicators库。启动仿真开关后，用电压表和电流表分别测出

U_1、U_2 单独作用（双击改值即可，不作用的电压源设为0V）和共同作用时各支路的电压和电流值，填入表4-6中，归纳叠加性在线性电路中的体现。

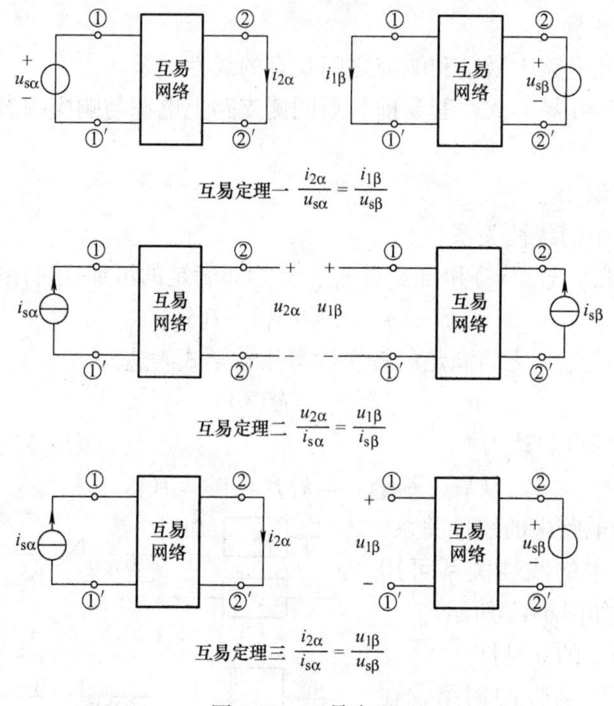

图4-13　互易定理

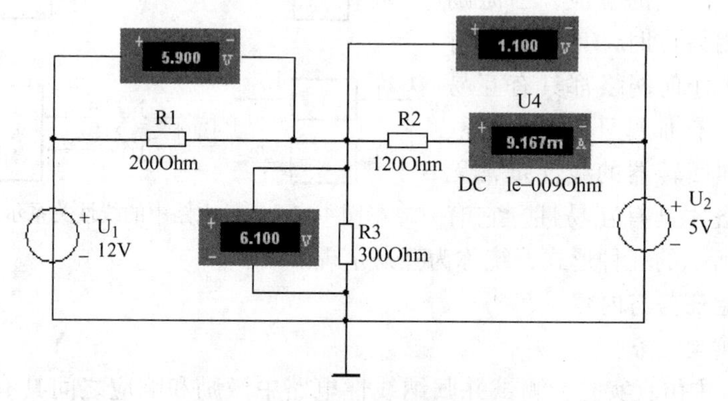

图4-14　线性电路仿真测试电路

表4-6　线性电路叠加性的测试

	U_{R1}/V	U_{R2}/V	U_{R3}/V	I_{R2}/mA
U_1 单独作用				
U_2 单独作用				
U_1 和 U_2 共同作用				

②齐次性的测试。建立图 4-14 所示的仿真电路，自行设定比例系数 k_1 和 k_2，将各电表数据填入表 4-7 中，归纳齐次性在线性电路中的体现。

表 4-7　线性电路齐次性的测试

	U_{R1}/V	U_{R2}/V	U_{R3}/V	I_{R2}/mA
U_1 和 U_2 共同作用				
k_1U_1 和 k_1U_2 共同作用				
k_2U_1 和 k_2U_2 共同作用				

③线性关系的测试。建立图 4-14 所示的仿真电路，自行设定比例系数 k，将各电表数据填入表 4-8 中，归纳叠加性和齐次性在线性电路中的体现。

表 4-8　线性电路叠加性和齐次性的测试

	U_{R1}/V	U_{R2}/V	U_{R3}/V	I_{R2}/mA
kU_1 单独作用				
kU_2 单独作用				
kU_1 和 kU_2 共同作用				

2）电路互易性的测试。图 4-15 为被测互易电路，试根据图 4-13 所示互易定理的示意图，自拟三种互易形式仿真实验方案、步骤与测试数据表格，自行建立仿真测试电路，对三种互易形式的电路进行测试，并归纳在互易前和互易后同侧支路上电源与响应的参考方向应满足的关联性。测试电路中设电压源 $u_{s\alpha}=30\text{V}$，电流源 $i_{s\alpha}=0.1\text{A}$。

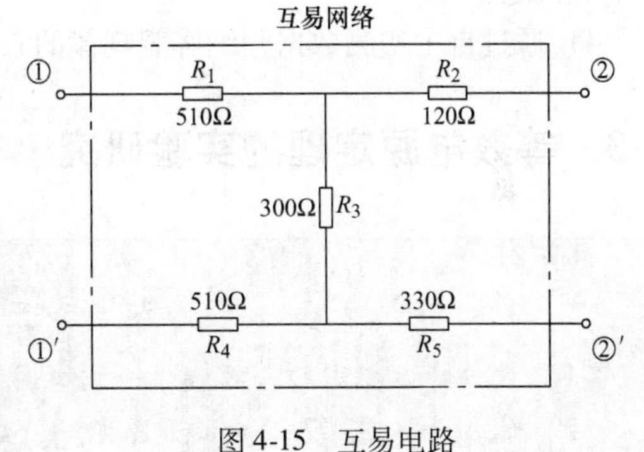

图 4-15　互易电路

测试与归纳

含受控源网络的叠加性、齐次性与互易性的测试

图 4-16 所示电路为含电压控制电流源（VCCS）的线性电路。在理想情况下，控制量 u_1 与输出量 i_o 有如下线性关系：

$$i_o = gu_1$$

式中，$g=1/R_2$。

试对图 4-16 所示电路自拟实验方案和测试数据表格，进行叠加性、齐次性与互易性的仿真测试，其中 u_s 可设为 2V，亦可根据测试内容进行设置。例如测试叠加性时，u_s 可设为两个 1V 的电压源相串联。试根据测试结果归纳叠加性、齐次性与互易性是否适用于含受控源的网络。

4. 实验设备

计算机（安装 Multisim 电路仿真软件） 1 台。

5. 实验准备及注意事项

1）仿真电路必须有接地点。

2）叠加性实验中，不参与作用的电压源应设置为零，不能将电压源输出端直接短路。

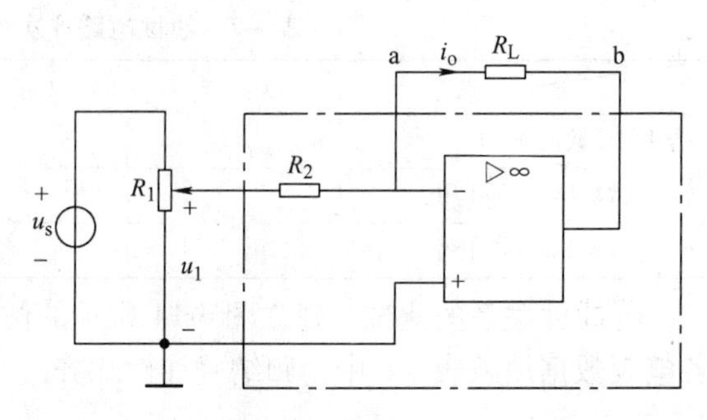

图 4-16　含电压控制电流源（VCCS）的线性电路

6. 实验报告

1）数学中的可加性和齐次性在线性电路中分别体现为叠加定理和齐次定理，试根据表 4-6 和表 4-7 的测试数据进行归纳和表述。

2）根据表 4-8 的测试数据对包含叠加性和齐次性的线性关系进行总结和概述。

3）根据图 4-15 和图 4-16 的测试数据，对电路的互易性及其适用范围进行归纳和概述。

4）通过自主实测数据归纳客观规律的心得体会。

4.3　等效电源定理的实验研究

自习与思考

1）端口特性相同的含源线性一端口网络对外电路而言可否互为等效？

2）计算电路图 4-7 端口的开路电压，短路电流和等效电阻。

3）在求含源线性一端口网络等效电阻 R_{eq} 时，如何理解"原电路中所有独立电源为零值"？实验中怎样将独立电源置零？

1. 实验目的及教学目标

掌握含源一端口网络等效参数及外特性的一般测量方法；根据测试数据总结、归纳实际电压源模型和实际电流源模型的等效变换条件，建立对等效电源定理的感性认识。

（1）知识目标

◆能表述等效电路的概念

◆能说明含源线性一端口网络外特性的物理意义

(2) 技能目标

◆熟练测试含源线性一端口网络等效参数 U_{OC}、I_{SC}和 R_{eq}

◆熟练完成含源线性一端口网络外特性的测量

(3) 能力目标

◆根据实测数据和外特性曲线，归纳含源线性一端口网络的两种等效电源形式

◆总结、归纳实际电压源模型和实际电流源模型的等效变换条件

2. 预备知识

任何一个含源线性网络，如果仅研究其中一条支路的电压和电流，则可将电路的其余部分看作是一个含源线性一端口网络（或称为有源二端口网络）。电路的端口特性为端口电压和端口电流的伏安关系。如果两个端点一一对应的 n 端网络 N 和 N′具有相同的端口特性，则二者相互等效，并互称为等效电路。

(1) 含源线性一端口网络开路电压 U_{OC}、短路电流 I_{SC}的测量方法

1) 方法一：直接测量法。在含源线性一端口网络输出端开路时，用电压表直接测得其输出端的开路电压 U_{OC}，即为含源线性一端口网络的开路电压。此直接测量法适用于含源线性一端口网络的等效电阻 R_{eq}与测量用电压表的内阻 R_V相比可以忽略不计的情况。

在含源线性一端口网络输出端短路时，用电流表测其短路电流 I_{SC}，即为有源一端口网络短路电流。如果含源线性一端口网络的等效电阻 R_{eq}很小，若将其输出端口短路则易损坏其内部元件，此时不宜用直接测量法。

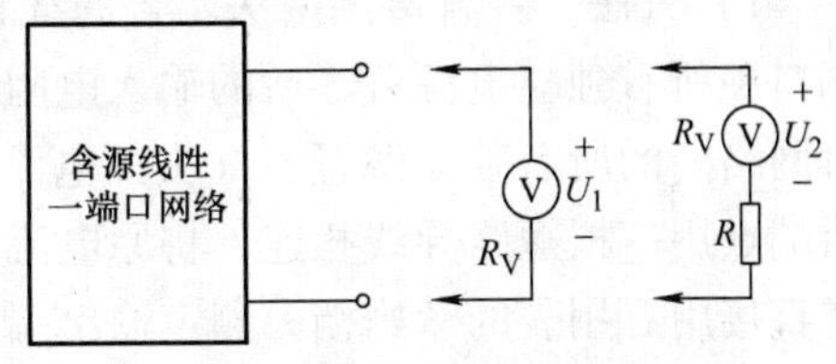

图 4-17 开路电压的两次测量法

2) 方法二：两次测量法。为了消除仪表内阻的影响，两次测量法是最为合适的测量等效参数的方法。

开路电压的两次测量法如图 4-17 所示，用内阻为 R_V 的电压表对含源线性一端口网络进行两次测量：第一次测量按常规方法进行，测得电压表读数为 U_1；第二次测量时，先将电压表串联一个标准电阻 R，然后再进行测量，测得电压表读数为 U_2。则开路电压为

$$U_{OC} = \frac{RU_1U_2}{R_V(U_1 - U_2)} \tag{4-1}$$

由（4-1）式可见，两次测量法与含源线性一端口网络等效电阻 R_{eq}无关，从而避免了由于电压表内阻 R_V 在 R_{eq}较大情况下引入压降而造成的误差。

同理，短路电流的两次测量法如图 4-18 所示，用内阻为 R_A 的电流表对含源

线性一端口网络进行两次测量，则短路电流为

$$I_{SC}=\frac{RI_1I_2}{I_2\ (R_A+R)\ -I_1R_A} \tag{4-2}$$

3）方法三：端口伏安特性法（外特性法）。为避免一些含源线性一端口网络在端口短路时产生大电流的风险，需要通过测量端口伏安特性来测算短路电流的大小。由于含源线性一端口网络的伏安特性为直线，因此从理论上说，通过两次端口接不同大小的负载而测得的电压和电流值就可推算出短路电流的大小。但测量往往会带有误差，为了避免仅由两个测量点来确定端口伏安特性所产生的较大误差，实际测量端口伏安特性需测取合理的、足够多的测量样点，然后通过曲线拟合得到伏安特性直线，该直线在电压坐标轴和电流坐标轴上的截距，也就是该含源线性一端口网络的短路电流 I_{SC} 及开路电压 U_{OC}。

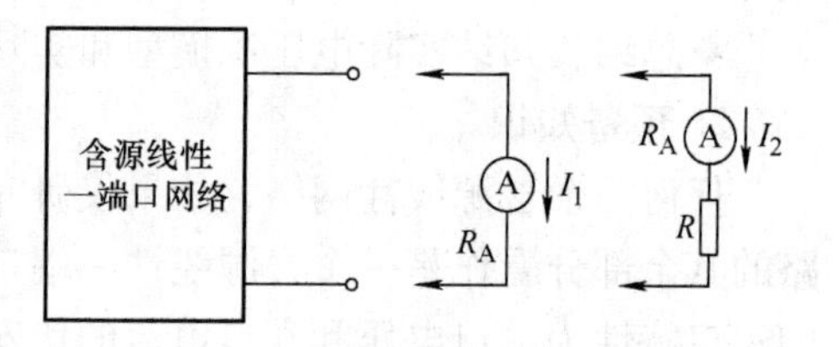

图 4-18　短路电流的两次测量法

这种方法克服了前两种方法的缺点和局限性，常常在实际测量中采用。

（2）含源线性一端口网络等效电阻 R_{eq} 的测量方法

1）方法一：直接测量法。含源线性一端口网络的等效电阻 R_{eq} 等于将该一端口中所有独立电源置零后的输入电阻。根据 R_{eq} 的定义，将被测含源线性一端口网络内的所有独立源置零（去掉电流源 I_S 和电压源 U_S，并在原电压源所接的两端点用一根短路导线相连，将原电流源所接的两端点开路），然后用伏安法或者直接用万用表的欧姆档去测定输出端的电阻，此即为被测一端口网络的等效内阻 R_{eq}。

由于在去掉实际电源的同时，其电源的内阻也无法保留下来，因此这种方法适用于电压源内阻较小和电流源内阻较大的情况。

2）方法二：开路电压、短路电流法。直接测量端口开路电压 U_{OC} 和短路电流 I_{SC}，则等效电阻为 $R_{eq}=\frac{U_{OC}}{I_{SC}}$。

为了减少电压表和电流表的内阻对测量结果产生的误差，应尽可能选用高内阻的电压表和低内阻的电流表。若仪表内阻已知，则可以应用两次测量法来测量开路电压 U_{OC} 和短路电流 I_{SC}。

这种方法适用于等效电阻 R_{eq} 较大而且短路电流不超过额定值的情况，否则有损坏电路的危险。

3）方法三：端口伏安特性法（外特性法）。通过伏安法测量含源线性一端

口网络的端口伏安特性直线，则该直线的斜率即为等效电阻 R_{eq}。

也可用电压表、电流表测出含源线性一端口网络外特性上的两个点（U_1，I_1）和（U_2，I_2），则等效电阻为 $R_{eq}=\dfrac{U_1-U_2}{I_1-I_2}$。通常这两个点选择为额定值工作点（$U_N$，$I_N$）和开路点（$U_{OC}$，0），则有 $R_{eq}=\dfrac{U_N-U_{OC}}{I_N}$。

这种方法可以克服前两种方法的缺欠，因此常常在实际测量中采用。

3. 实验任务与内容

（1）实验任务

测量含源线性一端口网络的开路电压、短路电流和等效电阻，构造出电压源形式和电流源形式的电路。分别测量含源线性一端口网络、电压源形式和电流源形式的电路外特性，并进行分析比较，讨论其等效性。

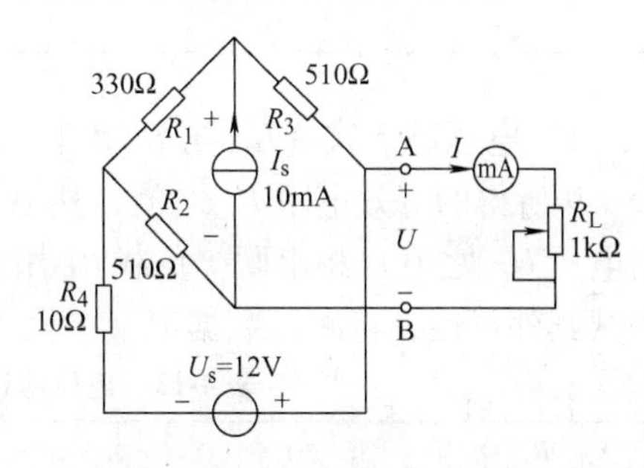

图4-19　含源线性一端口网络

（2）实验内容

被测含源一端口网络如图4-19所示，按图连接电路。

1）测量图4-19所示电路的开路电压 U_{OC}、短路电流 I_{SC}。在图4-19中，接入稳压电源 $U_S=12V$，恒流源 $I_S=10mA$，不接入 R_L。分别测定开路电压 U_{OC} 和短路电流 I_{SC}，并计算出 R_{eq} 填入表4-9。

表4-9　开路电压、短路电流和等效电阻的测算值

U_{OC}/V	I_{SC}/mA	R_{eq}/Ω（$R_{eq}=U_{OC}/I_{SC}$）

2）含源一端口网络等效电阻 R_{eq}（又称入端电阻）的直接测量。在图4-19中，将被测含源一端口网络内的所有独立源置零（去掉电流源 I_S 和电压源 U_S，并在原电压源所接的两端点用一根短路导线相连），然后用伏安法或者直接用万用表的欧姆档去测定负载 R_L 开路时A、B两点间的电阻，此即为被测网络的等效内阻 R_{eq}。

3）含源一端口网络的外特性测试。按图4-19接入可变电阻箱 R_L。改变 R_L 阻值，测量 R_L 的端电压 U 和流过的电流 I，将测试数据填入表4-10，并据此画出含源一端口网络的外特性曲线。再根据外特性曲线在电流坐标轴、电压坐标轴上的截距和斜率测算得出开路电压、短路电流和等效电阻填入表4-11，并与表4-9的数据进行比较。

表 4-10　含源一端口网络的外特性数据

R_L/Ω	50	80	100	120	150	180	200	250	300
U/V									
I/mA									

表 4-11　由外特性测算的开路电压、短路电流和等效电阻

U_{OC}/V	I_{SC}/mA	R_{eq}/Ω

4）电压源形式（U_{OC}与 R_{eq}串联）电路的外特性测试。用多圈电位器取得按表 4-9 所得的等效电阻 R_{eq}之值，然后令其与直流稳压电源（调到表 4-9 中的开路电压 U_{OC}之值）相串联，负载 R_L 用可变电阻箱，如图 4-20a 所示，仿照表 4-10 测试其外特性，将测试数据记录在表 4-12 中。

表 4-12　电压源形式电路的外特性数据

R_L/Ω	50								300
U/V									
I/mA									

5）电流源形式（I_{SC}与 R_{eq}并联）电路的外特性测试。用多圈电位器取得表 4-9 所得的等效电阻 R_{eq}之值，然后令其与直流电流源（使得电流源的输出电流调到表 4-9 测得的短路电流 I_{SC}之值）相并联，负载 R_L 用可变电阻箱，如图 4-20b 所示，仿照表 4-10 测其外特性，在表 4-13 中记录测量数据。

表 4-13　电流源形式电路的外特性数据

R_L/Ω	50								300
U/V									
I/mA									

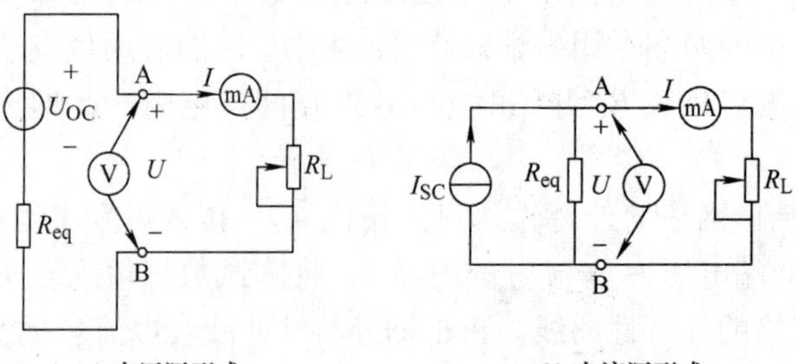

图 4-20　含源线性一端口网络等效电源外特性测试

测试与分析

含源一端口电路的最大功率传输的测试与分析

在图 4-17 所示电路中，负载 R_L 上消耗的功率 P 可由下式表示：

$$P = I^2 R_L = \left(\frac{U_{OC}}{R_0 + R_L}\right)^2 R_L$$

当 $R_L = 0$ 或 $R_L = \infty$ 时，电源输送给负载的功率均为零。而以不同的 R_L 值代入上式可求得不同的 P 值，由数学分析可知其中必有一个 R_L 值，使负载能从电源处获得最大的功率为

$$P_{MAX} = \left(\frac{U_{OC}}{R_{eq} + R_L}\right)^2 R_L = \left(\frac{U_{OC}}{2R_L}\right)^2 R_L = \frac{U_{OC}^2}{4R_L}$$

即当满足 $R_{eq} = R_L$ 时，负载从电源获得最大功率，这时称此电路处于“匹配”工作状态。

试改变 R_L 值，自制数据表格，通过测试和理论分析验证含源线性一端口电路的最大功率传输条件。

4. 实验设备

可调直流稳压源 1 台。

可调直流恒流源 1 台。

指针式万用表 1 只。

数字式万用表 1 只。

直流电路元件箱 1 个。

可变电阻箱 1 个。

5. 实验注意事项

1）测量时应注意电流表量程的更换。

2）使用万用表时，电流档、欧姆档不能用来测电压。

3）直流稳压电源的输出端不能短路。

4）用万表直接测 R_{eq} 时，网络内的独立源必须先置零，以免损坏万用表。其次，欧姆档必须经调零后再进行测量。

5）改接线路时，要先关掉电源。

6. 实验报告要求

1）根据表 4-10、表 4-12 和表 4-13 的数据，分别绘出相应电路的外特性曲线，总结实验结果，归纳含源线性一端口网络与两种电源形式的等效关系。

2）根据表 4-9 所测算出的含源线性一端口电路的等效电阻 R_{eq} 和表 4-11 所测算出的等效电阻 R_{eq}，分析两者的关系和产生误差的原因。

3）总结、归纳实际电压源模型和实际电流源模型的等效变换条件。

4.4 *R*、*L*、*C* 元件阻抗的频率特性的自主测定

自习与思考

1）测量 *R*、*L*、*C* 各个元件的阻抗角时，为什么要与它们串联一个阻值小的电阻？可否用一个小电感或大电容代替？为什么？

2）如何用交流毫伏表测定电阻、感抗和容抗？它们的大小和频率有何关系？

3）什么是频率特性？*RC* 串联电路构成的高通滤波器、低通滤波器的幅频特性有何特点？如何测量？

1. 实验目的及教学目标

自主测定 R-f、X_L-f 及 X_C-f 特性曲线，归纳电阻、感抗、容抗与频率的关系；自主测定 *RC*、*RL* 串联电路响应信号的相频特性，总结不同频率下阻抗角的变化情况；通过测试 *RC* 串联电路不同输出响应信号的幅频特性建立对滤波的感性认识。

（1）知识目标

◆能说明 *R*、*L*、*C* 元件端电压与电流间的相位关系

◆能表述交流电路幅频特性和相频特性的定义

（2）技能目标

◆学会应用示波器测定一端口电路/元件的阻抗角

◆能应用交流毫伏表测定 R-f、X_L-f 及 X_C-f 特性曲线

◆能自主测定交流电路输出响应信号的幅频特性和相频特性

（3）能力目标

◆根据测绘曲线，观察并总结电阻、感抗、容抗与频率的关系

◆归纳阻抗角的测算方法，分析 *RC* 串联电路、*RL* 串联电路阻抗角与频率之间的定性关系曲线，说明两者在相频特性方面的差异

◆分析 *RC* 串联电路不同输出响应的幅频特性，归纳其高通滤波和低通滤波的特点

2. 预备知识

（1）交流电路的频率特性

由于交流电路中感抗 X_L 和容抗 X_C 均与频率有关，因此，在输入电压（激励信号）大小不变的情况下改变频率大小，电路电流和各元件电压（或称响应信号）也会发生变化。这种电路响应随激励频率变化的特性称为频率特性。$A(\omega)$ 为响

应信号与激励信号的大小之比，称为幅频特性；$\varphi(\omega)$为响应信号与激励信号的相位差角，称为相频特性。若电路的激励信号为$E(\mathrm{j}\omega)$，响应信号为$R(\mathrm{j}\omega)$，则频率特性函数为

$$H(\mathrm{j}\omega)=R(\mathrm{j}\omega)/E(\mathrm{j}\omega)=A(\omega)\angle\varphi(\omega)$$

（2）一端口电路的阻抗角及其测算

一端口电路阻抗角，体现了电路端口总电压与总电流之间的相位关系，即总电压超前或滞后于总电流 φ 角度。用双踪示波器测量阻抗角的方法如图 4-21 所示。波形 u、i 分别为电路端口的总电压和总电流，从荧光屏上测算出信号的一个周期占 T 毫秒，相位差占 Δt 毫秒，则实际相位差（阻抗角）$\varphi=\dfrac{\Delta t}{T}\times360°$。

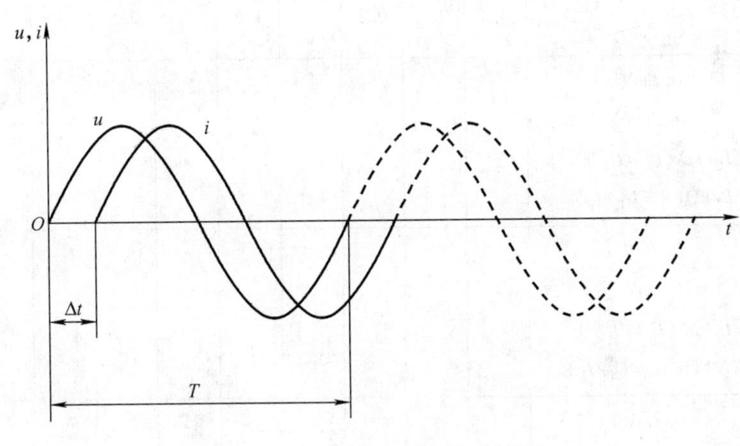

图 4-21　一端口电路阻抗角观测

除了以上的示波器观测法，对于阻抗串联电路，还可以用相量公式法计算出阻抗角。对于 RL 串联电路，电压相量表达式为 $\dot{U}=\dot{I}\,(R+\mathrm{j}X_{\mathrm{L}})=\dot{I}\sqrt{R^2+X_{\mathrm{L}}{}^2}\angle\varphi$，阻抗角表达式为 $\varphi=\arctan\dfrac{X_{\mathrm{L}}}{R}$；而对于 RC 串联电路，电压相量表达式为 $\dot{U}=\dot{I}\,(R-\mathrm{j}X_{\mathrm{C}})=\dot{I}\sqrt{R^2+X_{\mathrm{C}}{}^2}\angle\varphi$，阻抗角表达式为 $\varphi=\arctan\dfrac{-X_{\mathrm{C}}}{R}$。其中感抗 $X_{\mathrm{L}}=2\pi fL$，容抗 $X_{\mathrm{C}}=\dfrac{1}{2\pi fC}$。

3. 实验任务与内容

（1）实验任务

测量单一参数 R、L、C 元件的阻抗幅频特性。用实验方法测算不同频率下 RL 串联电路和 RC 串联电路阻抗角 φ 的变化情况，并计算 φ 值。测试 RC 串联电路不同输出响应的高通滤波和低通滤波的幅频特性。

（2）实验内容

1）R、L、C 元件阻抗幅频特性测试电路如图 4-22 所示，给定 $R=1\text{k}\Omega$，$C=1\mu\text{F}$，$L=10\text{mH}$ 和 $r=200\Omega$，自主设计实验线路连接方法，通过测量采样电阻 r 的电压 U_r 来计算阻抗元件电流。然后，调低频信号发生器、双踪示波器于所要求的工作状态下，通过电缆线将低频信号发生器输出的正弦信号接至图 4-22 中作为激励源 $U=3\text{V}$，并保持不变。改变信号源的输出频率，从 200Hz 逐渐增至 5kHz，并使开关 S 分别接通 R、L、C 三个元件，用交流毫伏表分别测量元件电压 U_R、U_L、U_C、U_r，计算各频率点的阻抗值，并将测试数据填入表 4-14 中。

表 4-14　R、L、C 元件阻抗幅频特性测试

项目	频率 f/kHz	0.2	0.5	0.8	1	1.5	2	2.5	3	4	5
R	U_R/mV										
	U_r/mV										
	I_R/mA($I_R=U_r/r$)										
	R/kΩ($R=U_R/I_R$)										
L	U_L/mV										
	U_r/mV										
	I_L/mA($I_L=U_r/r$)										
	X_L/kΩ($X_L=U_L/I_L$)										
C	U_C/mV										
	U_r/mV										
	I_C/mA($I_C=U_r/r$)										
	X_C/kΩ($X_C=U_C/I_C$)										

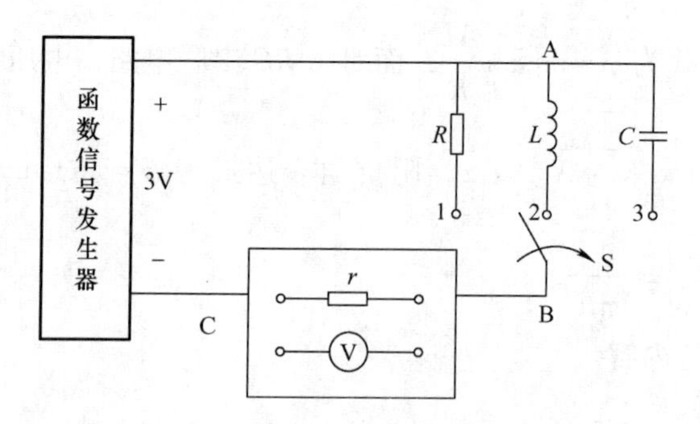

图 4-22　R、L、C 元件阻抗幅频特性测试电路

2）给定 $R=1\text{k}\Omega$，$C=0.1\mu\text{F}$，$L=10\text{mH}$。按图 4-23 搭建 RC 和 RL 串联电

路，激励仍采用低频信号发生器，改变信号源的输出频率，从 200Hz 逐渐增至 20kHz，首先用图 4-21 的双踪示波器观测法测量，记录 T 和 Δt，测算出阻抗角 φ；然后用相量公式法计算阻抗角 φ，并将测试数据和计算结果填入表 4-14 中。

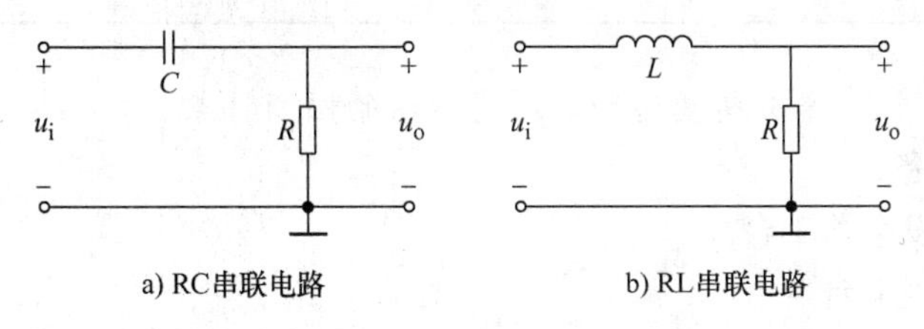

图 4-23　RC 串联电路与 RL 串联电路

表 4-14　RC 和 RL 串联电路阻抗角参数测试

频率/kHz 被测参数	RC 串联			RL 串联		
	0. 2	2	20	0. 2	2	20
周期 T/s						
相位差 Δt/s						
阻抗角 φ 测算值/（°）						
R/Ω						
X_L/Ω						
X_C/Ω						
阻抗角 φ 计算值/rad						

测试与归纳

RC 串联电路的幅频特性（低通与高通）

1）测量 RC 串联电路的幅频特性。RC 串联实验电路如图 4-24 和图 4-25 所示，其中 $R=1\text{k}\Omega$，$C=1\mu\text{F}$。用函数信号发生器输出正弦波电压作为电路的激励信号（即输入电压）u_i，用交流毫伏表测量，使 u_i 的有效值 $U_i=3\text{V}$，并保持不变。调节激励信号源的输出频率，从 1kHz 逐渐增至 20kHz，自行选定响应信号（即输出电压 u_o），并用交流毫伏表分别测量 u_C 和 u_R 的有效值，将实验数据记入表 4-15 中。

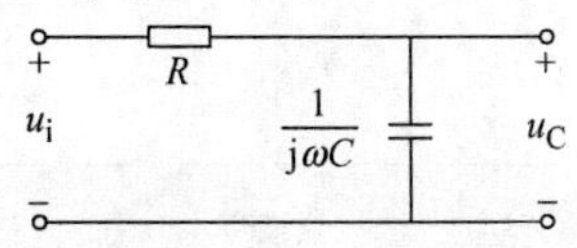

图 4-24　以 u_C 为输出响应的幅频特性测试电路

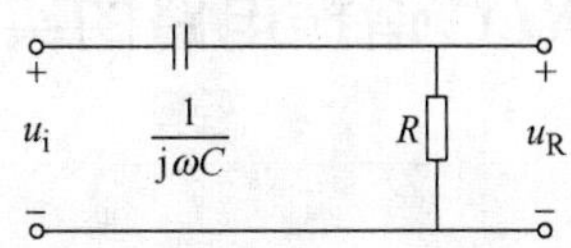

图 4-25　以 u_R 为输出响应的幅频特性测试电路

表 4-15　*RC* 串联电路幅频特性测试数据

f/kHz		1	3	6	8	10	15	20
u_o	U_R							
	U_C							

2）依据表 4-15 来分析高通和低通滤波器的幅频特点。

4. 实验设备

函数信号发生器 1 台。

交流毫伏表 1 台。

双踪示波器 1 台。

动态电路元件箱 1 个。

5. 实验注意事项

1）测量阻抗角时，示波器幅度和周期的微调旋钮（“V/DIV”和“T/DIV”）应置于校准位置。

2）交流毫伏表属于高阻抗电表，测量前必须先调零。

3）改变信号频率同时调整信号输出保持不变。

4）测量 U_L 和 U_C 前，毫伏表的量程要增大十倍。

6. 实验报告要求

1）根据表 4-13 的实验测试数据，在方格纸上绘制 *R*、*L*、*C* 三个元件的幅频特性曲线，并从中归纳特点与结论。

2）根据表 4-14 的实验测试数据，以频率为横坐标、阻抗角为纵坐标，在方格纸上用光滑的曲线连接测量点，分析 *RL* 和 *RC* 串联电路的阻抗角频率特性曲线，并归纳出结论。

3）从表 4-14 的测试数据得到的阻抗角频率特性曲线来观察电压、电流的超前滞后关系及其相位差，判断此时的阻抗是感性负载，还是容性负载。

4）根据表 4-15 的实验测试数据，在方格纸上绘制 *RC* 串联电路不同输出响应的幅频特性曲线，从曲线上说明各电压幅值随信号频率变化具有什么特点，归纳总结其高通滤波和低通滤波特性。

4.5　*RLC* 谐振电路的实验研究

自习与思考

1）*RLC* 串联谐振电路的谐振频率由哪些元件参数决定？电阻 *R* 的数值是否影响谐振频率？完成实验电路谐振频率的理论值计算。

2）判断电路处于谐振状态有哪些方法？

3）发生串联谐振时，电感电压 U_L 与电容电压 U_C 是否相等？其相量关系是什么？

4）发生并联谐振时，各电流相量关系是什么？

1. 实验目的及教学目标

自行用实验方法测试并绘制 *RLC* 串联/并联电路的频率特性曲线，观察和分析电路发生谐振的特点，掌握电路品质因数 Q 的测定方法及其物理意义。

（1）知识目标

◆能表述谐振电路的特点

◆能说明电路品质因数 Q 的物理意义

（2）技能目标

◆自主测定串联谐振电路/并联谐振电路的通用谐振曲线

◆掌握电路品质因数 Q 的测定方法

（3）能力目标

◆分析谐振点测试数据，归纳电路发生谐振时的特点

◆观察并分析元件参数对谐振电路频率特性的影响

◆观察并归纳品质因数与谐振曲线的关系以及改变 Q 值的方法

2. 预备知识

（1）*RLC* 串联电路的通用谐振曲线

在图4-26所示的 *RLC* 串联电路中，当正弦交流信号源 $\dot{U}_S$ 的频率改变时，电路中的感抗 X_L、容抗 X_C 随之改变，电路中的电流 $I(\omega)=\dfrac{U_S}{\sqrt{R^2+(X_L-X_C)^2}}$ 也随频率而变，并可在 $\omega_0=\dfrac{1}{\sqrt{LC}}$ 频点处（$X_L=X_C$）取得最大值 $I_0=I(\omega_0)=\dfrac{U_S}{R}$。测取电阻 R 上的输出电压 $U_R(\omega)$ 之值，然后以 ω 或 f 为横坐标，以 $\dfrac{U_R(\omega)}{U_S}=\dfrac{RI(\omega)}{RI_0}=\dfrac{I(\omega)}{I(\omega_0)}$ 为纵坐标，绘出光滑的曲线

$$\frac{I(\omega)}{I(\omega_0)}=\frac{1}{\sqrt{1+Q^2\left(\dfrac{\omega}{\omega_0}-\dfrac{\omega_0}{\omega}\right)^2}}$$

此即为电路输出响应的幅频特性，亦称通用谐振曲线，如图4-27所示。式中，Q

$=\dfrac{\omega_0 L}{R}=\dfrac{1}{\omega_0 CR}=\dfrac{1}{R}\sqrt{\dfrac{L}{C}}$，称为电路的品质因数。

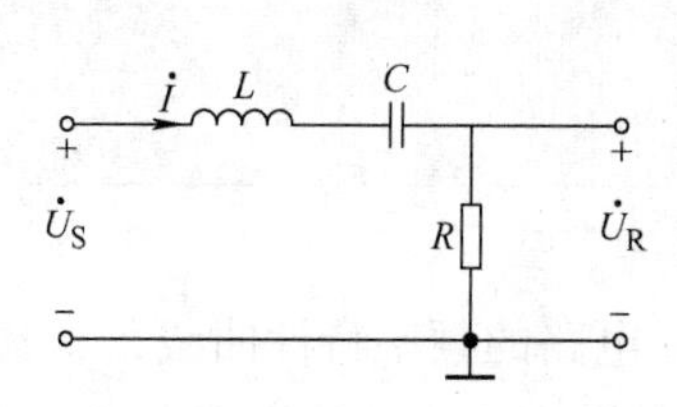

图 4-26　*RLC* 串联电路

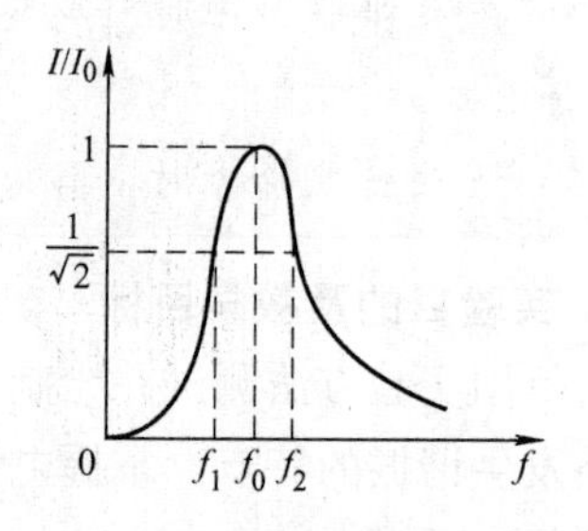

图 4-27　电路输出响应的频率特性（通用谐振曲线）

$f_0=\dfrac{1}{2\pi\omega_0}=\dfrac{1}{2\pi\sqrt{LC}}$为幅频特性曲线最大值所在的频率点，称为电路的谐振频率。由于在谐振点处有 $X_L=X_C$，因此电路阻抗的模为 R，达到最小，在电源电压 U_S 为定值时，电路中的电流 I 达到最大值 $I_0=I(\omega_0)=U_S/R$。谐振时电路呈纯阻性，电流相量 $\dot{I}$ 与输入电压相量 $\dot{U}_S$ 同相位。

（2）品质因数 Q 值的测量方法

根据定义，谐振时有

$$Q=\frac{\omega_0 L}{R}=\frac{1}{\omega_0 CR}=\frac{\omega_0 LI_0}{RI_0}=\frac{U_{L0}}{U_S}=\frac{U_{C0}}{U_S}$$

即电路的品质因数 Q 是谐振时电感上的电压 U_{L0}（或电容上的电压 U_{C0}）与电源电压之比。

代入谐振角频率 $\omega_0=\dfrac{1}{\sqrt{LC}}$，可得 $Q=\dfrac{\omega_0 L}{R}=\dfrac{1}{\omega_0 CR}=\dfrac{1}{R}\sqrt{\dfrac{L}{C}}$，即 Q 值仅与电路的元件参数有关，当 L 和 C 一定时，不同的 R 值具有不同的 Q 值。

方法一：根据公式 $Q=\dfrac{U_{L0}}{U_i}=\dfrac{U_{C0}}{U_i}$测定。但实际上，由于电感存在一定的电阻，实验中 U_{L0}与 U_{C0}的实测值不完全相等，因此对 Q 值有一定的影响。

方法二：根据公式 $Q=\dfrac{f_0}{f_2-f_1}$，可由实验测试得到的通用谐振曲线测定。如图 4-27 所示，f_2 和 f_1 是失谐时，幅频值下降到最大值的 $1/\sqrt{2}$倍时的上、下频率点，称为截止频率。该公式表明 Q 值的大小反映了中心频率 f_0 与通频带宽度 $\Delta f=f_2-f_1$ 的比值的大小，因此可以通过测量谐振曲线的通频带宽度求出 Q 值。通频带越窄，曲线越尖锐，Q 值越大，电路的选择性就越好。在电压源幅值不变时，电路的品质因数、选择性与通频带只决定于电路本身的参数。

3. 实验任务与内容

（1）实验任务

观察 *RLC* 电路谐振现象，寻找谐振点并自主测定电路通用谐振曲线。通过对 *RLC* 串联电路谐振时参数的测量，测算电路的品质因数 Q，并观察电路不同 Q 值对通用谐振曲线的影响。

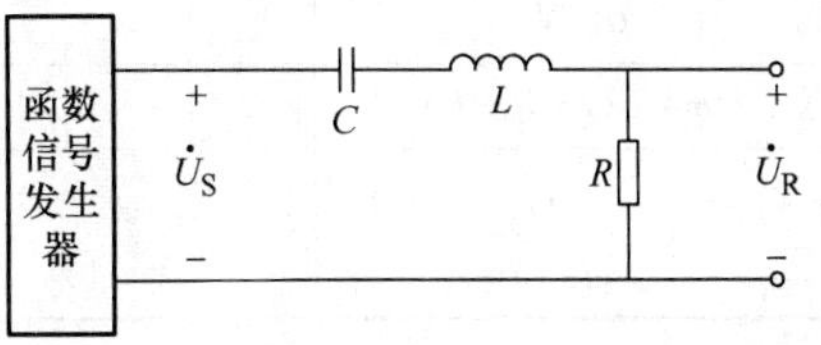

图 4-28　*RLC* 串联谐振实验电路

（2）实验内容

RLC 串联谐振实验电路如图 4-28 所示，取 $R=300\Omega$，$L=0.1\text{H}$，$C=0.1\mu\text{F}$。实验中用交流毫伏表监测信号源电压值，使 $U_S=1\text{V}$ 保持不变。

1）观察并测试谐振点参数。先估算出谐振频率 f'_0，并将毫伏表接在 R 两端，令信号源的频率在 f'_0 左右由小逐渐变大（注意要维持信号源的输出电压幅度不变），当 U_R 的读数为最大时，读取的频率值即为实际的谐振频率 f_0，同时测出谐振时的 U_{RO}、U_{CO} 与 U_{LO} 之值（注意及时更换毫伏表的量限），测算谐振电流 I_0 和电路的品质因数 Q，将数据记入表 4-16 中。

表 4-16　谐振点测试

R/Ω	f'_0/Hz	f_0/Hz	U_{RO}/V	U_{LO}/V	U_{CO}/V	I_0/mA	Q
300							
1000							

2）测定通用谐振曲线 1 及其品质因数 Q_1。当 $R=300\Omega$ 时，在谐振点 f_0 两侧按频率递减或递增依次各取八个测量点（f_0 附近多取几点），逐点测出 U_R 值，计算出响应的电流值，将数据记入表 4-17 中。

表 4-17　谐振曲线 1 的测试

f/kHz \ 测算值	…		f_1			f_0			f_2		…
U_R/V											
I/mA，$I=U_R/R$											
$Q_1=\dfrac{f_0}{f_2-f_1}$											

3）测定通用谐振曲线 2 及其品质因数 Q_2。改变电阻值，取 $R=1\text{k}\Omega$，重复

上述步骤测量过程，将数据记入表 4-18 中。

表 4-18　谐振曲线 2 的测试

f/kHz 测算值	…		f_1			f_0			f_2		…
U_R/V											
I/mA，($I = U_R/R$)											
$Q_2 = \dfrac{f_0}{f_2 - f_1}$											

RL-C 并联谐振电路

图 4-29 所示是工程中常采用的 RL 串联电路（即实际的电感线圈）和电容器 C 并联的谐振电路，在满足总电压 u_s 与总电流 i 同相位的条件下，也具有谐振的特性。

电路的总等效阻抗为

$$Z = (R + j\omega L) // \left(\frac{1}{j\omega C}\right)$$

可以推得阻抗大小、阻抗角分别为

$$|Z| = \sqrt{\frac{R^2 + (\omega L)^2}{(1 - \omega^2 LC)^2 + (\omega RC)^2}}$$

$$\varphi = \tan^{-1}\frac{\omega L - \omega C[R^2 + (\omega L)^2]}{R}$$

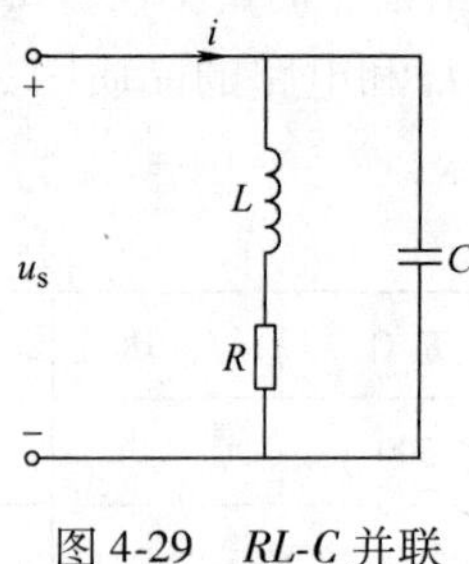

图 4-29　RL-C 并联谐振电路

显然，当 $\varphi = 0$，即总电压、电流同相位时，谐振频率为

$$\omega_0 = \sqrt{\frac{1}{LC} - \left(\frac{R}{L}\right)^2} \qquad f_0 = \frac{1}{2\pi}\sqrt{\frac{1}{LC} - \left(\frac{R}{L}\right)^2}$$

根据并联谐振频率 f_0 公式可知，由于电感线圈中具有电阻 R，RL-C 并联谐振频率要低于 RLC 串联谐振频率。当电感线圈内阻 $R \geqslant \sqrt{L/C}$ 时，将不存在 f_0，电路不会发生谐振（即总电压与总电流不会同相）。

该并联谐振电路的品质因数就是电感线圈（含电阻 R）的品质因数，即

$$Q = \frac{\omega_0 L}{R} = \sqrt{\frac{L}{R^2 C} - 1}$$

试对并联谐振电路进行以下测试和分析：

1）观测 RL-C 并联谐振现象的实验电路按图 4-30 所示连接，其中 R 为电感

元件的实际内阻（一般很小），r_0 为采样电阻。参数取值分别为 $U_S=1V$，$L=0.1H$，$C=0.1\mu F$，$r_0=100\Omega$。调节信号源频率，使电路达到并联谐振状态，即采样电阻 r_0 两端的电压 U_{r0} 为最小，用交流毫伏表测量电压 U_{r0} 和确定谐振频率 f_0，并与理论值比较分析误差原因。实验操作中，维持 $U_S=1V$ 不变。在谐振频率 f_0 处，分别增加与减小信号源输出频率，用毫伏表测量相应的电压 U_{R0}，将测量数据记入表4-19中，绘制并联谐振的幅频特性。

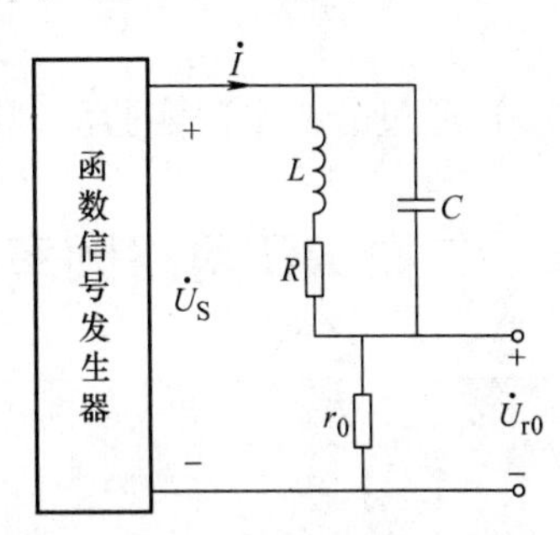

图4-30 RL-C并联谐振实验电路

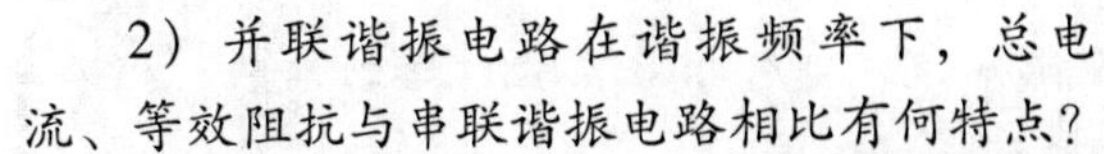
2）并联谐振电路在谐振频率下，总电流、等效阻抗与串联谐振电路相比有何特点？

3）分别在低频和高频时，用双踪示波器观察测算并联谐振电路阻抗角 φ 的正、负值，记入表4-19中，说明整个电路呈电感性还是电容性。

表4-19 并联谐振频率特性测试

f/kHz					f_0				
U_{r0}/V									
I/mA（$I=U_{r0}/r_0$）									
阻抗角 φ									
电路性质									

4. 实验设备

函数信号发生器1台。

交流毫伏表1台。

双踪示波器1台。

动态电路实验元件箱1个。

5. 实验准备及注意事项

1）测试频率点的选择应在靠近 f_0 附近多取几点，在改变频率测试前，应调整信号输出幅度（用毫伏表监视输出幅度），使其维持1V输出不变。

2）在测量 U_C 和 U_L 数值前，应将毫伏表的量限调大。

3）实验过程中交流毫伏表电源线采用两线插头。

6. 实验报告要求

1）根据测试数据，在同一坐标中绘出不同 Q 值时的两条电流通用谐振曲线 $I/I_0=f(f)$。

2）计算出通频带与 Q 值，说明不同的 R 值对电路通频带与品质因数的影响。

3）对 Q 值的两种不同的测试方法进行比较，分析误差原因。

4）发生串联谐振时，比较电阻电压 U_R 与输入电压 U_S 是否相等？试分析原因。

5）通过分析本次实验测试数据，总结、归纳串联/并联谐振电路的特性。

4.6 二阶 *RC* 网络频率特性的测试

自习与思考

1）复习交流电路频率特性理论知识，自行推导实验电路的幅频、相频特性的表达式。

2）根据电路参数，估算实验电路的谐振频率，试用 Multisim 电路仿真软件进行交流频率（AC Frequency）分析。

3）什么是 *RC* 串、并联电路的选频特性？当频率等于谐振频率时，电路的输出、输入有何关系？

4）定性分析 *RC* 双 T 电路的幅频特性。

1. 实验目的及教学目标

熟悉文氏电桥电路的结构特点及其应用，自行测定文氏电桥电路的幅频特性和相频特性；自主测定双 T 带阻网络的幅频特性和相频特性；根据测试特性总结、归纳文氏电桥电路与双 T 电路在幅频特性和相频特性的异同点。

（1）知识目标

◆能推导文氏电桥电路和双 T 电路的幅频特性和相频特性表达式

◆能说明元件参数的变化对二阶 *RC* 带通网络选频特性的影响

（2）技能目标

◆应用交流毫伏表和示波器测定二阶 *RC* 带通网络的幅频特性和相频特性

◆掌握改进二阶 *RC* 带通网络选频特性的参数调整方法

◆自主测定双 T 带阻网络的幅频特性和相频特性

（3）能力目标

◆观察并总结文氏电桥电路的幅频特性和相频特性随参数的变化情况

◆归纳文氏电桥电路与双 T 电路在幅频特性方面的区别

2. 预备知识

（1）文氏电桥电路及其频率特性

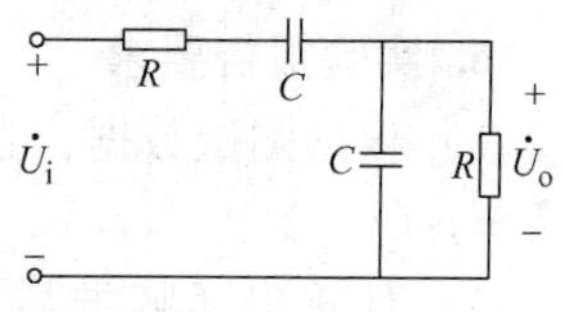

图 4-31　文氏电桥电路

文氏电桥电路如图 4-31 所示，是由电阻 R 和电

容 C 组成的二阶 RC 串、并联网络，被广泛地应用于低频振荡电路中作为选频环节。图4-31所示的 RC 串、并联电路的频率特性为

$$N(\mathrm{j}\omega)=\frac{\dot{U}_{\mathrm{o}}}{\dot{U}_{\mathrm{i}}}=\frac{1}{3+\mathrm{j}\left(\omega RC-\dfrac{1}{\omega RC}\right)}$$

幅频特性为

$$A(\omega)=\frac{U_{\mathrm{o}}}{U_{\mathrm{i}}}=\frac{1}{\sqrt{3^2+\left(\omega RC-\dfrac{1}{\omega RC}\right)^2}}$$

相频特性为

$$\varphi(\omega)=\varphi_0-\varphi_{\mathrm{i}}=-\arctan\frac{\omega RC-\dfrac{1}{\omega RC}}{3}$$

幅频特性和相频特性曲线如图4-32所示，幅频特性呈带通特性。当角频率 $\omega=\dfrac{1}{RC}$ 时，$A(\omega)=\dfrac{1}{3}$，$\varphi(\omega)=0°$，$\dot{U}_{\mathrm{o}}$ 与 $\dot{U}_{\mathrm{i}}$ 同相，即电路发生谐振，谐振频率为 $f_0=\dfrac{1}{2\pi RC}$。这说明当信号频率为 f_0 时，RC 串、并联电路的输出电压 $\dot{U}_{\mathrm{o}}$ 与输入电压 $\dot{U}_{\mathrm{i}}$ 同相，其大小是输入电压的三分之一，而相移为0，这一特性称为 RC 串、并联电路的选频特性，文氏电桥电路又称为选频网络。

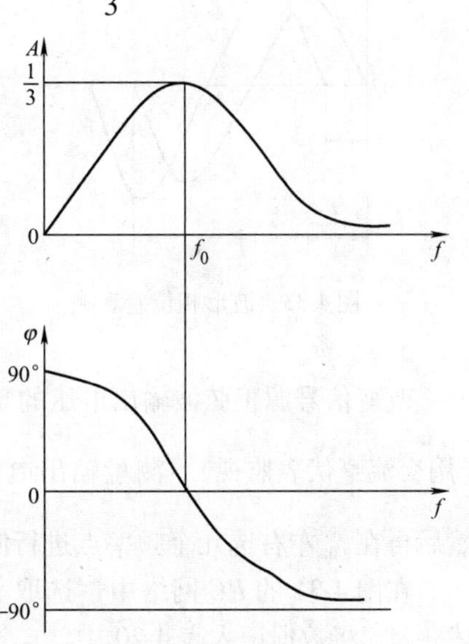

图4-32 幅频特性和相频特性

（2）选频网络频率特性的测试

实验中采用以下方法测试选频网络的幅频特性和相频特性：

1）保持信号源输出电压（即 RC 网络输入电压）幅值 U_{i} 恒定，改变频率 f，用交流毫伏表监视 U_{i} 维持不变，并测量对应的 RC 网络输出电压幅值 U_{o}，计算出两者的比值 $A=\dfrac{U_{\mathrm{o}}}{U_{\mathrm{i}}}$，然后逐点描绘出幅频特性。

2）保持信号源输出电压（即 RC 网络输入电压）幅值 U_{i} 恒定，改变频率 f，用交流毫伏表监视 U_{i} 维持不变，用双踪示波器观察输出电压瞬时值 u_{o} 与输入电

压瞬时值 u_i 波形，如图 4-33 所示。若两个波形的延时为 Δt，周期为 T，则它们的相位差 $\varphi=\frac{\Delta t}{T}\times 360°$，然后逐点描绘出相频特性。

3. 实验任务与内容

（1）实验任务

测定 RC 串、并联二阶电路的幅频特性和相频特性，观察电路参数变化对电路频率特性的影响。

（2）实验内容

1）文氏电桥幅频特性的测试。实验电路如图 4-34 所示，其中 RC 网络按照图 4-31 连接，其参数选择为：$R=1\text{k}\Omega$，$C=0.022\mu\text{F}$，信号源输出正弦波电压作为电路的输入电压，调节信号源输出电压幅值 U_i，使 $U_i=2\text{V}$。

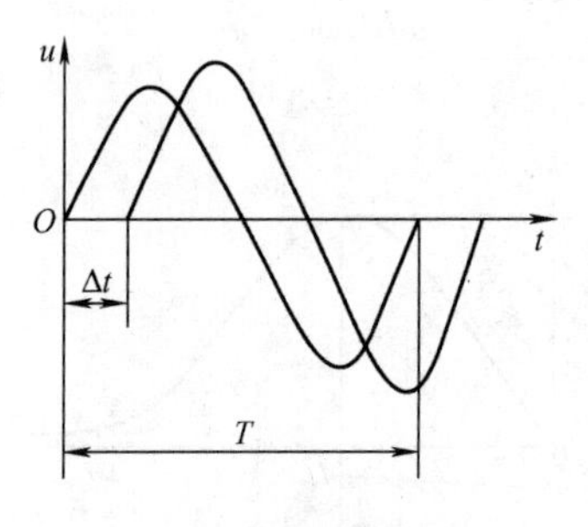

图 4-33　波形相位差观测

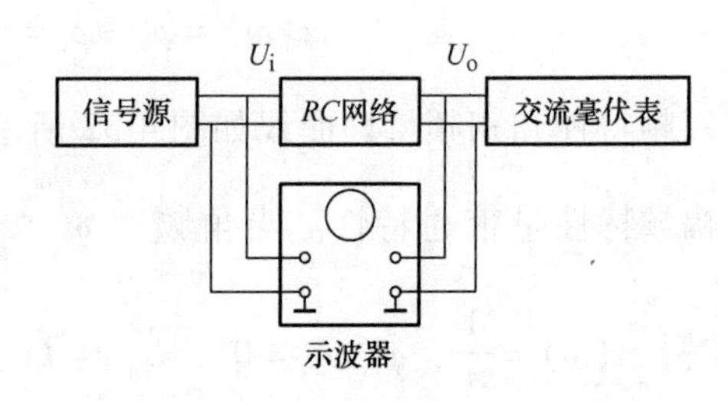

图 4-34　RC 网络频率特性测试框图

改变信号源正弦波输出电压的频率 f（由频率计读得），并保持 $U_i=2\text{V}$ 不变（用交流毫伏表监视），测量输出电压幅值 U_o（可先测量 $A=\frac{1}{3}U_i$ 时的频率 f_0，然后再在 f_0 左右选几个频率点进行测量），将数据记入表 4-20 中。

在图 4-31 的 RC 网络中，选取另一组参数：$R=200\Omega$，$C=2.2\mu\text{F}$，重复上述测量，将数据记入表 4-20 中。

表 4-20　幅频特性测试数据

$R=1\text{k}\Omega$ $C=0.022\mu\text{F}$	f/Hz					f_0					
	U_o/V										
$R=200\Omega$ $C=2.2\mu\text{F}$	f/Hz										
	U_o/V										

2）文氏电桥相频特性的测试。按实验原理中相频特性的说明，使用双踪示波器测量信号源周期 T、输出电压瞬时值 u_o 与输入电压瞬时值 u_i 之间的时延 Δt

及其相位差 φ，将测试数据记入表 4-21 中。

表 4-21　相频特性测试数据

$R=1\text{k}\Omega$ $C=0.022\mu\text{F}$	f/Hz					f_0				
	T/ms									
	Δt/ms									
	φ									
$R=200\Omega$ $C=2.2\mu\text{F}$	f/Hz					f_0'				
	T/ms									
	Δt/ms									
	φ									

测试与分析

双 T 带阻网络的幅频特性和相频特性

RC 双 T 电路如图 4-35 所示，用同样的方法可以测量 RC 双 T 电路的幅频特性和相频特性，其电路的频率特性为

$$N(\text{j}\omega)=\frac{\dot{U}_o}{\dot{U}_i}=\frac{1-(\omega RC)^2}{1-(\omega RC)^2+\text{j}4\omega RC}$$

1）试根据电路的频率特性，自行推导出 RC 双 T 电路幅频特性和相频特性。

2）测定 RC 双 T 电路的幅频特性，分析其与文氏电桥电路的幅频特性的区别。

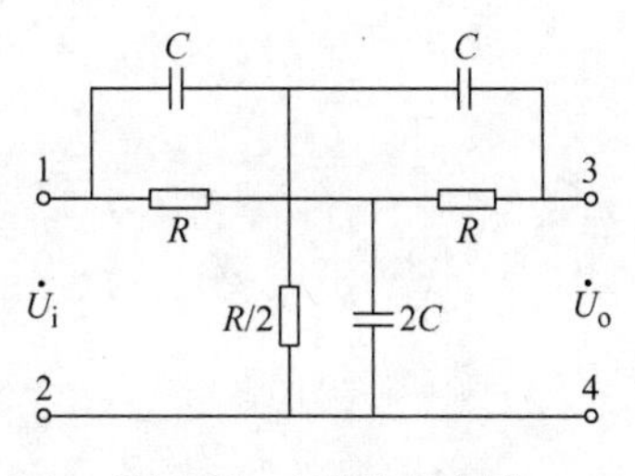

图 4-35　RC 双 T 电路

实验电路如图 4-34 所示，其中 RC 网络按照图 4-35 连接，其中 $R=1\text{k}\Omega$，$C=0.01\mu\text{F}$，实验步骤同文氏电桥电路，将实验测试数据记入数据表 4-22 中。

表 4-22　RC 双 T 电路的频率特性测试数据

$R=1\text{k}\Omega$ $C=0.01\mu\text{F}$	f/Hz					f_0				
	U_o/V									
	T/ms									
	Δt/ms									
	φ/（°）									

4. 实验设备

低频函数信号发生器 1 台。

交流毫伏表 1 只。

直流数字毫安表 1 只。

动态电路元件箱 1 个。

5. 实验注意事项

由于信号源内阻的影响，注意在调节信号输出电压频率时，应同时调节信号输出电压大小，使实验电路的输入电压幅值 U_i 保持不变。

6. 实验报告要求

1）根据表 4-20 和表 4-21 实验数据，绘制文氏电桥电路的两组幅频特性和相频特性曲线，找出谐振频率和幅频特性的最大值，并与理论计算值比较。

2）根据实验测试数据和频率特性曲线，分析文氏电桥电路的选频特性，总结文氏电桥电路的幅频特性和相频特性随参数的变化情况。

3）根据实验测试数据，绘制 RC 双 T 电路的幅频特性，并说明幅频特性的特点，归纳文氏电桥电路与双 T 电路在幅频特性方面的区别。

第5章　综合设计型实验

本章是在前两章实验的基础上进行的综合设计型实验，既涉及理论知识的综合，也涉及实验方法的综合，其重点是电路设计。本章的教学目标是培养学生综合运用所学理论知识和实验方法解决实际问题的能力。进行该类型实验首先应明确设计任务，理解设计需求；在掌握相关理论基础上，拟定设计方案总体框图，然后将电路的功能分解到每一个模块单元上进行具体电路结构设计；在计算和选定元器件的初始参数后使用仿真软件进行电路性能测试和调试；最终依据设计方案拟定实验步骤和测试方法，画出数据记录表格，进行硬件电路安装和性能指标的测试；最后对实验测试数据进行分析处理，评估所设计电路的特性和功能是否满足设计要求，并进行评价和总结。

5.1　移相器的研究与设计

预习与思考

1）参阅课外资料，学习移相器的相关理论，了解各类移相器的工作原理。

2）完成实验任务的理论计算、设计和仿真实验。

3）对所设计的移相器预定测试方案，并能依据测试波形和记录的各项参数进行理论证明和设计结果验证。

1. 实验研究目的

移相器在雷达、通信、仪器仪表、控制系统、电力电子等领域中有着广泛的应用前景。本实验要求掌握移相器的设计与测试方法，在研究本实验提示内容的基础上，设计并实现满足性能指标要求的移相器，加深对“移相”概念和移相器工作原理的理解。

2. 设计任务和要求

1）设计并实现90°移相器。

2）可以通过调节电阻的大小实现移相范围为0～180°的移相器。

3）可以通过调节电阻的大小实现移相范围为0～360°的有源移相器。

4）能根据现有仪器设备给出合理的测试方案进行调试和验证。

3. 实验原理

当一个周期信号通过某一动态电路时，信号的频率和基本形状不变，但初始值及瞬时值沿 t 轴（时间轴）产生了平移，则称信号产生了相位移，并称这种电路为移相器，如图 5-1 所示。周期信号通过移相器产生相位移的根本原因是电路中所含的动态元件——储能元件具有记忆性（由元件的伏安特性所决定），即电路的响应是非即时的。换言之，在周期信号的激励下，能量的再分配是不能在瞬间完成的，因此使信号的传递发生了延迟从而产生相位移现象（见图 5-1），这种现象对于电子应用技术有利也有弊，所以研究移相器电路具有实际意义。

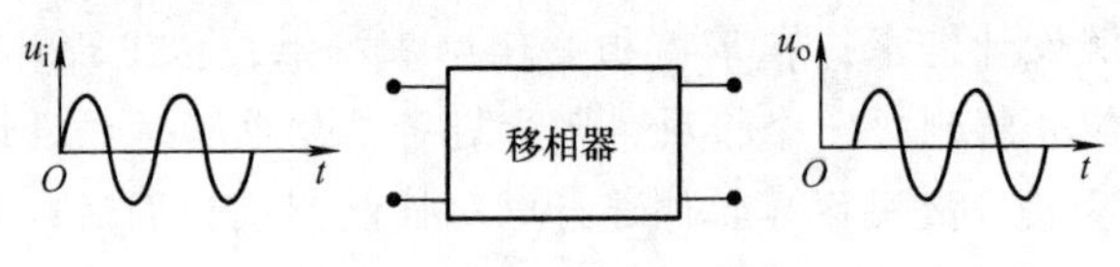

图 5-1 移相器示意图

如图 5-2a 所示的移相桥电路常用于晶闸管触发电路中，若元件参数满足 $R=\dfrac{1}{\omega C}$，则由图 5-2b 所示相量图分析可知，电压 u_{ab} 的相位超前外施电压 u_s 90°，且 u_{ab} 的有效值为 u_s 有效值的一半。可以证明，改变 R 值，可改变 u_{ab} 对 u_s 的相位差角，而其有效值始终保持为 u_s 有效值的一半。

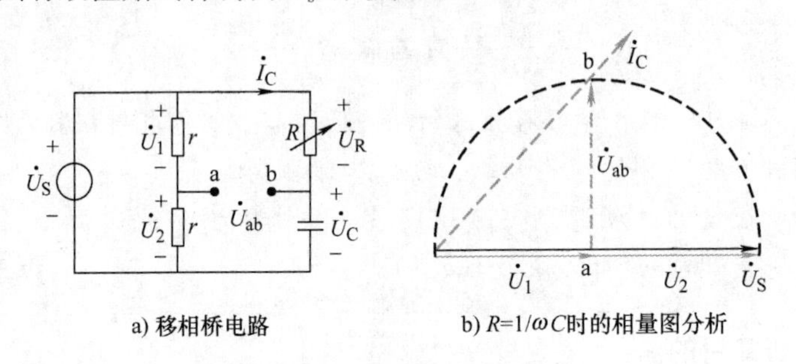

图 5-2 移相桥电路及其相量图分析

4. 设计方案提示

(1) 90°移相器的设计与实现

如图 5-3 所示的90°移相器常用于雷达指示器电路中。其中节点 1 和节点 3 之间输入信号源 u_i 为正弦电压源。若电路元件参数 R、C 和信号源角频率 ω 满足某一关系，则 1、2、3、4 各电位点对 0 点的输出信号 u_{10}、u_{20}、u_{30}、u_{40} 的相位将依次移后90°，且其有效值均为

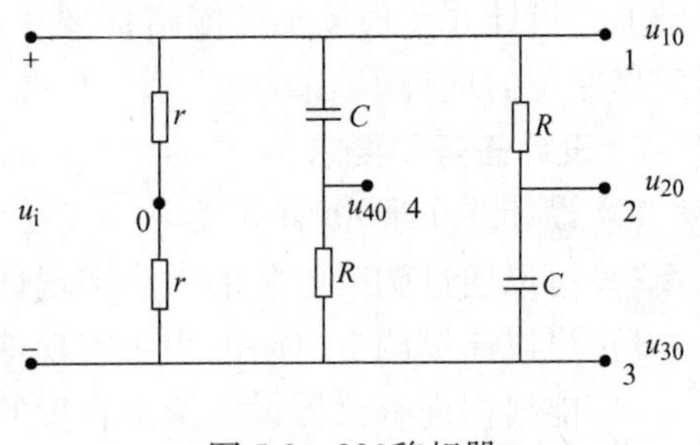

图 5-3 90°移相器

信号源 u_i 有效值的一半。

试利用现有实验仪器设备设计电路元件参数，从而实现如图 5-3 所示的90°移相器。保持正弦电压信号源 u_i 的频率和幅值不变，用双踪示波器测量并记录电压 u_i、u_{23} 和 u_i、u_{43} 的波形，进行理论分析并验证设计结果。

(2) 0～180°移相器的设计与实现

参照图 5-2a，设计一个 0～180°移相电路，要求输出信号的相位可在 0～180°之间变化，而输出幅度保持不变，用双踪示波器测量输出信号相移为30°、60°、90°、120°、150°、180°时对应的某测试电压波形图并记录移相器相应的元件参数值，进行理论分析和验证设计结果。

(3) 0～360°有源移相器的设计与实现

如图 5-4 为由运算放大器和 R、C 元件构成的有源移相器电路，其电压转移函数为

$$\frac{\dot{U}_o}{\dot{U}_i}=\frac{j\omega CR_3-\dfrac{R_2}{R_1}}{j\omega CR_3+1}$$

由上式可见，通过调节 R_3 的大小，能实现输入信号 0～360°范围内的相移而不衰减信号幅度。

设输入信号 $u_i=\sin(2\pi\times1000)t$ V，电容 $C=0.47\mu F$，试设计并实现对输入信号在 0～360°范围内进行移相的电路。要求输出幅度保持不变，用双踪示波器测量输出信号相移为45°、135°、225°、315°时对应的输入、输出测试电压波形图并记录移相器相应的元件参数值，进行理论分析和验证设计结果。

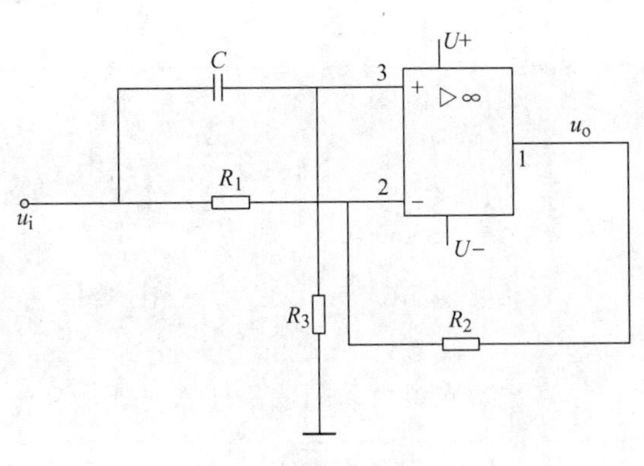

图 5-4　有源移相器电路

5. 实验设备

函数信号发生器 1 台。

双踪示波器 1 台。

综合设计电路元件箱 1 个。

6. 实验准备及注意事项

1）在进行双踪信号波形测试时，对于不能悬浮地测试输出信号的双踪示波器，选择测试信号时应注意共地问题。可以通过共地信号的测试，间接地得到所需信号之间的相位关系。

2）图 5-3 中 0 节点为理论分析所设参考节点，实测电路中的共有接地点为

节点 3。

3）0 ~ 360°有源移相器的设计中所用运放的型号为 LM324，正、负电源引脚号分别为 4 和 11。

7. 设计报告要求

1）给出电路参数设计的理论推导计算。

2）对电路设计方案进行仿真实验论证。

3）画出90°移相器对应的相量图，详述设计原理及实验步骤。

4）介绍 0 ~ 180°移相器的测试方案及实验过程。

5）推导 0 ~ 360°有源移相器的电压转移函数。

6）对各移相器的实现与测试结果进行分析和总结。

5.2　滤波器的研究与设计

预习与思考

1）参阅课外资料，学习滤波器的相关理论，理解各类滤波器的工作原理。

2）推导图 5-6 所示二阶有源 *RC* 带通滤波器的电压转移函数 $H(s)$ 的通用公式。

3）完成实验内容的理论计算、设计和仿真实验。

1. 实验研究目的

掌握滤波器的定义、分类和工作原理，学习无源滤波器、有源滤波器的设计和调试方法；掌握网络函数的意义及其分析方法，深入理解影响带通滤波器性能的截止频率、品质因数等因素；在掌握本实验原理及分析的基础上，设计满足任务要求的滤波电路，并实现电路的调试和幅频特性的测试。

2. 设计任务和要求

1）设计并实现高通低除无源谐振滤波器，输入信号为

$$u_S = 3\sin(2\pi \times 2244),\quad u_N = 2\sin(2\pi \times 1078)$$

2）设计并实现低通高除无源谐振滤波器，输入信号为

$$u_S = 3\sin(2\pi \times 1078),\quad u_N = 2\sin(2\pi \times 5147)$$

3）设计并实现如图 5-6 所示的二阶有源 *RC* 带通滤波器，其中 $R_1 = 10\text{k}\Omega$，$C = 0.1\mu\text{F}$，中心频率 $\omega_0 = 5000\text{rad/s}$，增益常数 $K = 3$。

4）能根据现有仪器设备给出合理的测试方案并进行调试和验证。

3. 实验原理

滤波器是一种具有输入端口和输出端口的电路，其功能就是让一定频率范围内的电压或电流通过，而将此频率范围之外的电压或电流加以抑制或使其急剧衰减。当干扰信号与有用信号不在同一频率范围之内时，可使用滤波器有效地抑制干扰。滤波器在工程中的应用范围非常广泛，按照电路的不同组成可分为无源滤波器和有源滤波器。

(1) 无源滤波器的工作原理

由无源元件 R、L、C 构成的电滤波器，称为无源滤波器。它利用感抗参数 $X_{kL}=k\omega L$ 和容抗参数 $X_{kC}=\dfrac{1}{k\omega C}$ 对 k 次谐波影响的不同特性，由 L、C 组成一定结构形式的网络，接到激励和负载之间，可抑制（滤去）负载中所不需要的谐波分量以达到突出负载中所需要的谐波分量的作用。表 5-1 列举了四类无源滤波器电路及其幅频特性。

表 5-1　四类无源滤波器电路及其幅频特性

类型	低通	高通	带通	带阻
电路举例	$\dot{U}_i$　$\dot{U}_o$	$\dot{U}_i$　$\dot{U}_o$	$\dot{U}_i$　$\dot{U}_o$	$\dot{U}_i$　$\dot{U}_o$
网络函数 $H(j\omega)=\dfrac{\dot{U}_o}{\dot{U}_i}$	$\dfrac{1}{1+j\omega Rc}$	$\dfrac{1}{1+j\dfrac{1}{\omega RC}}$	$\dfrac{R}{R+j\left(\omega L-\dfrac{1}{\omega C}\right)}$	$\dfrac{j\left(\omega L-\dfrac{1}{\omega C}\right)}{R+j\left(\omega L-\dfrac{1}{\omega C}\right)}$
幅频特性	$\|H(j\omega)\|$　O　ω_0　ω	$\|H(j\omega)\|$　O　ω_0　ω	$\|H(j\omega)\|$　O　ω_1　ω_2　ω	$\|H(j\omega)\|$　O　ω_1　ω_0　ω_2　ω

利用谐振现象进行选频或滤波的无源滤波器称为谐振滤波器，图 5-5 是既可以选频又能进行滤波的谐振滤波器。应用相量法分析可知，在 $\omega_S>\omega_N$ 情况下，当 CL_2 环节对噪声源角频率 ω_N 发生并联谐振时，接收网络能消除噪声源 u_N；当 L_1 串联 CL_2 环节对信号源 ω_S 发生串联谐振时，接收网络则可以较好地提取信号

源 u_s。

（2）有源滤波器的工作原理

有源滤波电路可以用运算放大器与 *RC* 电路组成，比较适用于低频。它还具有一定的增益，且因输入与输出之间有良好的隔离而便于级联。任何复杂的 *n* 阶有源滤波器总是由若干个二阶有源基本节和一阶无源基本节连接而成，其中二阶有源基本节尤为重要。

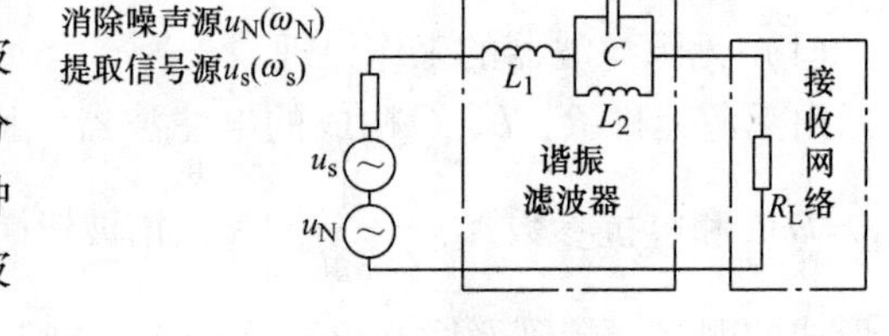

图 5-5　谐振滤波器

与无源滤波器类似，有源滤波器按照滤波电路的工作频带亦可分为：低通、高通、带通、带阻等种类。下面以二阶有源 *RC* 带通滤波器为例分析其工作原理。

在图 5-6 所示的二阶有源 *RC* 带通滤波器中，运算放大器构成同相放大器，设 $R_1=10\text{k}\Omega$，$R_F=30\text{k}\Omega$，则其闭环增益为 $A=1+\dfrac{R_F}{R_1}=4$。采用复频域分析，可以得到电压转移函数为

$$H(s)=\frac{U_o(s)}{U_i(s)}=\frac{2\left(\dfrac{1}{RC}\right)s}{s^2+\left(\dfrac{1}{RC}\right)s+\left(\dfrac{1}{RC}\right)^2}$$

根据二阶基本节带通滤波器电压转移函数的典型表达式

$$H(s)=\frac{K\left(\dfrac{\omega_0}{Q}\right)s}{s^2+\left(\dfrac{\omega_0}{Q}\right)s+\omega_0{}^2}$$

可得增益常数 $K=2$，中心频率 $\omega_0=\dfrac{1}{RC}$，品质因数 $Q=1$。

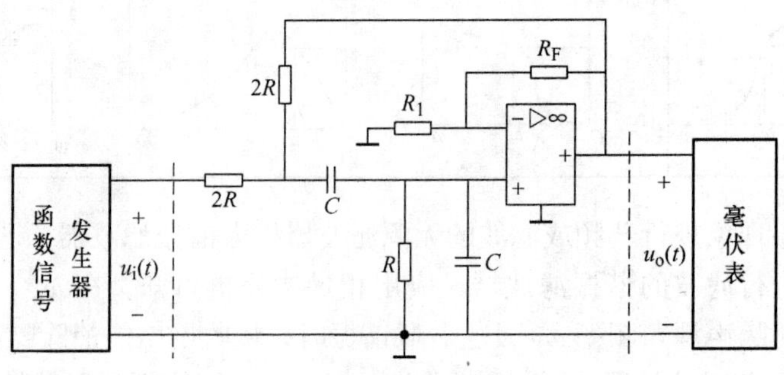

图 5-6　二阶有源 *RC* 带通滤波器

正弦稳态时的电压转移函数可写成

$$H(\mathrm{j}\omega)=\frac{2\left(\dfrac{1}{RC}\right)\mathrm{j}\omega}{(\mathrm{j}\omega)^2+\left(\dfrac{1}{RC}\right)\mathrm{j}\omega+\left(\dfrac{1}{RC}\right)^2}=\frac{K}{1+\mathrm{j}Q\left(\dfrac{\omega}{\omega_0}-\dfrac{\omega_0}{\omega}\right)^2}$$

其幅频函数为

$$|H(\mathrm{j}\omega)|=\frac{2}{\sqrt{1+\left(RC\omega-\dfrac{1}{RC\omega}\right)^2}}=\frac{K}{\sqrt{1+Q^2\left(\dfrac{\omega}{\omega_0}-\dfrac{\omega_0}{\omega}\right)^2}}$$

由上式可见

当 $\omega=0$ 时，$|H(\mathrm{j}0)|=0$

当 $\omega=\infty$ 时，$|H(\mathrm{j}\omega)|=0$

当 $\omega=\dfrac{1}{RC}=\omega_0$ 时，$|H(\mathrm{j}\omega_0)|=K=2$

二阶有源 *RC* 带通滤波器幅频特性如图 5-7 所示。

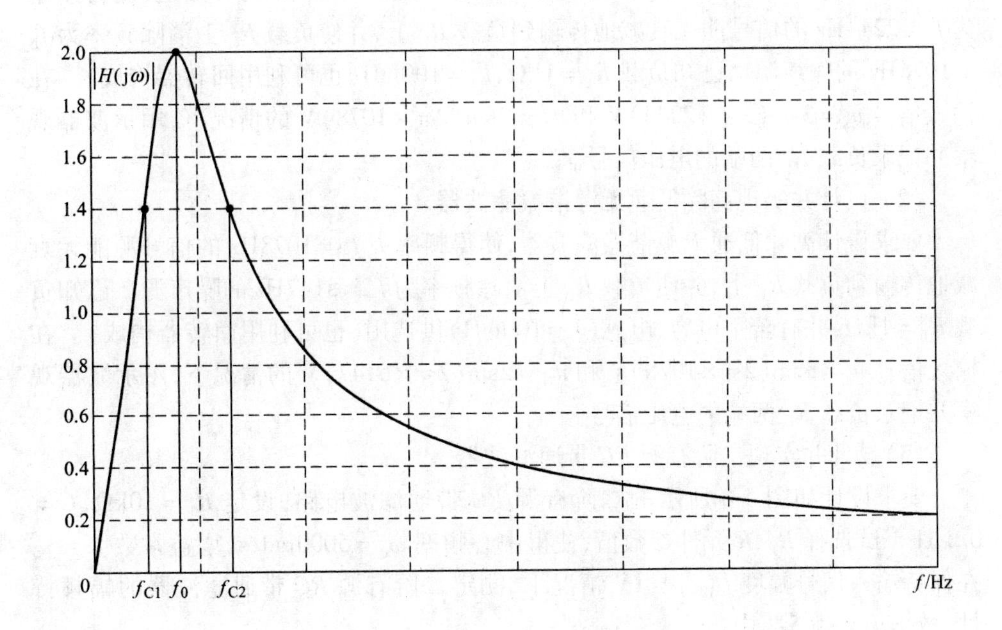

图 5-7　二阶有源 *RC* 带通滤波器幅频特性

图中f_{C1}和f_{C2}(或ω_{C1}和ω_{C2})是带通滤波器的截止频率,即电压转移函数的幅值函数自$|H(j\omega_0)|$降为其最大值的$1/\sqrt{2}$倍时的频率,即$|H(j\omega_c)| = \dfrac{|H(j\omega_0)|}{\sqrt{2}}$时,所对应的频率。$B = f_{C2} - f_{C1}$为带宽(通频带宽度)。

可以证明:

$$f_0 = \sqrt{f_{C1} f_{C2}} \quad \text{或} \quad \omega_0 = \sqrt{\omega_{C1}\omega_{C2}}$$

满足上式的滤波器称为几何对称带通滤波器。

Q 为品质因数,定义为中心频率与带宽之比,即

$$Q = \frac{f_0}{f_{C2} - f_{C1}} = \frac{\omega_0}{\omega_{C1} - \omega_{C2}} = \frac{\omega_0}{B}$$

与无源情况相比,上例由于品质因数提高到 $Q = 1$,通频带宽度 $B = \omega_0/Q = \omega_0$ 减小,所以有源带通滤波器的选择性改善,此外还能提供大于 1 的增益($K = 2$)。

不论是无源滤波电路还是有源滤波电路,都可以通过电路的设计实现低通、高通、带通或带阻等各种滤波功能,亦可以构成各种一阶、二阶或高阶滤波电路。

4. 设计方案提示

(1) 设计并实现高通低除无源谐振滤波器

要求设计如图 5-5 所示的无源谐振滤波器,试确定 L_1、C 的参数值,使得频率为$f_S = 2244\text{Hz}$ 的信号能无衰减地传输到负载 R_L 上,并使负载 R_L 上消除频率为$f_N = 1078\text{Hz}$ 的噪声源。已知负载 $R_L = 1\text{k}\Omega$, $L_2 = 100\text{mH}$(也可利用回转器构成)。在输入信号 $u_s = 3\sin(2\pi \times 2244)\text{V}$ 和 $u_N = 2\sin(2\pi \times 1078)\text{V}$ 的情况下,用示波器观察并记录负载 R_L 两端的电压信号。

(2) 设计并实现高除低通无源谐振滤波器

要求设计高除低通无源谐振滤波器,使得频率为$f_S = 1078\text{Hz}$ 的信号源能无衰减地传输到负载 R_L 上,并使负载 R_L 上消除频率为$f_N = 5147\text{Hz}$ 的噪声源。已知负载 $R_L = 1\text{k}\Omega$,并有若干电容、电感($L = 100\text{mH}$)供选用(也可利用回转器构成)。在输入信号 $u_s = 3\sin(2\pi \times 1078)\text{V}$ 和 $u_N = 2\sin(2\pi \times 5147)\text{V}$ 的情况下,用示波器观察并记录负载 R_L 两端的电压信号。

(3)设计并实现二阶有源 RC 带通滤波器

要求设计如图 5-6 所示的二阶有源 RC 带通滤波电路,设定 $R_1 = 10\text{k}\Omega$, $C = 0.1\mu\text{F}$。试选择 R_F、R 元件参数值,使得中心频率 $\omega_0 = 5000\text{rad/s}$,增益常数 $K = 3$。在保持输入信号幅度 $U_{iP-P} = 1\text{V}$ 情况下,测定二阶有源 RC 带通滤波器的幅频特性,数据填入表 5-2 中。

函数信号发生器选定为正弦波输出,固定信号幅度为 $U_{iP-P} = 1\text{V}$,改变f(零频率可以用$f = 20\text{Hz}$,或 40Hz 近似)从 20Hz ~ 8kHz 范围内不同值时,用毫伏表测量

输出电压 U_0。要求找出 f_0、f_{C1} 和 f_{C2} 的位置，其余各点频率由学生自行决定。

表5-2　二阶有源 *RC* 带通滤波器幅频特性测量值

f/Hz	20								8k
U_0/V									
f_0 =			f_{C1} =			f_{C2} =			

5. 实验设备

函数信号发生器1台。

双踪示波器1台。

交流毫伏表1只。

综合设计电路元件箱1个。

6. 实验准备及注意事项

在二阶有源带通滤波器实验测试过程中，每次改变频率都应该注意函数发生器的输出幅度 U_{ip-p} 恒定不变，可以用示波器来监视函数信号发生器的输出幅度。

7. 设计报告要求

1）画出按要求所设计的谐振滤波电路，详述设计原理及设计（计算）过程，并对谐振滤波器的设计与实现做出评估和总结。

2）推导图5-6所示二阶有源 *RC* 带通滤波器的电压转移函数 $H(s)$ 的通用公式；计算所设计的二阶有源 *RC* 带通滤波器的截止频率 f_{C1} 和 f_{C2}，带宽 B 和品质因数 Q。

3）画出所测试的二阶有源 *RC* 带通滤波器的幅频特性曲线，并进行误差分析。

4）对所实现的二阶有源 *RC* 带通滤波器的设计与测试结果进行评价和总结。

5.3　有源变换器的实现及其应用

> **预习与思考**
>
> 1）自习负阻器和回转器的相关理论，掌握其基本工作原理。
>
> 2）负阻器是发出功率还是吸收功率？为什么？
>
> 3）回转器是有源元件还是无源元件？为什么？
>
> 4）负阻器和回转器的阻抗逆变作用有何应用意义？
>
> 5）完成实验内容的仿真实验。

1. 实验研究目的

应用有源元件构建的负阻器（即负阻抗变换器）和回转器都具有对一个阻抗

或元件进行变换的作用。尤其是利用它们的阻抗逆变特性,可将容性负载逆变为感性负载,从而能用易于集成的电容来取代难以集成的大体积电感以实现片式电子元件和集成电路的微型化。两个回转器级联还可实现有源理想变压器的传输特性;负阻器在构造非线性负电阻、LC 振荡电路和蔡氏混沌电路中也得到广泛运用。通过本实验将使学生加深理解负阻器、回转器的特性、工作原理和工作条件,学会应用运算放大器构成负阻器和回转器,并实现它们在相关电路设计中的应用。

2. 设计任务和要求

应用运算放大器设计并实现负阻器和回转器;根据负阻器原理测试负电阻伏安特性和阻抗逆变特性;应用负阻器设计有源电感构建高通滤波器;通过引入负阻器,观察测试 RLC 电路的收敛、等幅、发散振荡的现象;测定回转器的回转参数,设计有源电感实现 RLC 串联、并联谐振电路;应用回转器构建有源理想变压器。

1)以运算放大器 LM741 为核心器件设计构建负阻抗变换器,实现阻值为 $R=-5\text{k}\Omega$ 的负电阻,并测试其负阻伏安特性。

2)用示波器观察验证正弦激励下由负阻器和 R、C 元件模拟电感器的特性,设计有源电感($L=300\text{mH}$),实现高通滤波器。

3)用示波器观察测试方波激励下 RLC(接入负阻 $-5\text{k}\Omega$)电路的收敛、等幅、发散振荡的现象。

4)应用运算放大器 LM741 构建回转电阻为 $4\text{k}\Omega$ 的回转器,并对回转器参数进行测量。

5)应用回转器设计有源电感器($L=160\text{mH}$),以实现 RLC 电路的串联谐振和并联谐振(谐振频率 $f_0=4\text{kHz}$)。

6)应用两个级联回转器构建有源理想变压器(变比 $n=4$)。

3. 实验原理

(1)负阻器(负阻抗变换器)

负阻抗作为电路理论中一个重要概念在工程实践中有广泛的应用。本实验用运算放大器组成电流倒置型负阻抗变换器,如图 5-8 所示。图 5-8a 中点画线框内所示的电路是一个用运算放大器组成的电流倒置型负阻抗变换器,5-8b 为其电路符号。

由于运放"+"端和"-"端之间为虚短路,且运放的输出阻抗为无穷大,故有

$$\dot{U}_{\text{p}}=\dot{U}_{\text{n}}=\dot{U}_1=\dot{U}_2$$

而运放的输出电压 U_0 为

$$\dot{U}_0=\dot{U}_1-\dot{I}_3R_1=\dot{U}_2-\dot{I}_4R_2$$

得

$$\dot{I}_3R_1=\dot{I}_4R_2$$

又因

$$\dot{I}_1=\dot{I}_3,\dot{I}_2=\dot{I}_4$$

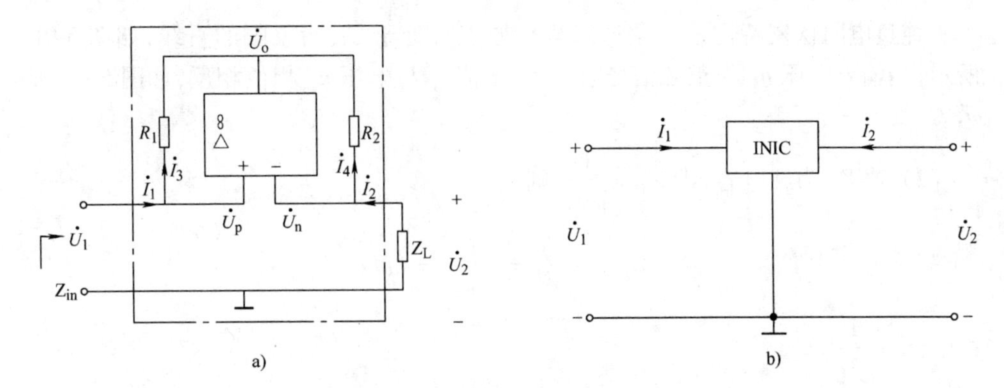

图 5-8　电流倒置型负阻抗变换器

得

$$\dot{I}_1R_1 = \dot{I}_2R_2$$

根据图 5-8 所示的 $\dot{U}_2$ 与 $\dot{I}_2$ 的参考方向可知

$$\dot{I}_2 = -\frac{\dot{U}_2}{Z_L}$$

因此电路的输入阻抗为

$$Z_{in} = \frac{\dot{U}_1}{\dot{I}_1} = \frac{\dot{U}_2}{\dfrac{R_2}{R_1}\dot{I}_2} = -\frac{R_1}{R_2}Z_L = -KZ_L$$

式中，$K = R_1/R_2$ 称为电流增益。

负阻抗变换器的电压电流及阻抗关系如下：

$$\dot{U}_2 = \dot{U}_1, \dot{I}_2 = K\dot{I}_1, Z_{in} = -KZ_L$$

可见，这个电路的输入阻抗可为负载阻抗的负值，当负载端接入任意一个无源阻抗时，在激励端就得到一个负的阻抗元件，简称负阻元件。纯负电阻电路如图 5-9 所示。

若令 $R_1 = R_2 = R_0$，则 $K = 1$，$Z_{in} = -Z_L$

1）若 Z_L 为纯电阻 R，则 $Z_{in} = -R$ 称为负电阻，如图 5-9a 所示。

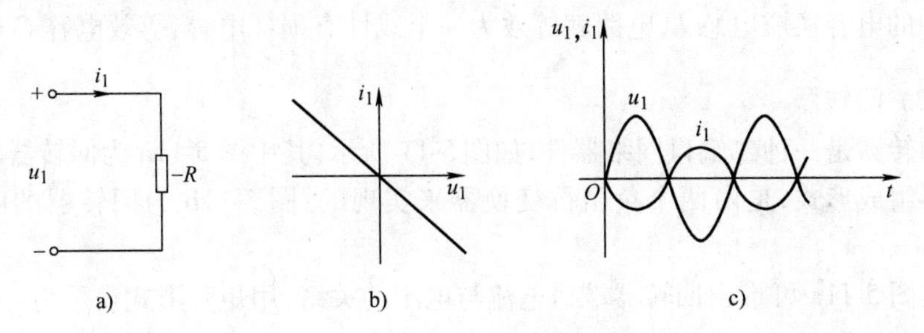

图 5-9　纯负电阻电路

纯负电阻伏安特性是一条通过坐标原点且处于二、四象限的直线，如图 5-9b 所示，当输入电压 u_1 为正弦信号时，输入电流 i_1 与电压 u_1 相位相反，如图 5-9c 所示。

2）若 Z_L 为纯电容，即 $Z_L=\frac{1}{j\omega C}$，则

$$Z_{in}=-Z_L=-\frac{1}{j\omega C}=j\omega L$$

式中，$L=\frac{1}{\omega^2 C}$。

3）若 Z_L 为纯电感，即 $Z_L=j\omega L$，则

$$Z_{in}=-Z_L=-j\omega L=\frac{1}{j\omega C}$$

式中，$C=\frac{1}{\omega^2 L}$。

4）负阻抗变换器能够起到逆变阻抗的作用，即可实现容性阻抗和感性阻抗的互换。由 RC 元件来模拟电感的电路如图 5-10 所示，电路输入端的等效阻抗 Z_{in} 可视为电阻元件 R 与负阻元件 $-\left(R+\frac{1}{j\omega C}\right)$ 相并联的结果，即

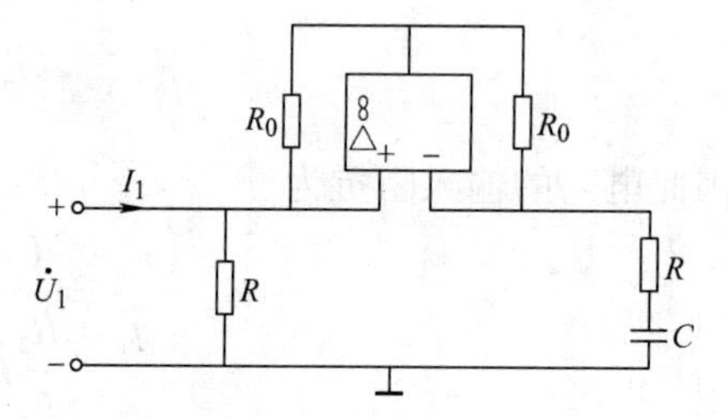

图 5-10　RC 元件模拟电感的电路

$$Z_{in}=\frac{-\left(R+\frac{1}{j\omega C}\right)R}{-\left(R+\frac{1}{j\omega C}\right)+R}=\frac{-R^2-\frac{R}{j\omega C}}{-\frac{1}{j\omega C}}=R+j\omega CR^2$$

对输入端而言，电路等效为一个线性有损耗电感，等效电感 $L=CR^2$。同样，若将图中的电容换成电感 L，电路就等效为一个线性有损耗电容，等效电容 $C=\frac{L}{R^2}$。

（2）回转器

回转器是一种二端口网络器件，如图 5-11 所示，其中图 5-11a 为回转器的运算放大器组成形式，是由两个负阻抗变换器来实现的；图 5-11b 为回转器的电路符号。

由图 5-11a 可推出回转器端口电流与电压的关系，用矩阵形式表示为

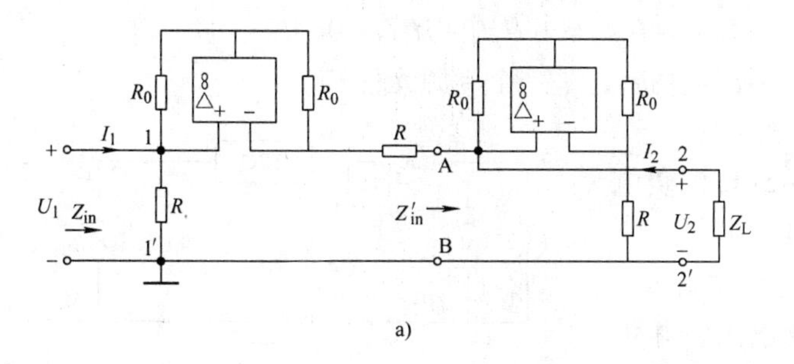

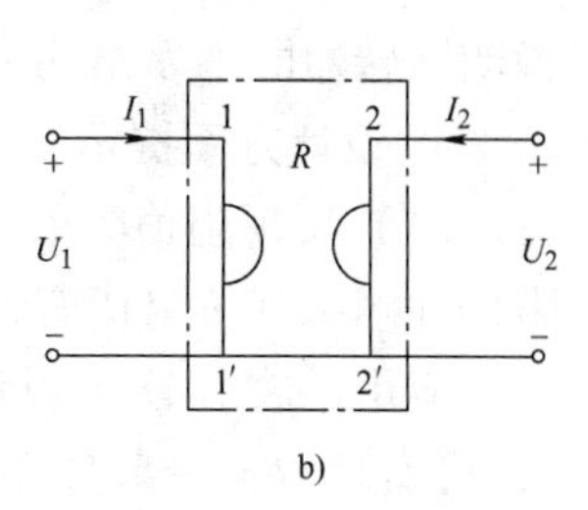

图 5-11　回转器

$$\begin{bmatrix}U_1\\U_2\end{bmatrix}=\begin{bmatrix}0 & -R\\R & 0\end{bmatrix}\begin{bmatrix}I_1\\I_2\end{bmatrix}\text{或}\begin{bmatrix}I_1\\I_2\end{bmatrix}=\begin{bmatrix}0 & g\\-g & 0\end{bmatrix}\begin{bmatrix}U_1\\U_2\end{bmatrix}$$

式中，R 和 $g=1/R$ 分别称为回转电阻和回转电导，简称回转常数。若在回转器 2—2′端口接以负载阻抗 Z_L，则在 1—1′端口看入的输入阻抗为

$$Z_{in1}=\frac{U_1}{I_1}=\frac{-RI_2}{U_2/R}=\frac{-R^2I_2}{U_2}=\frac{R^2}{Z_L}$$

如果负载阻抗 Z_L 在 1—1′端口，则从 2—2′端口看入的等效阻抗为

$$Z_{in2}=\frac{U_2}{I_2}=\frac{RI_1}{-U_1/R}=\frac{-R^2I_1}{U_1}=\frac{R^2}{Z_L}$$

由上可见，回转器的一个端口的阻抗是另一端口阻抗的倒数，且与方向无关（即具有双向性质）。利用这种性质，回转器可以把一个电容元件“回转”成一个电感元件或反之。例如在 2—2′端口接入电容 C，在正弦稳态条件下，即 $Z_L=\frac{1}{j\omega C}$时，从 1—1′端口看入的等效阻抗为

$$Z_{in1}=\frac{R^2}{Z_L}=j\omega R^2C=j\omega L_{eq}$$

式中，$L_{eq}=R^2C$ 为从 1—1′端口看入的等效电感。

同样，在 1—1′端口接电容 C，在正弦稳态条件下，从 2—2′端口看进去的输入阻抗 Z_{in2} 为

$$Z_{in2}=\frac{U_2}{I_2}=\frac{RI_1}{-U_1/R}=\frac{-R^2I_1}{U_1}=\frac{R^2}{Z_L}=j\omega R^2C=j\omega L_{eq}$$

式中，$L_{eq}=R^2C$。

可见回转器具有双向特性。回转器具有的这种能方便地把电容“回转”成电感的性质在大规模集成电路生产中得到重要的应用。

按回转器的定义公式，有

$$P_1 + P_2 = U_1 I_1 + U_2 I_2 = -rI_2 I_1 + rI_1 I_2 = 0$$

说明回转器既不发出功率又不消耗功率，是一个无源元件。

4. 设计方案提示

（1）实现阻值为 $R=-5\text{k}\Omega$ 的负电阻，并测试其负阻伏安特性

应用运放 LM741 设计电流增益 $K=1$，可实现 $R=-5\text{k}\Omega$ 的负电阻，并可用直流电压表、毫安表测量负电阻阻值。测量负电阻特性的实验电路如图 5-12 所示，U_1 为直流稳压电源，R_L 为可变电阻箱。将 U_1 调至 1.5V。取 $R_L=200\Omega$，再接上 R_1，并改变 R_1 值，测出相应的 U_1、I_1，计算负电阻阻值，并在表 5-3 中记录测量数据。

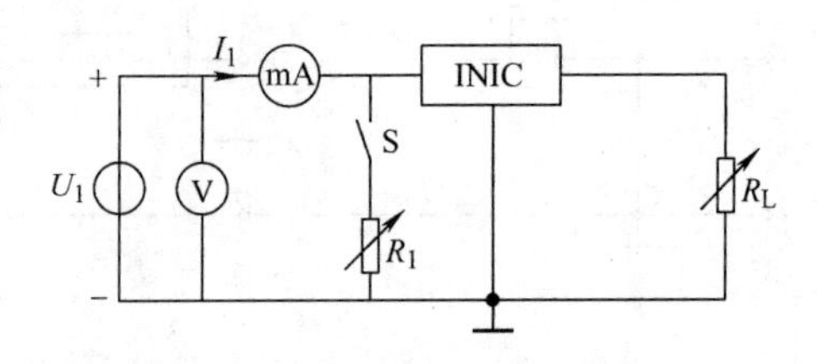

图 5-12　测量负电阻特性的实验电路

表 5-3　负电阻伏安特性测试

R_1/Ω		∞	5000	1000	700	500	300	150	120
U_1/V									
I_1/mA									
等效电阻 R/Ω	理论值								
	计算值								

（2）用示波器观察验证正弦激励下由负阻与 RC 元件模拟电感器的特性

参照图 5-13，函数信号发生器选定正弦波输出 u_1，调定在电压有效值为 1V，频率为 1～15kHz。取采样电阻 $r=51\Omega$，$R_0=200\Omega$，$R=1\text{k}\Omega$，$C=0.1\mu\text{F}$。双踪示波器的公共端接地，探头 CH_1 采集电压 u_1 信号，探头 CH_2 通过采集电压 u_R 测试 r 的电压信号 u_r（$u_r=u_1-u_R$，它与电流 i_1 信号波形同相位），改变电源频率，观察输入端 u_1、i_1 间的相位关系，并描绘之。

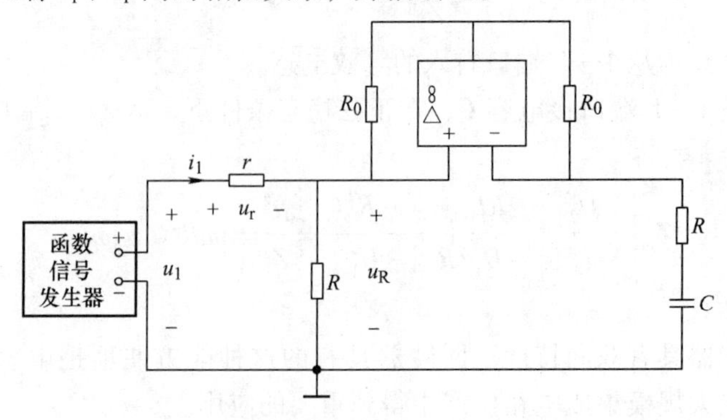

图 5-13　RC 模拟电感器的特性

（3）设计有源电感器（$L=300\text{mH}$），实现高通滤波器

按照图 5-14 构建 T 型高通滤波器，其中 300mH 等效电感参见图 5-13 自行设计（可取 $R=R_0=1\text{k}\Omega$），函数发生器选定正弦波输出，并保持发生器输出电压 $U_S=1\text{V}$，频率在 100Hz ~ 20kHz 范围内改变函数信号发生器的输出频率，用交流毫伏表测量在不同频率时的 U_o 记入表 5-4 中，并画出相应的幅频特征曲线。

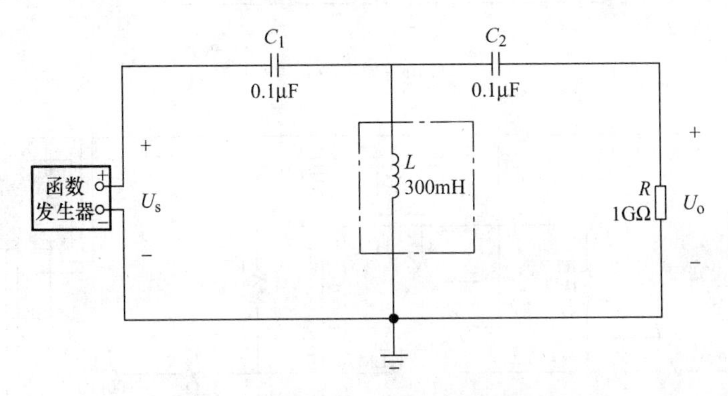

图 5-14　用等效电感器构建 T 型高通滤波器

表 5-4　电路幅频特性测试

f/Hz	100								20k
U_o/V									

（4）具有负阻为 $-5\text{k}\Omega$ 的 *RLC* 串联电路方波响应 u_C 的收敛、等幅、发散振荡波形的观察测试

具有负阻的 *RLC* 串联方波响应仿真实验电路如图 5-15 所示。参照图 5-15b 所示仿真电路接线，以方波信号发生器为电源 U_S，峰-峰值为 1V，频率取 $f=100\text{Hz}$，可调负电阻 R_3 的取值范围为 0 ~ 10kΩ，$R_4=5\text{k}\Omega$，$L=100\text{mH}$、$C=0.1\mu\text{F}$。

显然，增加 R_3 绝对值即相当于减小了 *RLC* 串联回路中的总电阻（R_4-R_3）。实验时，先取负电阻 R_3 的绝对值小于 *RLC* 串联电路的直流电阻 R_4，然后逐步增加 R_3 绝对值，用示波器观察电容器两端电压 U_C 波形，使响应分别出现过阻尼、欠阻尼、无阻尼和负阻尼等几种情况，自拟表格记录实验数据并绘制相应的波形图。

（5）应用运算放大器设计和实现回转器并测试其参数

1）参照图 5-11，选用运算放大器 LM741，可设 $R_0=1\text{k}\Omega$，回转电阻 $R=4\text{k}\Omega$。

2）测定回转电阻 R。

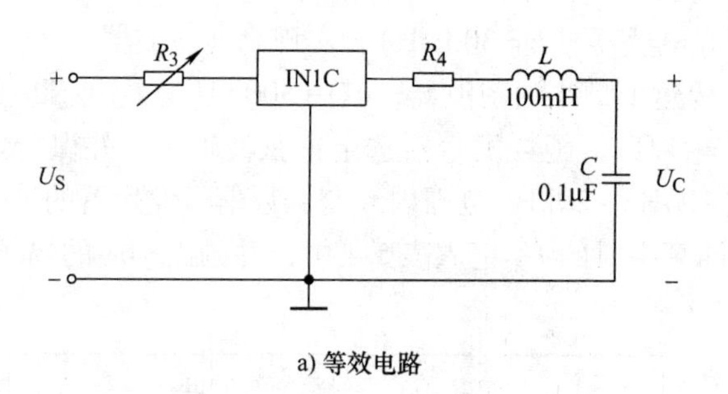

a) 等效电路

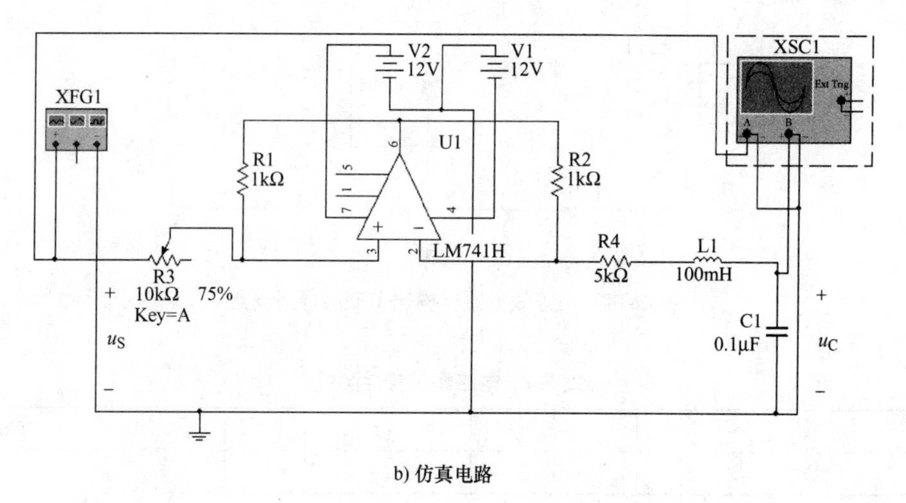

b) 仿真电路

图 5-15　具有负阻的 *RLC* 串联方波响应仿真实验电路

回转电阻测试电路如图 5-16 所示，按图 5-16 接线。2—2′端口接纯电阻负载 R_L（可变电阻箱），函数发生器信号源频率固定在 1kHz，电压 $U_i=1V$。调节 R_L，使其在 500Ω→∞ 范围内不同值时分别测量 U_1、U_2 及 U_r。将测量数据记入表 5-5 并计算出回转电阻。回转电阻 R（Ω）可由 $R = r_a = \sum_{i=1}^{n} r_i/n$ 求出。

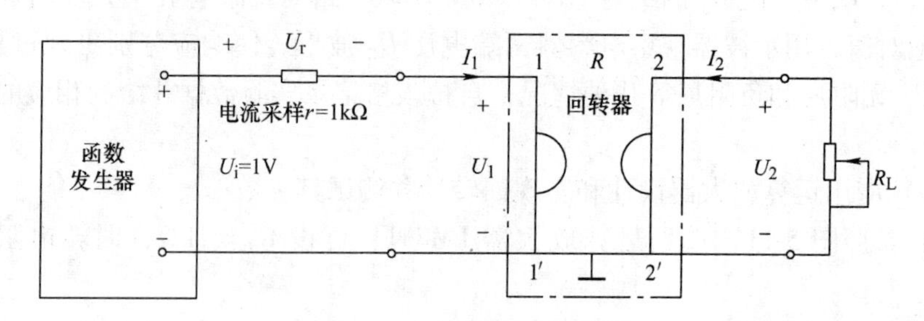

图 5-16　回转电阻测试电路

表 5-5　回转电阻测试

R_L/kΩ	0.5	1	2	4	7	12	20	32	50	∞
U_1/V										
U_r/V										
I_1/mA, ($I_1=U_r/r$)										
U_2/V										
I_2/mA, ($I_2=-U_2/R_L$)										
r_1/Ω, ($r_1=U_2/I_1$)										
r_2/Ω, ($r_2=-U_1/I_2$)										
R/Ω, ($R=r_a=(r_1+r_2)/2$)										

（6）设计构建等效电感器（$L_{eq}=160\text{mH}$），实现 RLC 电路的串联谐振和并联谐振

1）用回转电阻 $R=4\text{k}\Omega$ 的回转器和电容 C 构建有源电感，并对等效电感 L_{eq} 参数进行测定。

模拟等效电感如图 5-17 所示，按图 5-17 接线，自行计算电容 C 参数使得等效电感 $L_{eq}=160\text{mH}$。函数发生器选定正弦波输出，调节函数发生器输出电压使 $U_i=1\text{V}$，在 200Hz～1kHz 范围内变化函数发生器频率 f，用交流毫伏表测量在不同频率时的 U_i、U_1 及 U_r，将数据记入表 5-6，根据测量数据计算出等效电感 L'_{eq} 并比较与理论值 L_{eq} 的误差。

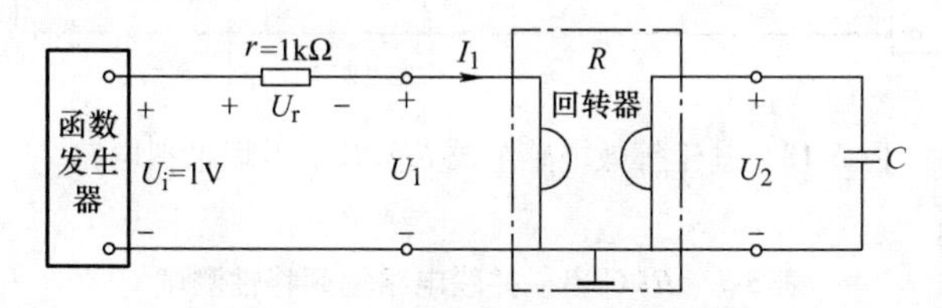

图 5-17　模拟等效电感

表 5-6　等效电感参数测量

f/Hz	200	300	400	500	600	700	800	900	1000
U_i/V									
U_1/V									
U_r/V									
I_1/mA, ($I_1=U_r/r$)									
L'_{eq}/H, ($L'_{eq}=U_1/\omega I_1$)									
L_{eq}/H, ($L_{eq}=R^2C$)									
ΔL/H, ($\Delta L=L'_{eq}-L_{eq}$)									

2）应用等效电感（$L_{eq}=160\text{mH}$）实现 *RLC* 电路的串联谐振（$f_0=4\text{kHz}$）。

按图 5-18 所示的基于等效电感组成 *RLC* 串、并联谐振电路，接入自行设计由回转器和电容 C 构建的等效电感（$L_{eq}=160\text{mH}$），取 $R_1=3\text{k}\Omega$。自行计算电容 C_1 参数使得电路在 $f_0=4\text{kHz}$ 时发生串、并联谐振。函数信号发生器选定正弦波输出，并保持发生器输出电压峰-峰值 $U_i=1\text{V}$，在 1 ~ 10kHz 范围内改变函数信号发生器的输出频率，用交流毫伏表测量在不同频率时 R_1 电阻上的电压值 U_{R1}，记入表 5-7 中，并画出相应的幅频特征曲线。

做串联谐振实验时，打开开关 S_2，将电容 C_1 接于 S_1 两端，仔细找出 U_{R1} 最大时的信号源频率（即谐振频率 f'_0），并与理论计算的谐振频率 f_0 进行比较，计算 $\Delta f=|f_0-f'_0|$。

做并联谐振实验时，将电容 C_1 接于 S_2 两端，闭合开关 S_1，仔细找出 U_{R1} 最小时的信号源频率（即谐振频率 f'_0），并与理论计算的谐振频率 f_0 进行比较，计算 $\Delta f=|f_0-f'_0|$。

理论计算的谐振频率 $f_0=\dfrac{1}{2\pi\sqrt{L_{eq}C_1}}$，其中等效电感（单位 H）为 $L_{eq}=R^2C$。

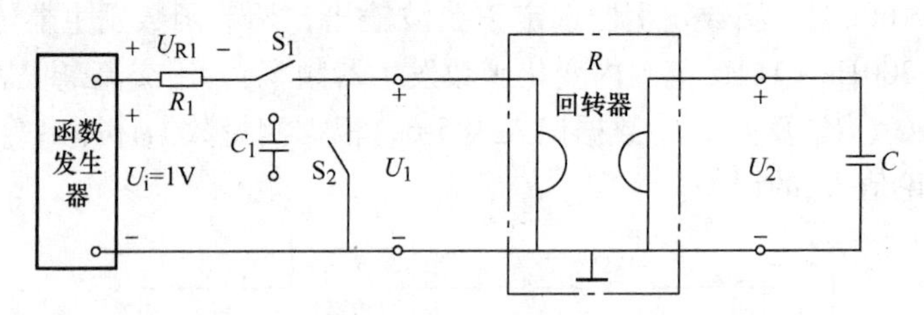

图 5-18　基于等效电感组成 *RLC* 串、并联谐振电路

表 5-7　*RLC* 串、并联电路幅频特性测试

	f/kHz	1				f'_0				10
串联谐振	U_{R1}/V									
并联谐振	U_{R1}/V									

（7）用两个回转器级联构建变比为 $n=4$ 的有源理想变压器

由回转器 R 参数方程可推导出两个级联回转器的 **A** 参数方程：

$$\boldsymbol{A}=A_1A_2=\begin{bmatrix}\dfrac{R_1}{R_2} & 0\\ 0 & \dfrac{R_2}{R_1}\end{bmatrix}$$

式中，R_1、R_2 分别是两个回转器的回转内阻。

显而易见，满足理想变压器的电压-电流关系

$$\begin{cases} u_1 = \dfrac{R_1}{R_2}u_2 = n\,u_2 \\ i_1 = -\dfrac{R_2}{R_1}i_2 = -\dfrac{1}{n}i_2 \end{cases}$$

图5-19给出了用回转器构建的回转变压器，图5-19a是其等效电路，试给出该理想变压器 A 参数方程的推导过程；图5-19b所示仿真实验电路实现的理想变压器变比 $n=2$，试设计用实际元器件实现变比 $n=4$ 的理想变压器。

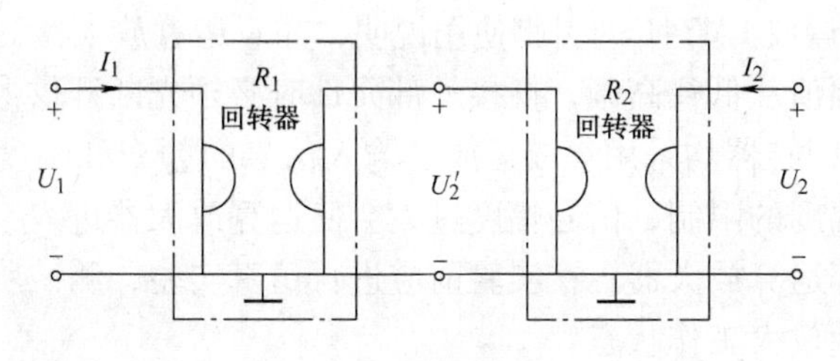

a) 等效电路

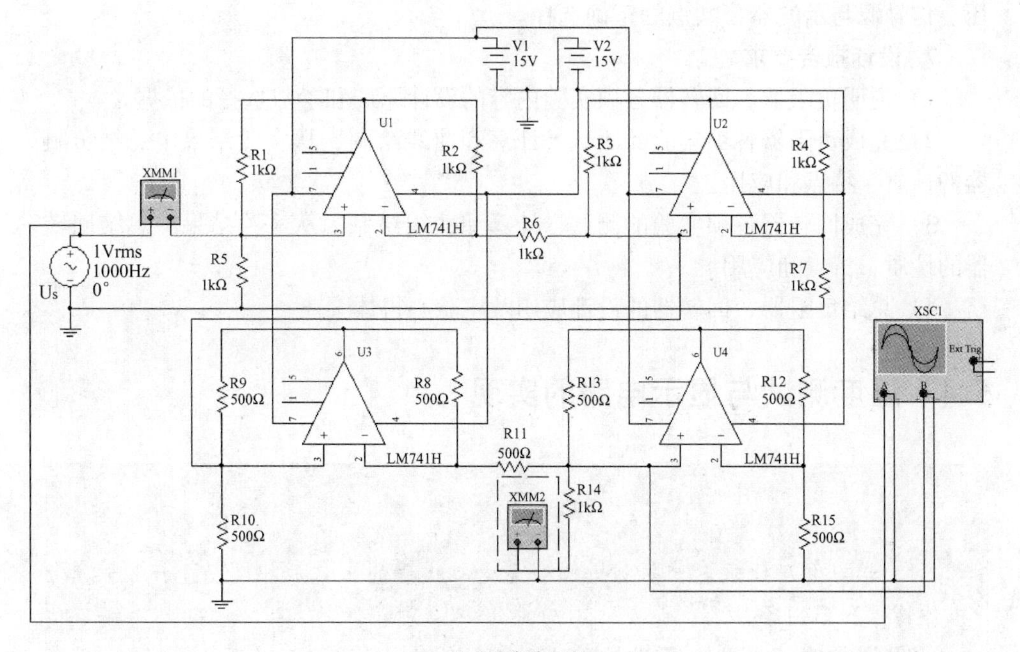

b) 仿真实验电路

图5-19　用回转器构建的理想变压器

5. 实验设备

双路可调直流稳压源 1 台。

函数信号发生器 1 台。

直流数字电压表 1 只。

直流数字毫安表 1 个。

双踪示波器 1 台。

交流毫伏表 1 个。

可变电阻箱 1 个。

综合设计电路元件箱 1 个。

6. 实验准备及注意事项

1）自查集成运放 LM741 的引脚使用说明，注意运算放大器的直流供电电源不得接错，电压幅值从低往高调，换接外部元件时必须先断开供电电源。

2）负阻器和回转器均采用集成运放，输入信号的频率和幅度应考虑运放的频响特性和输出幅度的限制，信号幅度过大会使运算放大器进入饱和状态导致波形失真，甚至损坏运算放大器。在实验前应进行仿真实验，测试所设计电路中运放是否工作在线性放大工作状态。

3）示波器和信号发生器应共地。用示波器观察和测量波形时，注意被测电压、信号源与示波器公共点的正确选择。

7. 设计报告要求

1）说明负阻器、回转器各项实验内容的设计原理和参数选择的依据。

2）完成负阻器各项实验的测试、计算和曲线绘制，从实验结果中总结负阻器的性质、特点和应用。

3）完成回转器各项实验的测试、计算和曲线绘制，从实验结果中总结回转器的性质、特点和应用。

4）总结负阻器、回转器的设计应用及实验心得体会。

5.4　温度测试与显示电路的实现

预习与思考

1）学习电压比较器、热敏电阻、光电二极管的工作原理及功能，了解其工作特性和应用条件。

2）分析含运算放大器的电桥测温电路的工作原理。

3）对各功能模块的电路设计进行 Multisim 软件仿真实验验证。

1. 实验研究目的

学习传感元件热敏电阻的应用，掌握“非电信号”与“电信号”之间转换方法及其意义。理解运算放大器非线性应用的原理及特点，掌握电压比较器电路的工作原理、应用特点及设计方法，体会“参考电压”的选择及其在比较器中的重要作用。掌握LED的使用方法，应用LED器件构成温度显示电路。根据热敏电阻的非线性温度阻值范围和运算放大器的非线性应用，实现满足设计要求的温度测试与显示电路。

2. 设计任务和要求

应用热敏电阻、运算放大器、发光二极管（LED）等元器件，设计并实现满足以下要求的温度测试与显示电路。

1）设计一个以热敏电阻为传感器的温度测试与放大电路，测试其热敏阻值与输出电压的特性关系。

2）以LED（红）、LED（绿）、LED（黄）分别代表高、中、低三组温度区域，构建显示高（>30℃）、中（15℃～30℃）、低（<15℃）连续温度区域的温度测试与显示电路。

3）以LED（红）、LED（绿）、LED（黄）分别代表高、中、低三组温度区域，构建显示高（>35℃）、中（25℃～30℃）、低（<20℃）非连续温度区域的温度测试与显示电路。

4）计算每个单元电路的元件参数值和输出电压值，对电路设计进行Multisim软件仿真实验。

5）记录硬件电路实验每个单元电路的测试结果。

3. 实验原理

图5-20为温度测试与显示电路总框图。输入部分由热敏电阻分压器与一个参考基准电压进行比较；当热敏电阻感测温度达到所设定温度区域临界点时，即可启动电压比较器输出信号驱动相应LED发光，以显示所设定的高、中、低温度区域。

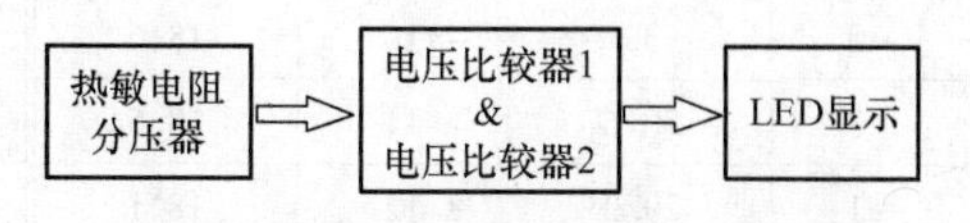

图5-20 温度测试与显示电路总框图

（1）热敏电阻

温度是从农业生产、工业控制到日常生活应用中经常需要测量和监控的物理参数。为了便于利用电路对温度进行监测，必须利用温度传感器将非电参数的温度转换为电参数。常用的温度传感器包括热电阻、热敏电阻、热电偶等。如铂电阻就是由金属铂丝制成的热电阻，它的电阻会随着温度的变化而发生变化，这样通过测量铂电阻的电阻值，便可感知温度数值的大小。由铂电阻 R_t 随温度 T(℃)变化的关系 $R_t=(100+0.39T)$ 可知铂电阻随温度变化是一个非线性关系。

热敏电阻是由对温度非常敏感的半导体陶瓷质工作体构成的元件。与一般常用的金属电阻相比，它有大得多的电阻温度系数值。根据所具有电阻温度系数的不同，热敏电阻一般可分两类：①正电阻温度系数热敏电阻（PTC），其阻值随着温度升高而增大；②普通负电阻温度系数热敏电阻（NTC），其阻值随着温度升高而减小。第一类正电阻温度系数热敏电阻适宜用在特定温度范围作为控制和报警的传感器；第二类负电阻温度系数热敏电阻在温度测量领域应用较广。

图 5-21 所示是热敏电阻电路图形符号，用 θ 或 $t°$ 来表示温度。热敏电阻在电路中用字母“ RT ”表示。

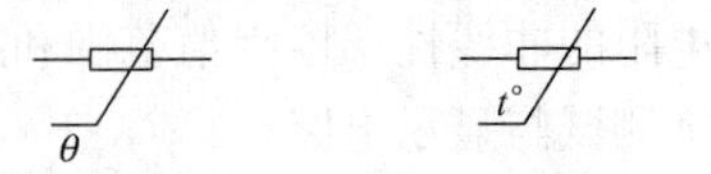

a) 新电路图形符号　　b) 旧电路图形符号

图 5-21　热敏电阻电路图形符号

热敏电阻作为温度传感器具有用料省、成本低、体积小、结构简易和电阻温度系数绝对值大等优点，可以简便灵敏地测量微小温度的变化。表 5-8 给出了 NTC MF52AT 的温度阻值表。

表 5-8　NTC MF52AT 的温度阻值

T/℃	R/kΩ	T/℃	R/kΩ	T/℃	R/kΩ	T/℃	R/kΩ
-10	44.1	3	24.6	16	15.5	29	8.5
-9	42.1	4	23.6	17	14.8	30	8.2
-8	40.2	5	22.7	18	14.1	31	7.9
-7	38.4	6	21.8	19	13.4	32	7.6
-6	36.7	7	20.9	20	12.7	33	7.3
-5	35	8	20.0	21	12.1	34	7.1
-4	33.5	9	19.3	22	11.5	35	6.8
-3	32	10	18.6	23	11.0	36	6.6
-2	30.6	11	18.5	24	10.5	37	6.4
-1	29.3	12	18.1	25	10.0	38	6.1
0	28	13	17.6	26	9.6	39	5.9
1	26.8	14	17.0	27	9.2	40	5.7
2	25.7	15	16.3	28	8.8	41	5.5
42	5.4	49	4.2	56	3.3	63	2.65
43	5.2	50	4.1	57	3.2	64	2.58
44	5.0	51	3.9	58	3.1	65	2.51
45	4.8	52	3.8	59	2.9	66	2.43
46	4.7	53	3.7	60	2.8	67	2.35
47	4.5	54	3.5	61	2.77	68	2.28
48	4.4	55	3.4	62	2.72	69	2.20

与温度类似的非电类信号，如光、压力、转速、频率和气体浓度等都可以通过相应的传感器转化为电信号，然后进行处理、分析和应用。通过各种传感器将不同的“非电信号”转变成电信号，是检测技术中的重要内容，同时也扩展和丰富了电气电子信息技术的应用范围。

（2）单门限电压比较器

电压比较器是一种用来比较输入信号u_i和参考电压U_{REF}的电路，由运算放大器发展而来的，可以看作是运算放大器的一种非线性应用电路。它是将一个模拟量电压输入信号u_i和一个参考固定电压U_{REF}相比较，在二者幅度相等的附近，输出电压将产生跃变，相应输出高电平或低电平。

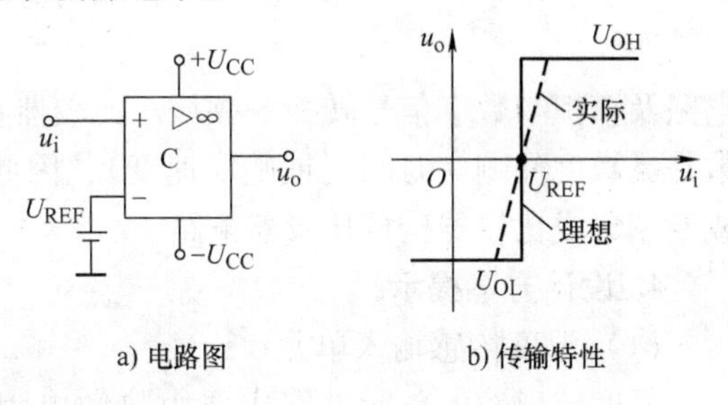

a) 电路图　b) 传输特性

图5-22　单门限电压比较器基本电路

图5-22所示为单门限电压比较器基本电路，符号C表示比较器。从图中可以看出，比较器基本电路就是一个运算放大器电路处于开环状态的差分放大器电路。当参考电压U_{REF}加在运放的反相（-）输入端，它可以是正值，也可以是负值；输入电压u_i加在同相（+）输入端，称为同相输入单门限电压比较器。反之，当u_i加在反相（-）输入端，参考电压U_{REF}加在运放的同相（+）输入端，则称为反相输入单门限电压比较器。

在同相输入单门限电压比较器中，当$u_i < U_{REF}$时，运放处于负饱和状态，输出低电平，即$u_o = U_{OL}$；当输出信号电压u_i升高到略大于参考电压U_{REF}，即$u_i > U_{REF}$时，运放立即转入正饱和状态，输出高电平，即$u_o = U_{OH}$。由于运放的开环增益很大，u_o从低电平转换到高电平几乎是突变的，如图5-22b中实线所示。比较器输出电压从一个电平跳变到另一个电平时相应的输入电压称为门限电压或阈值电压。因此，以U_{REF}为门限电压，当输入电压u_i变化时，输出端能反映出两种状态：低电位和高电位。如果比较器的门限电压$U_{REF} = 0$，则输入信号每次过零时，输出就会产生突变，这种比较器称为过零电压比较器。其他常用的电压比较器还有双限（窗口）电压比较器和迟滞电压比较器。

（3）双限电压比较器

图5-23是一个双门限比较器（窗口比较器）的基本电路及其传输特性。当输入电压u_i在门限电压U_{REF1}和U_{REF2}之间时，输出端为高电平，否则输出端为低电平。

比较器可用于报警器电路、自动控制电路、测量技术，也可用于高速采样电路、电源电压监测电路、压控振荡器电路、过零检测电路、组成非正弦波形变换

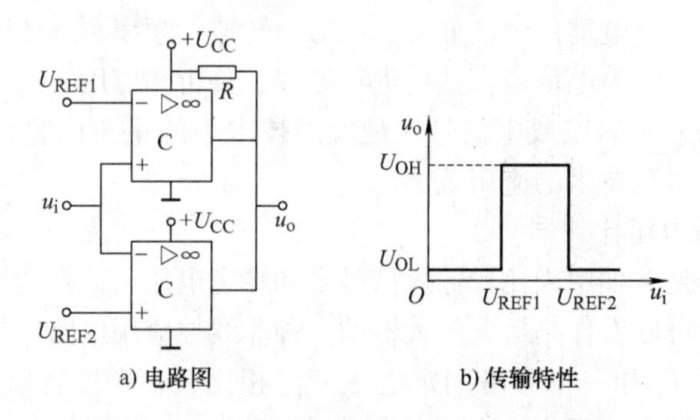

a) 电路图　　b) 传输特性

图 5-23　双门限比较器的基本电路及其传输特性

电路及模拟与数字信号转换等领域。比较器在实际应用时，最重要的两个动态参数是灵敏度和响应时间（或响应速度），因此可以根据不同要求选用运算放大器或专用集成比较器构成比较器电路。

4. 设计方案提示

（1）温度传感输入单元

温度传感输入单元电路主要由热敏电阻 RT、分压电阻R_1 和运算放大器构成，如图 5-24 点画线框所示。由热敏电阻、分压电阻R_1 构成分压器，如果热敏电阻的阻值随着温度的升高而减少，则运算放大器输入电压 u_i 会增大，而输出电压u_1 及其分压 u_2 也会随之成比例变化，即电压u_1 和u_2 是带有温度信息的电信号，电压信号u_1 和u_2 各自接入相应的电压比较器后则可对相应的温度信号进行测试。

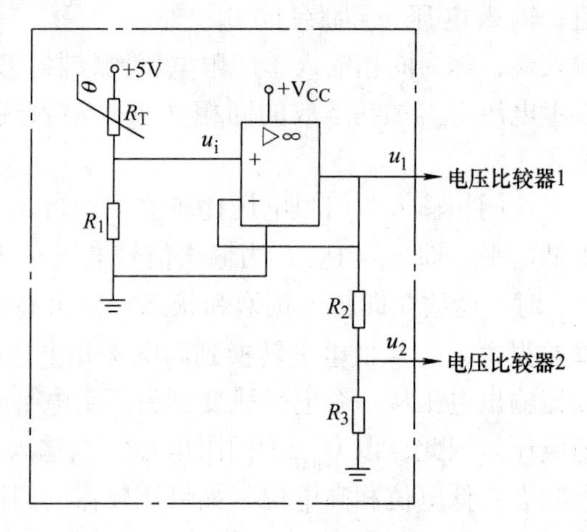

图 5-24　温度传感输入单元电路

电桥型温度测量电路如图 5-25 所示，图中点画线框是常用的温度测量电桥形式的电路图。当温度变化时，热敏电阻的阻值会发生变化，通过电桥形式，可以将温度变化所引起的阻值变化转换成电压信号的变化，然后通过运算放大器 N1 将此变化量放大输出，实现温度测量。当测温电路具有输出电压 u_1 时，采用含有运算放大器 N2 和 N3 的两个单门限电压比较器，通过调节电阻 R_H 和 R_L 选择合适的参考电压 u_{REFH} 和 u_{REFL}，可以获得显示或控制用的电压信号 u_H 和 u_L。

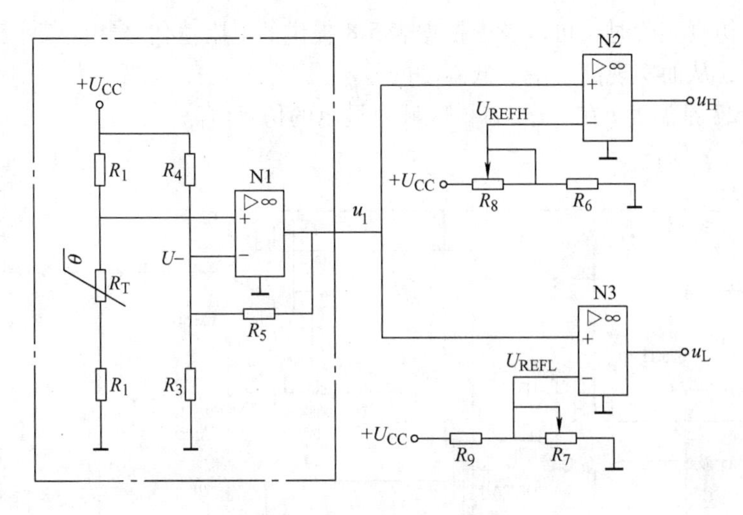

图5-25　电桥型温度测量电路

（2）温度测量与显示单元

基于电压比较器原理，并考虑用到三个发光二极管分别显示高、中、低温度，则需要两个比较器来进行电压控制。高、中、低温度测量与LED显示单元电路如图5-26所示，可将温度输入单元电路得到的输出电压信号u_1、u_2分别与参考电压U_{REF}进行比较，再根据逻辑关系确定哪个发光二极管亮、哪两个发光二极管不亮。由于比较器输出电压较大，不应该直接加到发光二极管上（普通发光二极管的导通电压在1.2V~1.5V），而需要进行一定的分压，用电阻和发光二极管串联即可达到分压的效果。

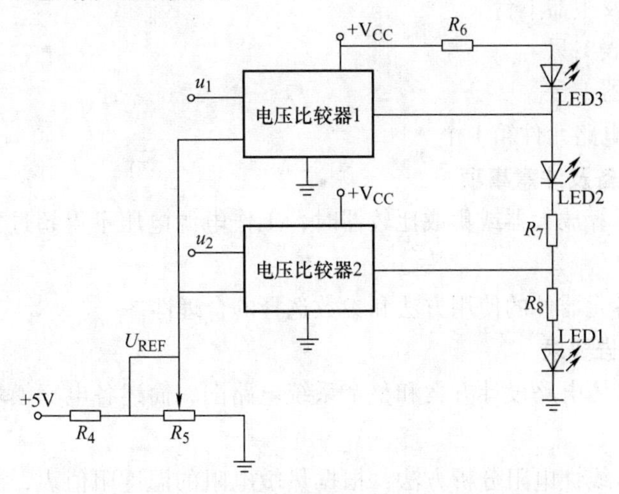

图5-26　高、中、低温度测量与LED显示单元电路

进行仿真实验时，可以考虑根据表 5-8 提供的电阻值代替相应某个温度下的热敏电阻，从而实现高、中、低温度的显示。

图 5-27 是温度 t 在 $[t_1,\ t_2]$ 区域内显示的仿真电路。

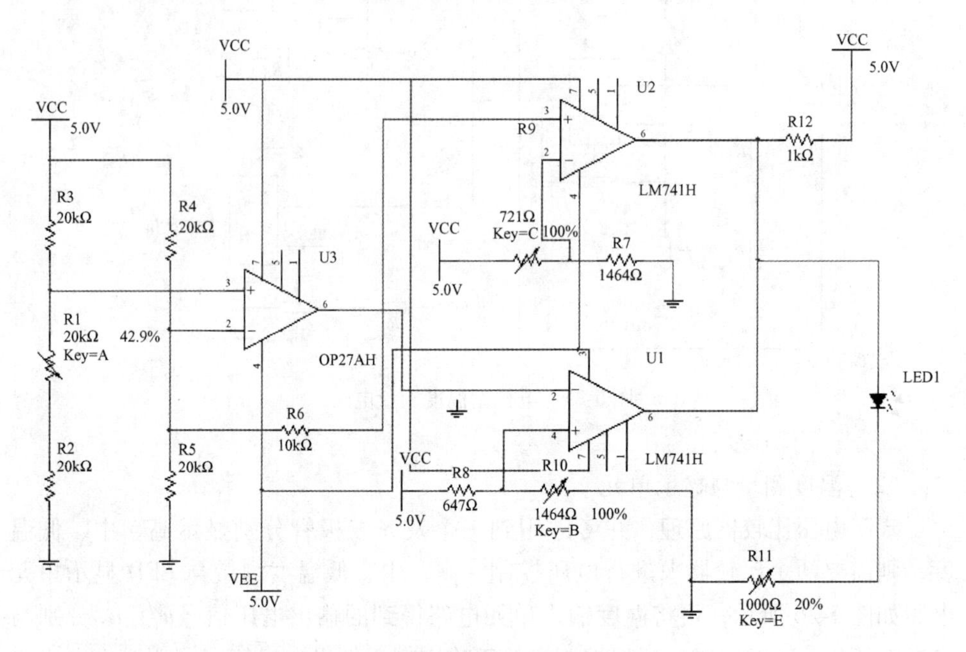

图 5-27　窗口温度测量与 LED 显示仿真电路

5. 实验设备

双路可调直流稳压电源 1 台。

函数信号发生器 1 台。

数字万用表 1 只。

双踪示波器 1 台。

综合设计电路元件箱 1 个。

6. 实验准备及注意事项

1）采用运算放大器或集成比较器时，工作电源电压不得超过器件所规定的范围。

2）注意各元器件的使用方法和参数选择的合理性。

7. 设计报告要求

1）给出整体电路设计方案和整个系统电路图，简述各电路模块功能和设计原理。

2）采用非线性电阻分析方法，根据热敏电阻的温度阻值表，分析电桥的工作原理与电路参数选择依据。

3）设计电路调试的详细记录和 Multisim 软件的仿真实验结果。

4）测试并列表记录实际电路中各单元电路输出电压和 LED 在不同温度域的实测数据和实验结果。

5）对原始记录数据进行整理、计算、分析和处理，并与理论计算结果进行比较，分析实测值与理论值的误差及其产生的原因，撰写实验心得和体会。

5.5　光报警定时器电路的设计

预习与思考

1）掌握集成电压比较器的工作原理及功能，了解其工作特性和条件。

2）熟练掌握 *RC* 一阶动态电路的分析，自行推导出 *RC* 计时器的计时公式。

3）对各功能模块的电路设计进行 Multisim 软件仿真实验验证。

1. 实验研究目的

学习光敏电阻、压电蜂鸣器等基本传感器和集成电压比较器的应用，充分体会运算放大器的一种非线性应用电路。基于 *RC* 一阶电路的上升时间或时间常数的监测，实现满足设计要求的 *RC* 光报警定时器电路，并实测输入偏置电流对电容充电效果的影响。观察和分析比较器输出为高电平时所使用的数字万用表、示波器的输入阻抗对测试结果的影响。

2. 设计任务和要求

应用光敏电阻、压电蜂鸣器、电压比较器、电阻、电容和电源等元器件，设计一个冰箱开门报警器。

1）要求在门开 10 ~ 15s 范围内可定时蜂鸣报警。

2）测量 *RC* 充电时间常数。

3）给出仿真实验和硬件电路实验测试结果。

3. 实验原理

图 5-28 为 *RC* 光报警定时器电路总框图。输入部分由光敏电阻分压器与一个参考基准电压进行比较；当光敏电阻感测到光照后，启动电压比较器输出信号驱动 *RC* 定时电路进行充电；当充电电压达到设定的阈值电压后启动第二个电压比较器工作从而触发压电蜂鸣器报警。

图 5-28　*RC* 光报警定时器电路总框图

（1）光敏电阻

光敏电阻是利用半导体的光电导效应制成的一种电阻值随入射光的强弱而改变的电阻。常用的制作材料为硫化镉，另外还有硒、硫化铝、硫化铅和硫化铋等材料。这些制作材料具有在特定波长的光照射下，其阻值迅速减小的特性。还有另一种随入射光弱电阻减小，随入射光强电阻增大的光敏电阻。

光敏电阻一般用于光的测量、光的控制和光电转换（将光的变化转换为电的变化）。光敏电阻对光的敏感性（即光谱特性）与人眼对可见光0.4～0.76μm的响应很接近，只要人眼可感受的光，都会引起它的阻值变化。设计光控电路时，一般用白炽灯泡（小电珠）光线或自然光线作控制光源，可使设计大为简化。通常，光敏电阻都制成薄片结构，以便吸收更多的光能。当它受到光的照射时，半导体片（光敏层）内就激发出电子-空穴对参与导电，使电路中电流增强。

图5-29是光敏电阻外形和电路符号。光敏电阻在电路中用字母“RL”表示。

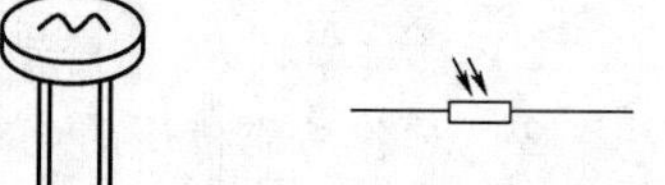

a) 外形　　b) 电路符号

图5-29　光敏电阻

（2）集成电压比较器

比较器在实际应用时最重要的两个动态参数是灵敏度和响应时间（或响应速度），因此可根据不同要求选用运算放大器或专用集成比较器。

由于比较器电路应用较为广泛，所以开发出了专门的比较器集成电路，如LM393和LM339。集成电压比较器比集成运放的开环增益低，但其响应速度快，传输延迟时间短，而且不需外加限幅电路就可直接驱动TTL、CMOS和ECL等集成数字电路。有些芯片带负载能力很强，还可直接驱动继电器和指示灯。LM393是双电压比较器集成电路，LM339是四电压比较器集成电路，两者工作原理和功能相同，均可将模拟信号转换成只有高电平和低电平两种状态的二值离散信号。LM393工作电源电压范围宽，单电源、双电源均可工作；单电源：2～36V，双电源：±1～±18V。

图5-30a、b分别是LM393集成电压比较器的外形和内部结构。图5-31给出了LM339集成电压比较器的内部结构和引脚。

LM393、LM339类似于增益不可调的运算放大器。每个比较器有两个输入端和一个输出端。两个输入端一个称为同相输入端，用“+”表示，另一个称为反相输入端，用“-”表示。用作比较两个电压时，任意一个输入端加一个固定电压做参考电压 U_{REF}（也称为门限电平），另一端加一个待比较的输入信号电压 u_i。当“+”端电压高于“-”端时，输出管截止，相当于输出端为高电位；当“-”端电压高于“+”端时，输出管饱和，相当于输出端接低电位。在使用时输出端到正电源一般需接一只电阻（称为上拉电阻），选不同阻值的上拉电阻会影响输出端高电位 U_{OH} 的值。因为当输出高电位时，输出电压 u_o 基本上取

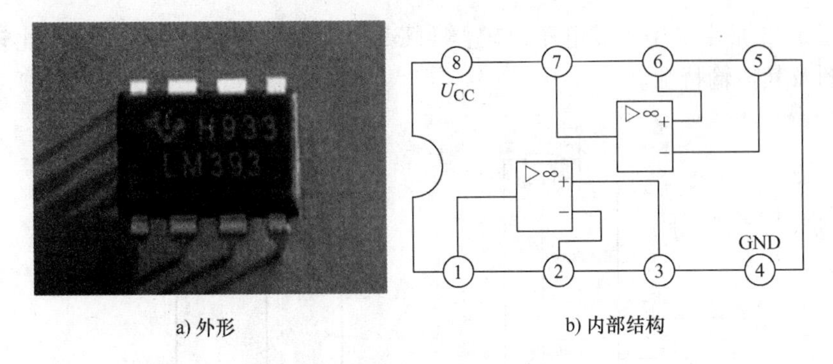

图 5-30　LM393 集成电压比较器

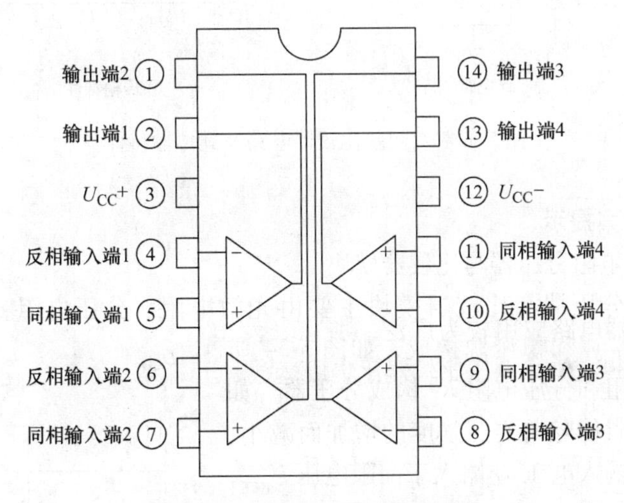

图 5-31　LM339 内部结构及引脚

决于上拉电阻与负载的阻值。

图 5-32 是由 LM339 构成的单门限比较器电路及其传输特性。

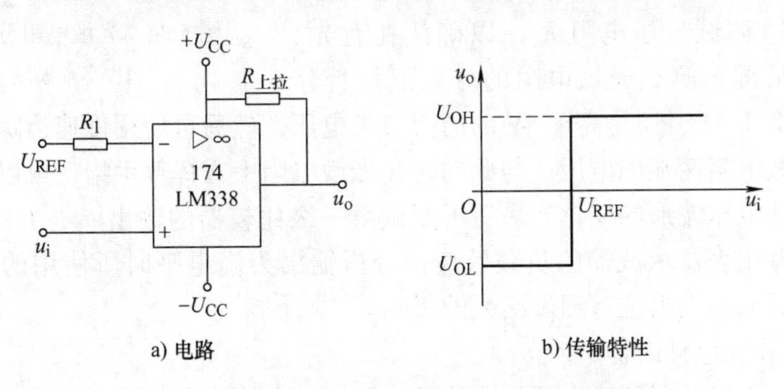

图 5-32　单门限比较器电路及其传输特性

图 5-33 是由专用集成电压比较器 LM339 构成的双限比较器（窗口比较器）电路图及其传输特性。

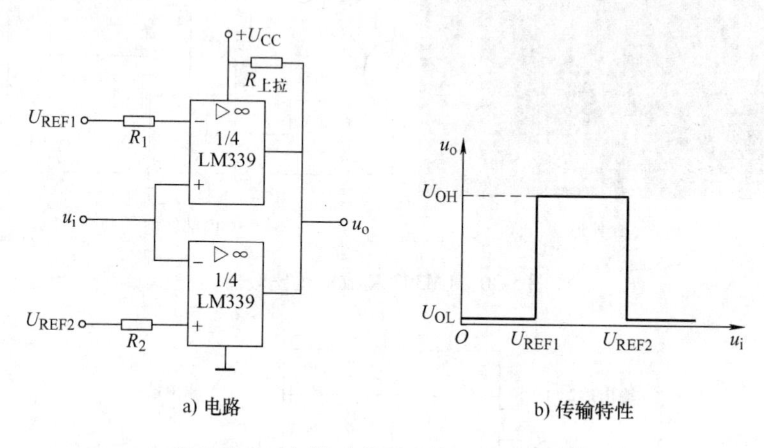

a) 电路　　b) 传输特性

图 5-33　双门限比较器电路及其传输特性

4. 设计方案提示

（1）光敏电阻分压器与比较器模块

光敏电阻分压器与比较器模块主要由光敏电阻、分压电阻、集成比较器（或运算放大器）和稳压源构成，如图 5-34 所示。由光敏电阻和分压电阻 R_1 构成分压器，如果光敏电阻的阻值随着光照强度的增加而减小，可设计有光时输入电压 u_1 略大于门限电压 U_{REF}，比较器输出高电压；无光时输入电压 u_1 略小于门限电压 U_{REF}，比较器输出低电压。

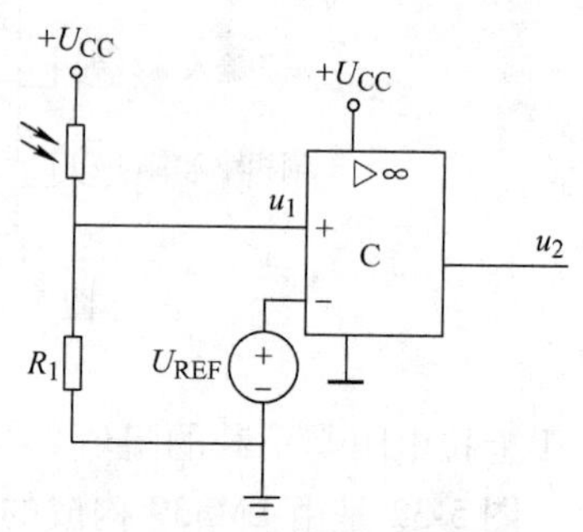

图 5-34　光敏电阻分压器与比较器模块

输入部分需测试光敏电阻的感光效应和对光敏电阻分压的影响。假设门限参考电压 U_{REF} =5V，通过调试分压电阻 R_1，以确认在有光、无光两种情况下测试光敏电阻的分压值是否分别对应于低于5V、还是高于5V 的门限参考电压。然后可使用慢速追踪去观察示波器上光敏电阻两端的电压，与此同时在光敏电阻上方挥舞手指，可以观察到光敏电阻两端电压波形的变化。最后可测试第一级比较器的输出 u_2，并注意观察、测试数字万用表及示波器的负载效应，分析输出为高电平时所使用的数字万用表、示波器的输入阻抗对测试结果的影响。

（2）*RC* 充电计时器

与第一级比较器的输出端相连的是 *RC* 充电计时模块。基于一阶电路的瞬态响应测试原理（参见第 3 章 3. 6 节）可以测得 RC 电路的时间常数或电容电压充电上升时间。当光敏电阻感应到光的情况下，比较器输出由低电平切换到高电平，此时根据设计要求，电容充电至第二级比较器的门限电压值的时间在 10 ~ 15s 范围内，从而可由计时公式

$$t = RC \cdot \ln \frac{U_{H} - U_{L}}{U_{H} - U_{REF}}$$

确定时间常数 RC 的参数值。其中 U_H 和 U_L 分别为第一级比较器输出端的高电平和低电平，可根据实际测量确定。需要注意由于输入偏置电流对电容充电的影响，实测报警时间可能会超过理论预计的时间。当 u_C 从低电平充电到第二级比较器的门限参考电压时则可触发压电蜂鸣器报警。

（3）输出报警模块

当光敏电阻传感器感应到光时，第一个比较器输出高电平，电容开始充电；在满足预设充电电压达到第二级比较器门限参考电压时输出高电平，从而触发压电蜂鸣器报警（也可采用发光二极管实现发光报警）。输出报警电路如图 5-35 所示。

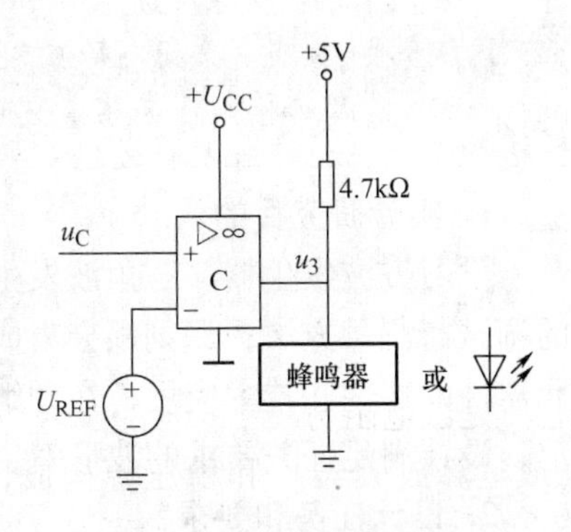

图 5-35　输出报警电路

5. 实验设备

双路可调直流稳压电源 1 台。

函数信号发生器 1 台。

数字万用表 1 只。

双踪示波器 1 台。

综合设计电路元件箱 1 个。

6. 实验准备及注意事项

1）采用运算放大器或集成比较器时，工作电源电压不得超过器件所规定的范围。

2）注意各元器件的使用方法和参数选择的合理性。

7. 设计报告要求

1）简述各电路模块功能和设计原理，推导 RC 计时器的理论计时公式，确定相应电路元件参数。

2）给出整体电路设计方案和整个系统电路图，记录 Multisim 软件仿真实验结果。

3）测试并记录有光和无光时各级比较器输出电压的高电平和低电平，分析测试仪表、仪器对输出电压理论值的影响。

4）调整计时器中电阻、电容的大小，观察并记录相应的定时时间、各电路

模块和整体电路的实测数据和调试结果，分析各测量值与理论值的误差原因。

5）对原始记录数据进行整理、计算、分析处理和评析，撰写实验心得体会。

5.6　波形发生器的设计与实现

预习与思考

1）在方波发生器中，要改变方波的频率可改变那些元件的值？方波的频率改变时，方波的幅度会不会改变？

2）在方波与三角波发生器中，若要保持三角波的幅度不变，又要改变三角波的频率，应改变电路中哪一个元件的值？

3）完成实验内容的仿真实验。

1. 实验研究目的

学习方波发生器、三角波发生器的设计方法；掌握方波与三角波发生器电路的调试与测量方法；深刻领会集成运算放大器、积分器、比较器、稳压二极管等元器件的特性和技术应用；在理解振荡电路工作原理、分析方法和应用技术基础上，设计满足任务要求的波形发生器，并实现电路的仿真实验和硬件线路实验。

2. 设计任务和要求

1）采用集成运算放大器组成方波、三角波发生器；利用 multisim 软件完成电路仿真。

2）采用实际相关元器件搭建实际电路，掌握方波、三角波发生器的调试与测量方法。

3）设计一个波形发生器可以同时产生方波和三角波。其中方波波形的占空比可以调节，三角波的波形可以调节，在维持三角波的幅值不变时可以改变三角波的频率。试推导出三角波（或方波）的频率公式f_0。

3. 实验原理

（1）方波发生器

基本方波发生器如图 5-36 所示。其中电阻 R_2 与 R_3 组成正反馈支路，电阻 R_1 与电容 C 组成的充放电回路是运算放大器的负反馈支路。为了防止放大器输出电流太大而过载，在放大器的输出端串联一个限流电阻 R_0。另外为了得到稳定的输出电压，可在方波发生器的输出端加上由

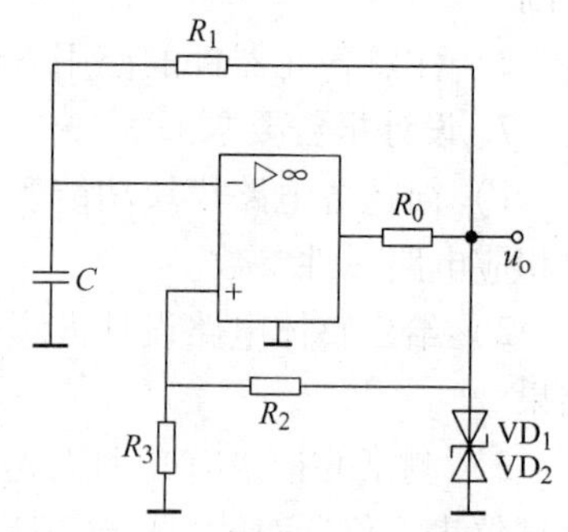

图 5-36　基本方波发生器

稳压管组成的限幅器，方波的幅度完全由稳压管 VD_1 和 VD_2 的稳压值决定。

输出电压 u_o 的极性由 u_+ 与 u_- 比较的结果来决定：若 $u_- > u_+$，则 u_o 为负；若 $u_- < u_+$，则 u_o 为正。在接通电源的瞬间，u_o 为负或为正纯属偶然，假设一接上电源时，输出电压为正值，$u_o = +U_{OM}$（饱和压降），则同相输入端的电压 u_+ 为

$$u_+ = \frac{R_3}{R_2 + R_3} u_o = +\frac{R_3}{R_2 + R_3} U_{OM} \tag{5-1}$$

接着输出电压 u_o 经过电阻 R_1 向电容 C 充电，u_C 按指数规律增长。当 $u_C = u_+$ 时，输出电压开始翻转，R_2、R_3 支路的正反馈作用使翻转过程在极短的时间内完成，输出电压 u_o 由 $+U_{OM}$ 跃变为 $-U_{OM}$，并通过正反馈使输出电压 u_o 保持为 $-U_{OM}$。此时 u_+ 变为

$$u_+ = -\frac{R_3}{R_2 + R_3} U_{OM} \tag{5-2}$$

同时，电容器 C 通过电阻 R_1 放电，u_C 下降。当 u_C 下降到等于 u_+ 时，输出电压再一次翻转，使 $u_o = +U_{OM}$。如此周而复始，则输出电压 u_o 为周期性的方波，如图 5-37 所示。

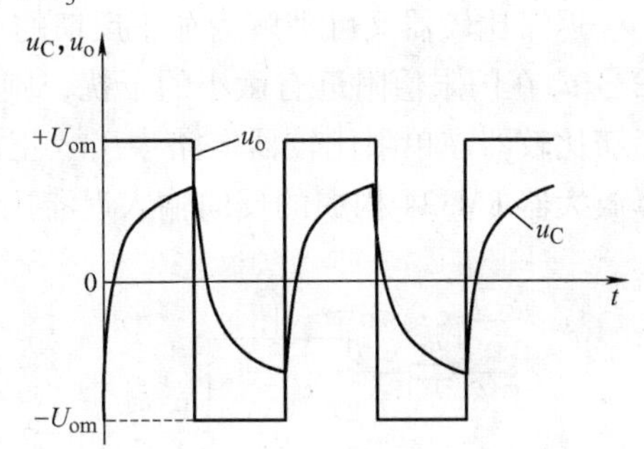

图 5-37　u_C 和 u_o 的波形器

方波的上升沿和下降沿与集成电路的转换速率有关，方波的幅值由运放的饱和压降 U_{OM} 决定，限制在 $\pm U_{OM}$ 之间。由于电容 C 的充放电都是经过 R_1 进行的，充放电的时间常数相等，因此可得到对称的方波，其周期为

$$T = 2R_1 C \ln\left(1 + \frac{2R_3}{R_2}\right) \tag{5-3}$$

方波的频率为

$$f = \frac{1}{T} = \frac{1}{2R_1 C \ln\left(1 + \frac{2R_3}{R_2}\right)} \tag{5-4}$$

由式（5-4）可知，改变 R_1、R_2 或 C 的值，就可以改变方波的频率。

（2）三角波发生器

由方波产生三角波的电路可以采用积分器电路，如图 5-38 所示，输出电压为

$$u_o = -\frac{1}{R_1 C} \int_0^t u_i \mathrm{d}t$$

式中，$\tau = R_1 C$ 为积分时间常数。

显然，若积分器输入为一对称方波，则输出电压为一对称三角波。由于电容 C 的容抗随着输入信号的频率减小而增加，使输出电压随着频率减小而增加。因此，工程实际中为了限制电路的低频电压增益，通常将反馈电容 C 与电阻并联（见图 5-38）。

（3）迟滞比较器

迟滞比较器是一个具有迟滞回环传输特性的比较器。在反相输入单门限电压比较器的基础上引入正反馈网络，就组成了具有双门限值的反相输入迟滞比较器。由于反馈的作用，这种比较器的门限电压是随输出电压的变化而变化的，它的灵敏度低一些，但抗干扰能力却大大提高。

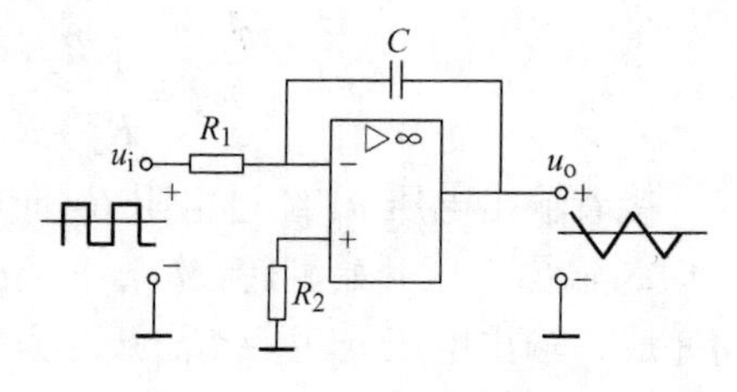

图 5-38　积分器电路

迟滞比较器又可理解为加正反馈的单限比较器。在单限比较器中，如果输入信号 u_i 在门限值附近有微小的干扰，则输出电压就会产生相应的抖动（起伏）。迟滞比较器在单限比较器电路中引入正反馈可以克服这一缺点。图 5-39 是由运算放大器 LM324 构成的反向输入迟滞比较器电路及其传输特性。

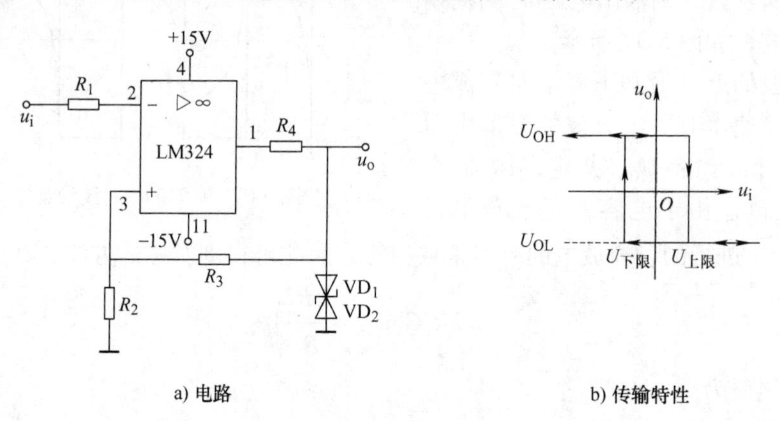

图 5-39　反向输入迟滞比较器电路及其传输特性

4. 设计方案提示

（1）方波发生器电路的实现

1）参考图 5-36 所示电路接线，将双踪示波器两基线的参考地电平调到同一基准电平上，采用示波器同时观察并定量绘出输出电压 u_o 和电容上的电压 u_C 的波形，用示波器测算出方波的周期和峰-峰值 $U_{op\text{-}p}$ 及 u_C 的峰-峰值 $U_{cp\text{-}p}$，将测量结果填入表 5-9 中，根据测出的周期 T，算出方波的频率。与仿真结果进行比较。

2）在图5-36所示电路接线基础上，将电阻 R_2 用滑线变阻器 R_P 代替，调节 R_P，观察输出电压 u_o 波形的变化，并记录当电压 u_o 波形的频率为1kHz时，用万用表测量出的 R_P 的值，总结输出波形的频率与 R_2 电阻的关系。

表5-9　方波发生器电路测试数据

测量值					理论值
	T/ms	f/Hz	U_{op-p}/V	U_{cp-p}/V	f_o/Hz
$R_2=22k\Omega$					

（2）三角波发生器的设计

参考图5-38和图5-39所示电路，设计出一个方波-三角波发生器。要求三角波的波形可以调节，画出电路图，对电路设计进行Multisim软件仿真，整体电路接线与调试实现，对输出结果进行数据处理及波形分析。

（3）方波与三角波发生器的设计

方波与三角波发生器可由迟滞比较器和积分器级联组成，如图5-40所示。

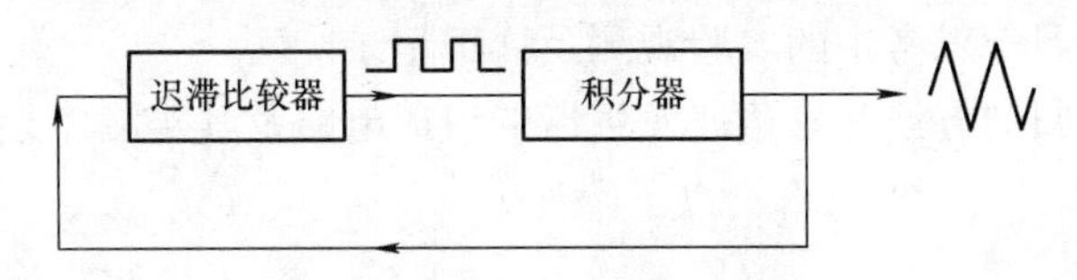

图5-40　方波与三角波发生器

当积分器的输入为方波时，输出是一个上升速率与下降速率相等的三角波，比较器与积分器首尾相连，形成闭环电路，能自动产生方波和三角波。

依据图5-40完成电路设计和仿真实验，用示波器同时观察并定量绘出比较器的输出电压 u_{o1} 和积分器的输出电压 u_{o2} 的波形，用示波器测出三角波（或方波）的周期 T，方波的峰-峰值 U_{op-p1} 和三角波的峰-峰值 U_{op-p2}。将测量结果填入表5-10中，根据测出的周期 T，算出三角波（或方波）的频率，并与理论值相比较。依据理论分析，实验观察并记录如何调节元件参数使方波波形的占空比可以调节，三角波的波形可以调节，以及在维持三角波的幅值不变时可以改变三角波的频率。

表5-10　三角波和方波发生器电路测试数据

测量值				理论值
T/ms	f/Hz	U_{op-p1}/V	U_{op-p2}/V	f_o/Hz

5. 实验设备

双路可调直流稳压电源 1 台。

双踪示波器 1 台。

函数信号发生器 1 台。

数字万用表 1 只。

综合设计电路元件箱 1 个。

6. 实验准备及注意事项

1）采用集成运算放大器时，注意选择器件附加电源电压与饱和电压之间的关系。

2）采用稳压管时，注意元器件的使用方法和元件参数选择的合理性。

7. 设计报告要求

1）自行完成方波与三角波发生器电路的调试与测量，绘出各实验所观察的波形。

2）将实验所测数据与理论计算结果填入表 5-9、表 5-10 中，并与理论值相比较，进行误差分析。

3）完成预习与思考中的实验观测及详细记录。

4）总结、归纳方波和三角波发生器的组成电路及其实测体会。

附录 A　主要测量仪器使用方法简介

A.1　UT803 型数字万用表

1. 外形结构

UT803 型万用表外形结构如图 A-1 所示。

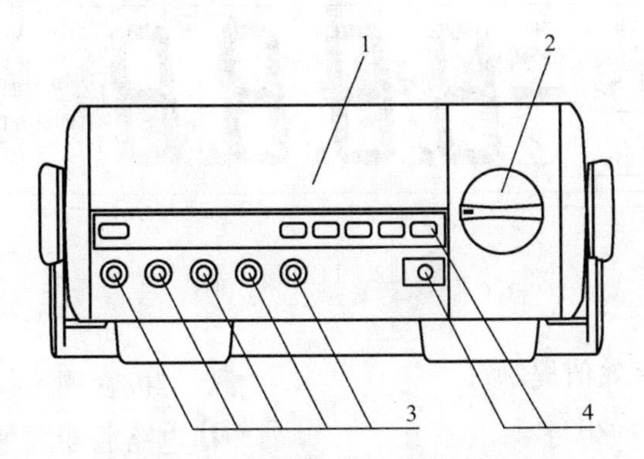

图 A-1　UT803 型万用表外形结构

1—LCD　2—功能量程选择旋钮　3—输入端口　4—按键组

2. 旋钮开关及按键功能

UT803 旋钮开关及按键功能见表 A-1。

表 A-1　旋钮开关及按键功能

开关位置	功能说明	开关位置	功能说明
V ≂	交直流电压测量	μA ≂	0.1 ~ 5999μA 交直流电流测量
		mA ≂	0.01 ~ 599.9mA 交直流电流测量
		A ≂	0.01 ~ 20.00A 交直流电流测量
Ω	电阻测量	POWER	电源按键开关
▶|	二极管 PN 结正向压降测量	LIGHT	背光控制轻触按键
•)))	电路通断测量	SELECT	选择交流或直流；电阻、二极管或电路通断；频率或华氏温度轻触按键
⊣⊢	电容测量	HOLD	数据保持轻触按键
Hz	频率测量	RANGE	量程选择轻触按键

（续）

开关位置	功能说明	开关位置	功能说明
℃	摄氏温度测量	RS232C	RS232 串行数据输出按键
°F	华氏温度测量	MAX MIN	最大或最小值选择按键
hFE	晶体管放大倍数 β 测量	AC AC + DC	交流或交流 + 直流选择按键开关

3. LCD 显示器

LCD 显示器如图 A-2 所示，图中各标识含义如下：

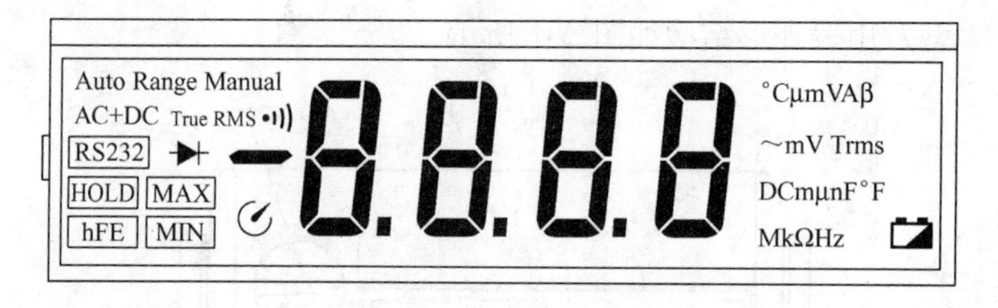

图 A-2 LCD 显示器

True RMS 真有效值提示符

HOLD 数据保持提示符

具备自动关机功能提示符

— 显示负的读数

AC 交流测量提示符

DC 直流测量提示符

AC + DC 交流 + 直流测量提示符

OL 超量程提示符

二极管测量提示符

电路通断测量提示符

Auto Manual 自动或手动量程提示符

MAX MIN 最大或最小值提示符

RS232 RS232 接口输出提示符

电池欠电压提示符

HFE 晶体管放大倍数测量提示符

4. 常用测量操作说明

（1）交直流电压测量

交直流电压测量如图 A-3 所示，其操作说明如下：

1）将红表笔插入“V”插孔，黑表笔插入“COM”插孔。

2）将功能旋钮开关置于“V ~”电压测量档，按 SELECT 键选择所需测量的交流或直流电压，并将表笔并联到待测电源或负载上。

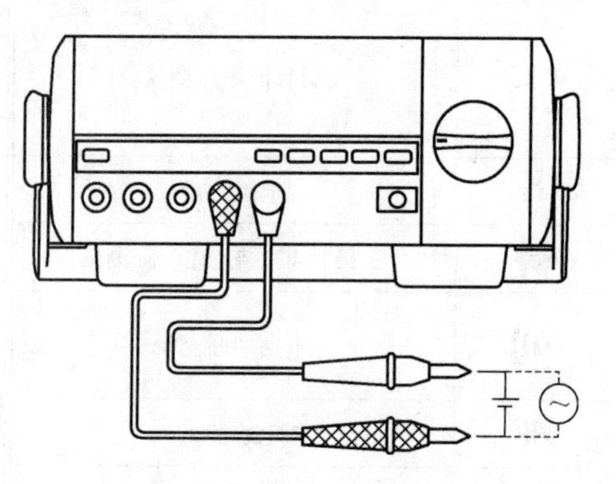

图 A-3 交直流电压测量

3）从LCD上直接读取被测电压值。交流测量显示值为真有效值。

4）由于表的输入阻抗均约为10MΩ（除600mV量程为大于3000MΩ外），仪表在测量高阻抗的电路时会引起测量上的误差。但是大部分情况下，电路阻抗在10kΩ以下，所以误差（0.1%或更低）可以忽略。

5）测量交流加直流电压的真有效值，必须按下AC/AC+DC选择按钮。

6）测得的被测电压值小于600.0mV，必须将红表笔改插入“mV”插孔，同时，利用“RANGE”按钮，使仪表处“手动”600.0mV档（LCD有“MANUAL”和“mV”显示）。

（2）交直流电流测量

交直流电流测量如图A-4所示，其操作说明如下：

1）将红表笔插入“μA”“mA”或“A”插孔，黑表笔插入“COM”插孔。

2）将功能旋钮开关置于电流测量档“μA”“mA”或“A”，按SELECT键选择所需测量的交流或直流电流，并将仪表表笔串联到待测回路中。

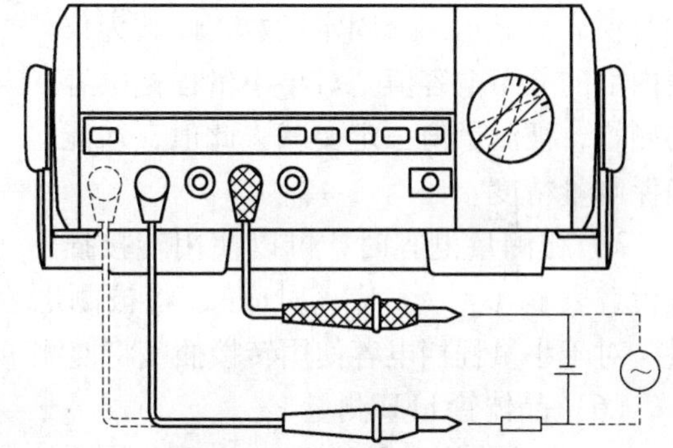

图A-4　交直流电流测量

3）从显示器上直接读取被测电流值，交流测量显示真有效值。

4）测量交流加直流电流的真有效值，必须按下AC/AC+DC选择按钮。

（3）电阻测量

电阻测量如图A-5所示，其操作说明如下：

1）将红表笔插入“Ω”插孔，黑表笔插入“COM”插孔。

2）将功能旋钮开关置于“Ω•)))▶|”测量档，按SELECT键选择电阻测量，并将表笔并联到被测电阻两端。

图A-5　电阻测量

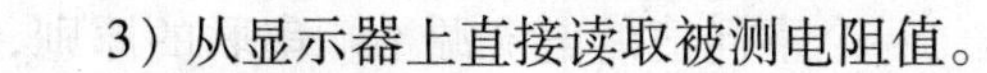

3）从显示器上直接读取被测电阻值。

（4）二极管测量

二极管测量如图A-6所示，其操作说明如下：

1）将红表笔插入“Ω”插孔，黑表笔插入“COM”插孔。红表笔极性为“+”，黑表笔极性为“-”。

2）将功能旋钮开关置于“Ω•)))▶|”测量档，按SELECT键，选择二极管测

量，红表笔接到被测二极管的正极，黑表笔接到二极管的负极。

3）从显示器上直接读取被测二极管的近似正向 PN 结结电压。对硅 PN 结而言，一般约为 500 ~ 800mV 确认为正常值。

（5）电容测量

1）将红表笔插入“HzΩmV”插孔，黑表笔插入“COM”插孔。

2）将功能旋钮开关置于“⊣⊢”档位，此时仪表会显示一个固定读数，此数为仪表内部的分布电容值。对于小量程档电容的测量，被测量值一定要减去此值，才能确保测量精度。

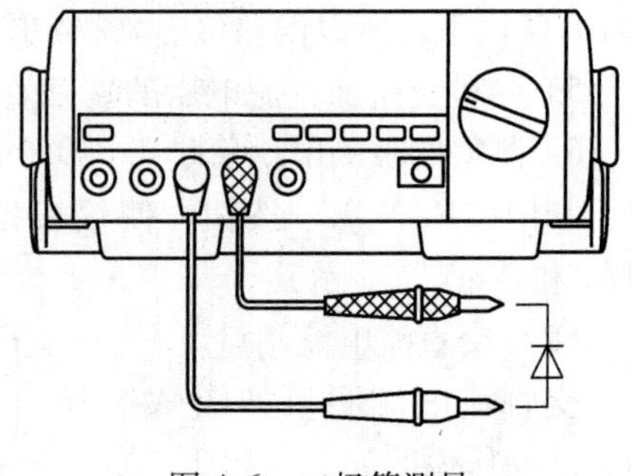

图 A-6　二极管测量

3）在测量电容时，可以使用转接插座代替表笔（+、-应该对应），将被测电容插入转接插座的对应孔位进行测量。对于小量程档电容使用转接插座将使测量结果更精确和稳定。

（6）晶体管 hFE 测量

1）将功能旋钮开关置于“hFE”档位。

2）将转接插座插入“μA mA”和“Hz”插孔。

3）将被测 NPN 型或 PNP 型晶体管插入转接插座对应孔位。

4）从显示器上直接读取被测晶体管 hFE 近似值。

A.2　GPS-3303C 型直流稳压电源

1. 主要性能指标简介

1）两路独立输出 0 ~ 30V 连续可调，最大电流为 3A；两路串联输出时，最大电压为 60V，最大电流为 3A；两路并联输出时，最大电压为 30V，最大电流为 6A。另一路为固定输出电压 5V、最大电流为 3A 的直流电源。

2）主回路变压器的二次侧无中间抽头，故输出直流电压为 0 ~ 30V 不分档。

3）独立（INDEP），串联（SERLES），并联（PARALLEL），是由一组按钮开关在不同的组合状态下完成的。

根据两个不同值的电压源不能并联，两个不同值的电流源不能串联的原则，在电路设计上将两路 0 ~ 30V 直流稳压电源在独立工作时电压（VOLTAGE），电流（CURRENT）独立可调，并由两个电压表和两个电流表分别指示，在用作串联或并联时，两个电源分为主路电源（MASTER）和从路电源（SLAVE）。

2. 面板介绍

GPS-3303 型直流稳压电源面板如图 A-7 所示，说明见表 A-2。

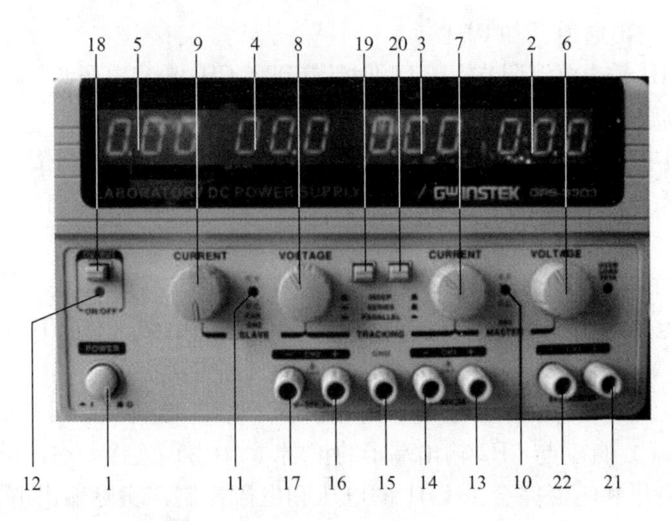

图 A-7 GPS-3303C 型直流稳压电源面板

表 A-2 GPS-3303C 型直流稳压电源面板说明

1	电源开关
2	CH1 输出电压显示 LED
3	CH1 输出电流显示 LED
4	CH2 输出电压显示 LED
5	CH2 输出电流显示 LED
6	CH1 输出电压调节旋钮，在双路并联或串联模式时，该旋钮也用于 CH2 最大输出电压的调整
7	CH1 输出电流调节旋钮，在并联模式时，该旋钮也用于 CH2 最大输出电流的调整
8	CH2 输出电压调节旋钮，用于独立模式的 CH2 输出电压的调整
9	CH2 输出电流调节旋钮，用于独立模式的 CH2 输出电流的调整
10、11	C. V. /C. C. 指示灯，输出在恒压源状态时，C. V. 灯（绿灯）亮；输出在恒流源状态时，C. C. 灯（红灯）亮
12	输出指示灯，输出开关 18 按下后，指示灯亮
13	CH1 正极输出端子
14	CH1 负极输出端子
15	GND 端子，大地和底座接地端子
16	CH2 正极输出端子
17	CH2 负极输出端子
18	输出开关，用于打开或关闭输出
19、20	TRACKING 模式组合按键，组合两个按键可将双路构成 INDEP（独立），SERIES（串联）或 PARALLEL（并联）的输出模式
21	CH3 正极输出端子
22	CH3 负极输出端子

3. 使用方法

（1）做独立电压源使用

1）打开电源开关 1。

2）保持 TRACKING 模式组合按键 19、20 都未按下。

3）选择输出通道，如 CH1。

4）将 CH1 输出电流调节旋钮 7 顺时针旋到底,CH1 输出电压调节旋钮 6 旋至零。

5）调节旋钮 6，输出电压值由显示 LED 读出。

6）关闭电源，红/黑色测试线分别插入输出端正/负极，连接负载。待电路连接完毕，检查无误，打开电源，按下输出开关 18，输出指示灯 12 亮，电压源对电路供电。

（2）做并联或串联电压源使用

在用作电压源串联或并联时，两种电源分为主路电源（MASTER）和从路电源（SLAVE），其中 CH1 为主路电源，CH2 为从路电源。

SERIES（串联）追踪模式：按下按键 19，按键 20 弹出，此时 CH1 输出端子负端（“－”）自动与 CH2 输出端子的正端（“＋”）连接。在该模式下，CH2 的最大输出电压和电流完全由 CH1 的电压和电流控制。实际输出电压值为 CH1 表头显示的两倍，实际输出的电流可从 CH1 和 CH2 的电流表表头读出。注意，在做电流调节时，CH2 电流控制旋钮需顺时针旋转到底。

在串联追踪模式下，如果只需单电源供电，可按图 A-8 接线。如果希望得到一组共地的正负直流电源，可按图 A-9 接线。

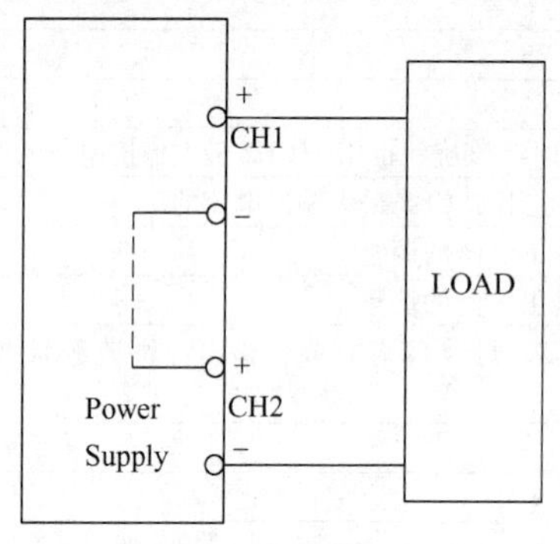

图 A-8 单电源供电接线图

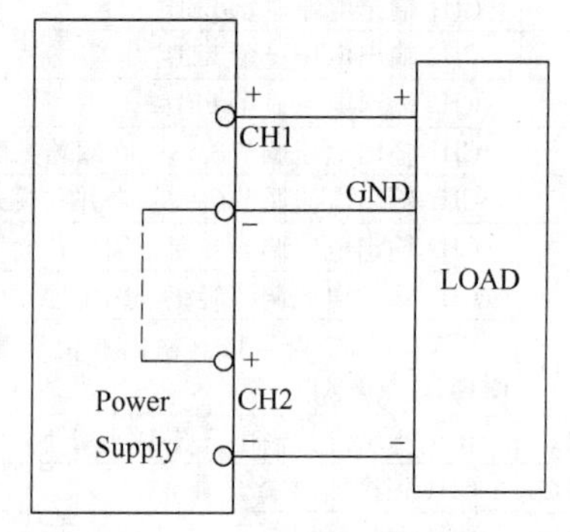

图 A-9 正负直流电源供电接线图

PARALLEL（并联）追踪模式：按下按键 19、20，此时 CH1 输出端和 CH2 输出端自动并联，输出电压和电流由 CH1 主路电源控制。实际输出电压值为 CH1 表头显示值，实际输出的电流为 CH1 电流表表头显示读数的两倍。

A. 3 GOS-6031 型示波器

1. GOS-6031 型示波器的主要功能

（1）两个频道，四条轨迹

（2）DC ~ 30MHz（GOS-6030/6031）

（3）1mV/DIV ~ 20V/DIV

（4）CRT 直读显示

（5）游标量测，六位数频率计数器，10 组记忆组可作面板设定值储存及呼叫功能

（6）ALT MAG 功能（x5，x10，x20）

（7）双同步功能

（8）TV 信号同步功能

（9）CH1 信号输出，Z 轴输入

（10）操作设限警告声及 LED 指示灯

2. 各旋钮的功能与作用

GOS-6031 型示波器的前面板示意图如图 A-10 所示。

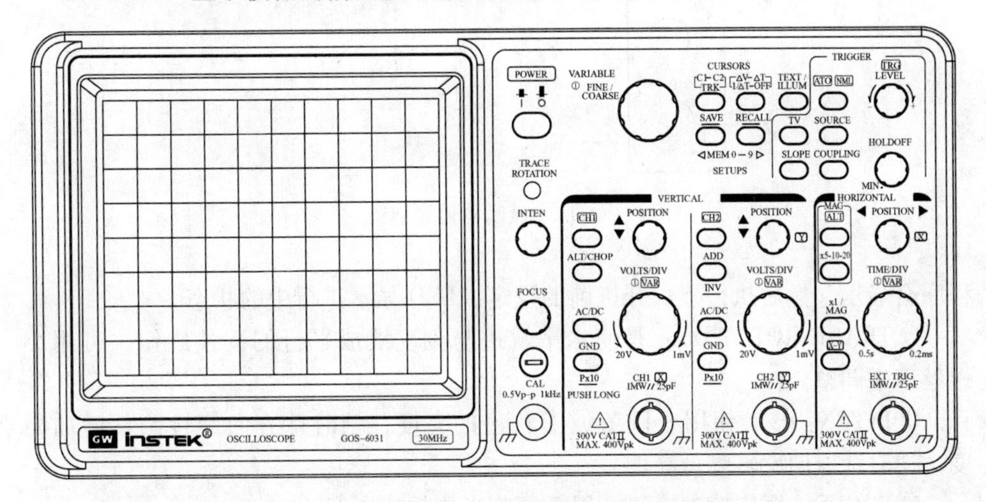

图 A-10　GOS-6031 型示波器的前面板示意图

打开电源后，所有的主要面板设定都会显示在屏幕上，LED 位于前面板用于辅助和指示附加资料的操作。对于不正确的操作或将控制钮转到底时，蜂鸣器都会发出警讯。所有的按钮以及 TIME/DIV 控制钮都是电子式选择，它们的功能和设定都可以被存储。

前面板可以分成四大部分：显示器控制，垂直控制，水平控制，触发控制。

（1）显示器控制

显示器控制钮调整屏幕上的波形，提供探棒补偿的信号源。显示器控制旋钮如图 A-11 所示。

①POWER：电源接通时，屏幕上 LED 全部会亮，一段时间后，一般的操作

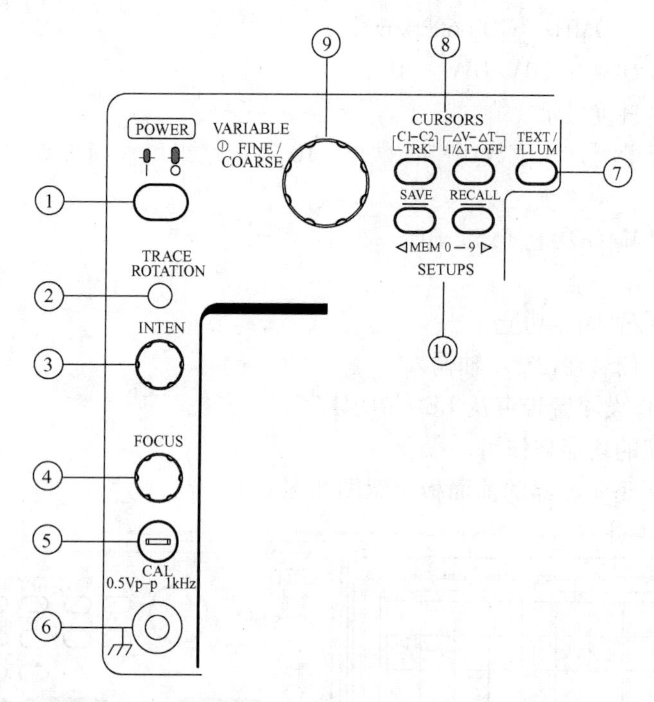

图 A-11　显示器控制旋钮

程序会显示，然后执行上次开机前的设定，LED 显示进行中的状态。

②TRACE ROTATION：是使水平轨迹与刻度线成平行的调整旋钮，可用小螺丝刀来调整。

③INTEN：该旋钮用于调节波形轨迹的亮度，顺时针方向旋转调整增加亮度，逆时针方向旋转降低亮度。

④FOCUS：聚焦控制旋钮，用于调节光迹的清晰度。

⑤CAL：此端子输出一个 0. 5V_{P-P}、1kHz 的参考信号，给探棒使用。

⑥Ground socket：香蕉插头接到安全的地线。此插头可作为直流的参考电位和低频信号的测量。

⑦TEXT/ILLUM：具有双重功能的控制按钮，用于选择 TEXT 读值亮度功能和刻度亮度功能。以“TEXT”或“ILLUM”显示。

⑧CURSORS MEASUREMENT FUNCTION：光标测量功能，有两个按钮和⑨VARIABLE 控制旋钮有关。

△V—△T—1/△T—OFF 按钮。当此按钮按下时，三个测量功能将以下面的次序选择：

△V：出现两个水平光标，根据 VOLTS/DIV 的设置，可计算两条光标之间

的电压。△V 显示在 CRT 上部。

△T：出现两个垂直光标，根据 TIME/DIV 设置，可计算出两条垂直光标之间的时间，△T 显示在 CRT 上部。

1/△T：出现两个垂直光标，根据 TIME/DIV 设置，可计算出两条垂直光标之间时间的倒数，1/△T 显示在 CRT 上部。

C1—C2—TRK 按钮。光标 1 和光标 2 的轨迹可由此按钮选择，以下面次序选择光标：

C1：使光标 1 在 CRT 上移动（▼或▶符号被显示）；

C2：使光标 2 在 CRT 上移动（▼或▶符号被显示）；

TRK：同时移动光标 1 和 2，保持两个光标的间隔不变（两个符号都被显示）。

⑨VARIABLE：通过旋转或按 VARIABLE 旋钮，可以设定光标位置和 TEXT/ILLUM 功能。在光标模式中，按 VARIABLE 可以在 FINE（细调）和 COARSE（粗调）之间选择光标位置，如果旋转 VARIABLE，选择 FINE 调节则光标移动慢；选择 COARSE 则光标移动快。

在 TEXT/ILLUM 模式，这个控制钮用于选择 TEXT 亮度和刻度亮度，请参考 TEXT/ILLUM 部分。

⑩◀MEM 0-9▶--SAVE/RECALL：此仪器包含 10 组稳定的记忆器，可用于储存和呼叫所有电子式选择钮的设定状态。按◀或▶钮选择记忆位置，此时“M”字母后 0～9 之间的数字显示存储位置。每按一下▶，储存位置的号码会增加，直到数字 9。按◀则会减小到 0 为止。按住 SAVE 约 3 秒钟将状态存储到记忆器，并显示“SAVE”信息。屏幕上有 ↲ 显示。

呼叫先前的设定状态。如上述方式选择呼叫记忆器，按住 RECALL 按钮 3 秒钟，即可呼叫先前设定状态，并显示“RECALL”的信息。屏幕上有 ⌐ 显示。

（2）垂直控制

垂直控制按钮选择输出信号及控制幅值，如图 A-12 所示。

⑪CH1 按钮、⑫CH2 按钮：快速按下 CH1（CH2）按钮，通道 1（通道 2）处于导通状态，偏转系数将以读值方式显示。

⑬CH1 POSITION 控制钮、⑭CH2 POSITION 控制钮：通道 1 和 2 的垂直波形定位可用这两个旋钮来设置。X-Y 模式中，CH2 POSITION 可用来调节 Y 轴信号偏转灵敏度。

⑮ALT/CHOP：这个按钮有多种功能，只有两个通道都开启后，才有作用。

ALT：在读出装置交替显示通道的扫描方式。在仪器内部每一时基扫描后，切换至 CH1 或 CH2，反之亦然。

CHOP：切割模式的显示。每一扫描期间，不断在 CH1 和 CH2 之间作切割

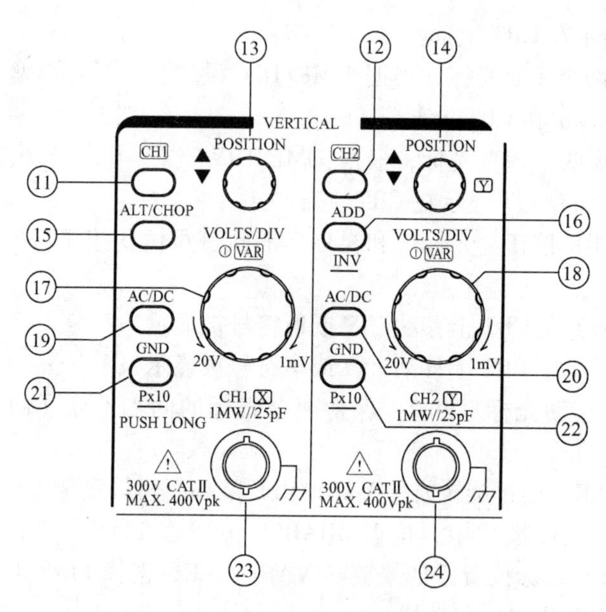

图 A-12　垂直控制按钮

扫描。

⑯ADD-INV：具有双重功能的按钮。

ADD：读出装置显示“+”号表示相加模式。输入信号相加或是相减的显示由相位关系和INV的设定决定，两个信号将成为一个信号显示。为使测试正确，两个通道的偏向系数必须相等。

INV：按住此钮一段时间，设定CH2反向功能的开/关，反向状态将会于读出装置上显示“↓”号。反向功能会使CH2信号反向180°显示。

⑰CH1 VOLTS/DIV、⑱CH2 VOLTS/DIV：顺时针方向调整旋钮，以1—2—5的顺序增加灵敏度，逆时针则减小。档位从1mV/DIV到20V/DIV。如果关闭通道，此控制钮自动不起作用。使用中通道的偏向系数和附加资料都显示在读出装置上。

VAR：按住此钮一段时间后选择VOLTS/DIV作为衰减器或作为调整。开启VAR后，以“>”符号显示，反时针旋转此钮以降低信号的高度，且偏向系数成为非校正条件。

⑲CH1，AC/DC、⑳CH2，AC/DC：按下此钮，切换交流（~）或直流（=）的输入耦合。此设定及偏向系数显示在读出装置上。

㉑CH1 GND—Px10、㉒CH2 GND—Px10：双重功能按钮：

GND：按一下此钮，使垂直放大器的输入端接地，接地符号“⏚”显示在读出装置上。

Px10：按下此钮一段时间，取 1：1 和 10：1 之间的读出装置的通道偏向系数，10：1 的电压探棒以符号表示在通道前（如："P10"，CH1），在进行光标电压测量时，会自动包括探棒的电压因素，如果不使用 10:1 衰减探棒，则符号不起作用。

㉓CH1-X：输入 BNC 插座。此插座是作为 CH1 信号的输入，在 X-Y 模式时信号为 X 轴的偏移，为安全起见，此端子外部接地端直接连到仪器接地点，而此接地端也是连接到电源插座。

㉔CH2-Y：输入 BNC 插座。此插座是作为 CH2 信号的输入，在 X-Y 模式时信号为 Y 轴的偏移，为安全起见，此端子接地端也连到电源插座。

（3）水平控制

水平控制可选择时基操作模式和调节水平刻度，位置和信号的扩展。水平控制旋钮如图 A-13 所示。

㉕H POSITION：此控制钮可将信号以水平方向移动，与 MAG 功能合并使用，可移动屏幕上任何信号。在 X-Y 模式中，控制钮调整 X 轴偏转灵敏度。

㉖ TIME/DIV-VAR：控制旋钮。以 1—2—5 的顺序递减时间偏向系数，反方向旋转则递增其时间偏向系数。时间偏向系数会显示在读出装置上。

在主时基模式时，如果 MAG 不动作，可在 0.5s/div 和 0.2μs/div 之间选择以 1—2—5 顺序的时间常数偏向系数。

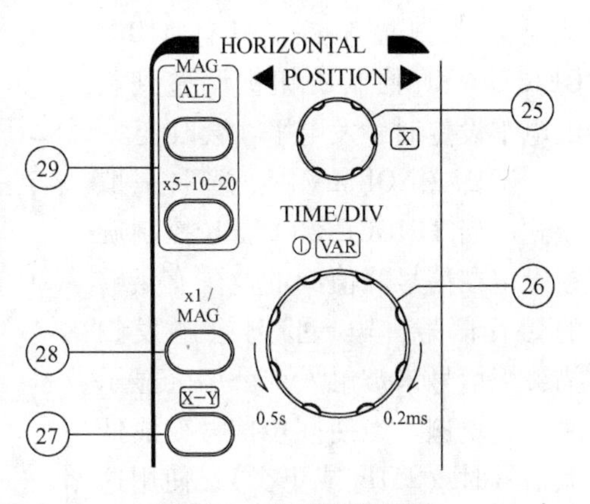

图 A-13　水平控制旋钮

VAR：按住此钮一段时间选择 TIME/DIV 控制钮为时基或可调功能，打开 VAR 后，时间的偏向系数是校正的，直到进一步调整，反时针方向旋转 TIME/DIV 以增加时间偏转系数（降低速度），偏向系数为非校正的，目前的设定以">"符号显示在读出装置中。

㉗X-Y：按住此钮一段时间，仪器可作为 X-Y 示波器使用。X-Y 符号将取代时间偏向系数显示在读出装置上。在这个模式中，在 CH1 输入端加入 X（水平）信号，CH2 输入端加入 Y（垂直）信号。Y 轴偏向系数范围为 1mV ~ 20V/DIV，带宽为 500kHz。

㉘ ×1/MAG：按下此钮，将在 ×1（标准）和 MAG（放大）之间选择扫描时间，信号波形将会扩展（如果用 MAG 功能），因此只看见一部分信号波形，调整 H POSITION 可以看到信号中要看到的部分。

㉙MAG FUNCTION（放大功能）

x5-10-20MAG：当处于放大模式时，波形向左右方向扩展，显示在屏幕中心。有三个档次的放大率 x5、x10、x20，按 MAG 钮可分别选择。

ALT MAG：按下此钮，可以同时显示原始波形和放大波形。放大扫描波形在原始波形下面 3DIV（格）距离处。

（4）触发控制

触发控制决定两个信号及双轨迹的扫描起点。触发控制旋钮如图 A-14 所示。

㉚ATO/NML：按钮及指示 LED。此按钮用于选择自动或一般触发模式，LED 会显示实际的设定。每按一次控制钮，触发模式依下面次序改变：ATO→NML→ATO。

ATO（AUTO，自动）：选择自动模式，如果没有触发信号，时基线会自动扫描轨迹，只有 TRIGGER LEVEL 控制旋钮被调整到新的电平设定时触发电平才会改变。

NML（NORMAL）：选取一般模式，当 TRIGGER LEVEL 控制旋钮设定在信号峰值间的范围有足够的触发信号，输入信号会触发扫描，当信号未被触发，就不会显示时基线轨迹。当使同步信号变成低频信号时（25Hz 或更少），使用这一模式。

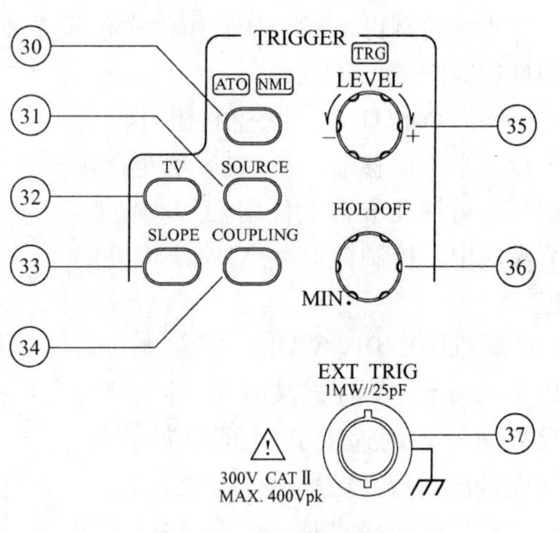

图 A-14 触发控制旋钮

㉛SOURCE：此按钮选择触发信号源，实际的设定由直读显示（SOURCE，SLOPE，COUPLING）。当按钮按下时，触发源以下列顺序改变：VERT→CH1→CH2→LINE→EXT→VERT。

VERT（垂直模式）：为了观察两个波形，同步信号将随着 CH1 和 CH2 上的信号轮流改变。

CH1：触发信号源，来自 CH1 的输入端

CH2：触发信号源，来自 CH2 的输入端

LINE：触发信号源，从交流电源取样波形获得。对显示与交流电源频率相关的波形极有帮助。

EXT：触发信号源从外部连接器输入，作为外部触发源信号。

㉜TV：选择视频同步信号的按钮。从混合波形中分离出视频同步信号，直接连接到触发电路，由 TV 按钮选择水平或混合信号，当前设定以（SOURSE，

VIDEO，POLARITY，TV-V或者TV-H）显示。当按钮按下时视频同步信号以下列次序改变。TV-T→TV-H→OFF→TV-V。

TV-V：主轨迹始于视频图线的开端，SLOPE的极性必须配合复合视频信号的极性（⊔为负极性）以便触发TV信号场的垂直同步脉冲。

TV-H：主轨迹始于视频图线的开端。SLOPE的极性必须配合复合视频信号的极性，以便触发在电视图场的水平同步脉冲。

㉝SLOPE：触发斜率选择按钮。按一下此按钮选择信号的触发斜率以产生时基。每按一下此钮，斜率方向会从下降沿移动到上升沿；反之亦然。

此设定在“SOURCE，SLOPE，COUPLING”状态下显示在读出装置上。如果在TV触发模式中，只有同步信号是负极性，才可同步。⊔符号显示在读出装置上。

㉞COUPLING：按下此钮选择触发耦合，实际的设定由读出显示（SOURCE，SLOPE，COUPLING）。每次按下此钮，触发耦合以下列次序改变：AC→HFR→LFR→AC。

AC：将触发信号衰减到频率在20Hz以下，阻断信号中的直流部分，交流耦合对有大的直流偏移的交流波形的触发很有帮助。

HFR（High Frequency Reject）：将触发信号中50kHz以上的高频部分衰减，HFR耦合提供低频成分复合波形的稳定显示，并对除去触发信号中干扰有帮助。

LFR（Low Frequency Reject）：将触发信号中30kHz以下的低频部分衰减，并阻断直流成分信号。LFR耦合提供高频成分复合波形的稳定显示，并对除去低频干扰或电源杂音干扰有帮助。

㉟TRIGGER LEVEL：带有TRG—LED的控制钮。旋转控制钮可以输入一个不同的触发信号（电压），设定在适合的触发位置，开始波形触发扫描。触发电平的大约值会显示在读出装置上。顺时针调整控制钮，触发点向触发信号正峰值移动，逆时针则向负峰值移动，当设定值超过观测波形的变化部分，稳定的扫描将停止。

TRG LED：如果触发条件符合时，TRG LED亮，触发信号的频率决定LED是亮还是闪烁。

㊱HOLD OFF：控制钮。当信号波形复杂，使用㉟TRIGGER LEVEL不可获得稳定的触发，旋转此钮可以调节HOLD OFF时间（禁止触发周期超过扫描周期）。当此钮顺时针旋转到头时，HOLD OFF周期最小，逆时针旋转时，HOLD OFF周期增加。

㊲TRIG EXT：外部触发信号的输入端BNC插头。

按㉛SOURCE按钮，一直到“EXT，SLOPE，COUPLING”出现在读出装置中。外部连接端被连接到仪器地端，因此和安全地线相连。

A. 4　SG1651A 型信号发生器

1. 概述

SG1651A 型信号发生器具有高度稳定性、多功能等特点，能直接产生正弦波、三角波、方波、斜波、脉冲波，波形对称可调并具有反向输出，直流电平可连续调节；TTL 可与主信号做同步输出；具有 VCF 输入控制功能；频率计可做内部频率显示，也可外测 1Hz～10. 0MHz 的信号频率；电压用 LED 显示。

2. 使用说明

SG1651A 型信号发生器面板如图 A-15 所示，其按钮及显示说明见表 A-3。

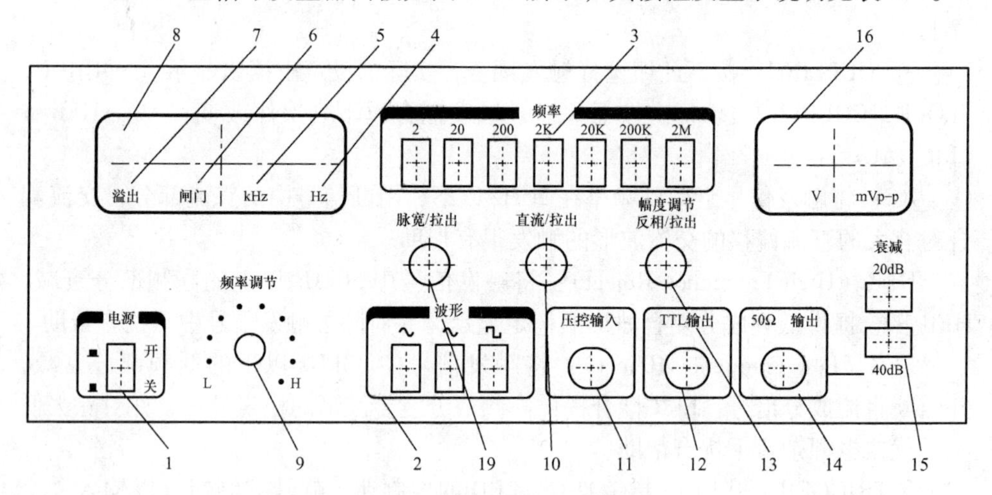

图 A-15　SG1651A 型信号发生器面板

表 A-3　按钮及显示说明

序号	面板标志	名　　称	作　　用
1	电源	电源开关	按下开关，电源接通，电源指示灯亮
2	波形	波形选择	（1）输出波形选择 （2）与 13、19 配合使用可得到正负相锯齿波和脉冲波
3	频率	频率选择开关	频率选择开关与 9 配合选择工作频率 外测频率时选择闸门时间
4	Hz	频率单位	指示频率单位，灯亮有效
5	kHz	频率单位	指示频率单位，灯亮有效
6	闸门	闸门显示	此灯闪烁，说明频率计正在工作
7	溢出	频率溢出显示	当频率超过五个 LED 所显示范围时灯亮
8		频率 LED	所有内部产生频率或外测时的频率均由此五个 LED 显示
9	频率调节	频率调节	与 3 配合选择工作频率

（续）

序号	面板标志	名　称	作　用
10	直流/拉出	直流偏置 调节输出	拉出此旋钮可设定任何波形的直流工作点，顺时针方向为正，逆时针方向为负
11	压控输入	压控信号输入	外接电压控制频率输入端
12	TTL 输出	TTL 输出	输出波形为 TTL 脉冲，可做同步信号
13	幅度调节 反向/拉出	斜波倒置开关 幅度调节旋钮	（1）与19配合使用，拉出时波形反向 （2）调节输出幅度大小
14	50Ω 输出	信号输出	主信号波形由此输出，阻抗为50Ω
15	衰减	输出衰减	按下按键可产生 -20dB/-40dB 衰减
16	V mV_{P-P}	电压 LED	
17	外测 -20dB	外接输入衰减 -20dB	（1）频率计内测和外测频率（按下）信号选择 （2）外测频率信号衰减选择，按下是信号衰减20dB
18	外测输入	计数器外信号输入端	外测频率时，信号由此输出
19	50Hz 输出	50Hz 固定信号输出	50Hz 固定频率正弦波由此输出
20	AC 220V	电源插座	50Hz　220V 交流电源由此输出
21	FUSE：0.5A	电源熔丝盒	安装电源熔丝
22	标准输出 10MHz	标频输出	10MHz 标频信号由此输出

A.5　AS2295A 型交流毫伏表

1. 概述

AS2295A 型双输入交流毫伏表用于交流电压有效值的测量，数值显示采用指针式电表；档级采用数码开关调节，发光管显示，手感轻盈；可十分清晰、方便地进入交流电压的测量操作；并且有两个输入端，可通过轻触按钮方便地进行通道切换。

该电压表具有测量电压的频率范围宽、测量电压灵敏度高、本机噪声低（典型值为7μV）、测量误差小（整机工作误差≤3%典型值）的优点，并具有相当好的线性度。

为了防止开关机打表，损坏指针，本仪器内部装有开关机保护电路。在开机和通道切换时，档级将自动切换到300V档。

AS2295A 型双输入交流电压表采用卧式结构，外形美观、操作方便、开关手感好、内部电路先进、结构合理、测量精度高、可靠性好，可广泛应用于收音机、CD机、电视机等生产厂家的生产线上以及修理部门、设计部门、科研单位与学校实验室等。

2. 工作特性

（1）测量电压范围：30μV～300V，分13档级。

（2）测量电压频率范围：5Hz～2MHz。

（3）测量电平范围：－90dBV～＋50dBV；－90dBm～＋52dBm。

3. 使用方法

（1）开机之前准备工作及注意事项

1）测量仪器以水平放置为宜（即表面垂直放置）。

2）仪器在接通电源前，先观察表针机械零点是否为“零”，如果未在零位上，应左右拨动表下方的小孔，进行调零。

3）开机或通道切换后，量程自动置于最高档。

4）测量30V以上的电压时，需注意安全。

5）所测交流电压中的直流分量不得大于100V。

6）接通电源及输入量程转换时，由于电容的放电过程，指针有所晃动，需待指针稳定后读取数值。

（2）面板各开关、插座说明

AS2295A型毫伏表面板如图A-16所示。

①电源开关。

②输入插座CH2。

③通道切换按钮。

④输入插座CH1。

⑤输入量程旋钮。

⑥信号输出插座（在后面板）。

⑦拨动开关（浮置/接地，在后面板）。

⑧220V电源输入插座（在后面板）。

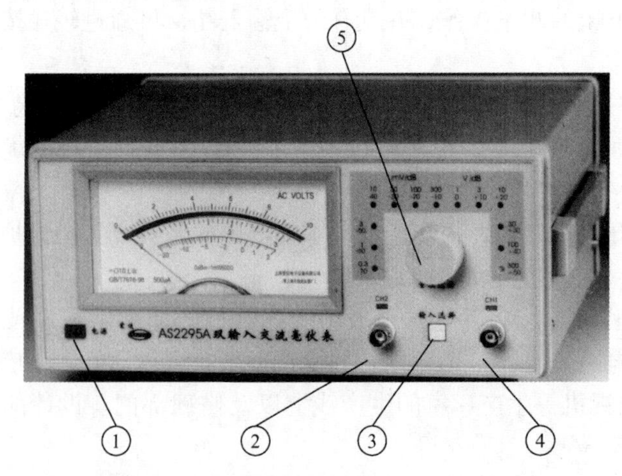

图A-16　AS2295A型毫伏表面板

附录 B Multisim 电路仿真软件简介

Multisim 系列电路仿真软件最初由加拿大 IIT（Interactive Image Technology）公司推出，从 Multisim2001 开始到后来的 Multism7 和 Multisim8 为止。美国国家仪器（NI）公司并购 IIT 公司后由 NI 公司推出新的版本。

Multisim 用软件的方法虚拟元器件、仪器和仪表，它带有丰富的电路元件库，能提供多种电路分析方法。利用它提供的虚拟仪器，可以用比实验室中更灵活的方式进行电路实验，仿真电路的实际运行情况，熟悉常用电子仪器的测量方法。该软件的特点是采用直观的图形界面，在计算机屏幕上模仿真实验室的工作台，用屏幕抓取方式选用元器件，创建电路，连接测量仪器。软件仪器的控制面板外形和操作方式都与实物模型相似，可以实时显示测量结果，并可以交互控制电路运行与测量过程。

本附录以 Multisim 10 教育版为蓝本，介绍 Multisim 仿真软件在电路分析和仿真中的应用。

B.1 Multisim 10 简介

NI Multisim 10 是美国国家仪器公司（National Instruments，NI）推出的 Multisim 版本。Multisim 10 包含有电路仿真设计模块 Multisim、PCB 设计软件 Ultiboard、布线引擎 Ultiroute 及通信电路分析与设计模块 Commsim 四个部分，能完成从电路的仿真设计到电路版图生成的全过程。Multisim、Ultiboard、Ultiroute 及 Commsim 四个部分相互独立，可以分别使用。Multisim 具有以下突出的特点：

1. 建立电路原理图方便快捷

Multisim 为用户提供有数量众多的现实元器件和虚拟元器件，分门别类地存放在 28 个器件库中。绘制电路图时只需打开器件库，再用鼠标左键选中要用的元器件，并把它拖放到工作区。当光标移动到元器件的引脚时，软件会自动产生一个带十字的黑点，进入到连线状态，单击鼠标左键确认后，移动鼠标即可实现连线，搭接电路原理图既方便又快捷。

2. 用虚拟仪器测试电路性能参数及波形准确直观

用户可在电路图中接入虚拟仪器，方便地测试电路的性能参数及波形，Multisim 软件提供的虚拟仪器有数字万用表、函数信号发生器、示波器、扫描仪、数字信号发生器、逻辑分析仪、逻辑转换仪、功率表、失真分析仪、频谱分析仪和网络分析仪等，这些仪器不仅外形和使用方法与实际仪器相同，而且测试的数值和波形更为精确可靠。

3. 多种类型的仿真分析

Multisim 可以进行直流工作点分析、交流分析、瞬态分析、傅里叶分析、噪声分析、失真分析、直流扫描分析、温度扫描分析、参数扫描分析、灵敏度分析、传输函数分析、极点-零点分析、最坏情况分析、蒙特卡罗分析、批处理分析、噪声图形分析及 RF 分析，分析结果以数值或波形直观地显示出来，为用户设计分析电路提供了极大的方便。

4. 提供了与其他软件信息交换的接口

Multisim 可以打开由 PSpice 等其他电路仿真软件所建立的 Spice 网络表文件，并自动形成相应的电路原理图。也可将 Multisim 建立的电路原理图转换为网络表文件，提供给 Ultiboard 模块或其他 EDA 软件（如 Protel、Orcad 等）进行印制电路板的自动布局和自动布线。

Multisim 10 在高校学生中作为电路、电子技术等电子信息课程学习的辅助工具被广泛使用，有效地提高了学习效率，加深了对电路、电子技术课程内容的理解。在个人计算机上安装了 Multisim 10 电路仿真软件，就好像将电子实验室搬回了家和宿舍，使学生完全可以在家或宿舍的个人电脑上进行电路与电子技术实验。

B. 2　Multisim 10 基本界面

1. Multisim 10 的主窗口

启动 Multisim 10，可以看到如图 B-1 所示的 Multisim 10 的主窗口。

主窗口的最上部是标题栏，显示当前运行的软件名称。接着是菜单栏，再向下一行是系统工具栏、视图工具栏、设计工具栏、使用元件列表窗口和仿真开关。主窗口中部最大的区域是电路工作区，用于建立电路和进行电路仿真分析。窗口的左侧是元器件库工具栏，右侧为仪器库工具栏。主窗口最下方是状态栏，显示当前的状态信息。左上仿真运行与停止按钮相当于电源开关。按以下步骤进行仿真设计：

1）从左侧元器件库选择所需元器件，并放置到工作区。

2）对工作区摆放的元器件调整其布局，使之美观、整齐。

3）连接导线。

4）在需进行测试测量的地方（节点）放置测量仪器，如万用表、示波器等。

5）设置仿真参数。

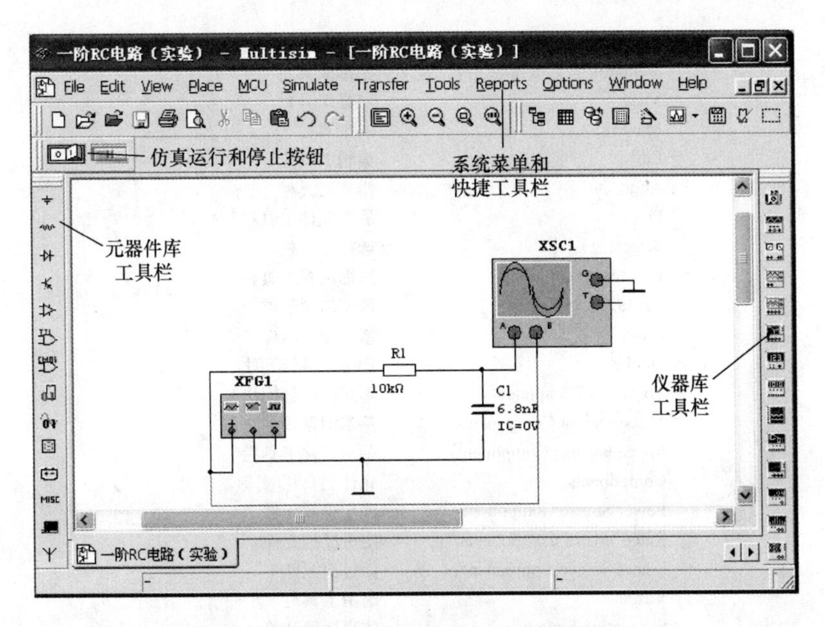

图 B-1　Multisim 10 的主窗口

6）运行仿真，观察波形和仿真数据。

若仿真结果不合要求，分析原因，再修改元器件参数和仿真参数，并观察分析仿真结果。

2. Multisim 10 的菜单栏

Multisim 10 提供了丰富的工具栏，鼠标在图 B-1 的任意工具栏位置单击右键就可以弹出如图 B-2 所示的工具栏定制菜单，利用该菜单就可以实现对各个工具栏的定制。

Multisim 10 的主菜单栏实现了对文件的各种基本操作和常规的 Windows 编辑功能。共有 12 项主菜单命令，如图 B-3 所示。当单击主菜单命令时，会弹出下拉菜单命令。本节简要给出了部分常用菜单的说明。

（1）Simulate（仿真）

用来提供电路仿真设置与操作命令，下拉菜单中的命令及功能如下：

Run　运行仿真

Pause　暂停仿真

Instruments　选择仿真仪表

Interactive Simulation Settings…　交互仿真设置

Digital Simulation Settings…　数字仿真设置

Analyses　选择仿真分析

Standard	标准工具栏
View	观察工具栏
Main	主工具栏
Edit	编辑工具栏
Align	排列工具栏
Place	放置元件工具栏
Select	选择工具栏
Graphic Annotation	图形注释工具栏
Analog Components	理想模拟器件
Basic	基本虚拟器件
Diodes	理想二极管元件
Transistor Components	理想晶体管模块
Measurement Components	基本测量器件
Miscellaneous Components	杂项器件工具栏
Components	元件工具栏(实际器件栏)
Power Sourse Components	理想电源元件
Rated Virtual Components	定值虚拟元件
Signal Source Components	信号源元件
Virtual	虚拟工具栏
Simulation Switch	仿真运行开关
Sinmlation	仿真工具栏
Istruments	仪器工具栏
Description Edit Bar	描述编辑栏
MCU	MCU模块
Ruler Bars	标尺
Statusbar	状态栏
Dcsign Toolbox	设计工具窗
Spreadsheet View	数据表格窗
Customize···	定制软件界面

图 B-2　工具栏定制菜单

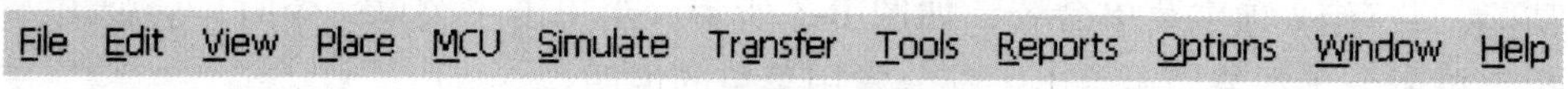

File　Edit　View　Place　MCU　Simulate　Transfer　Tools　Reports　Options　Window　Help

图 B-3　Multisim 10 的主菜单命令

Postprocess···　打开后处理器对话框

Simulation Error Log/Audit Trail　设置是否显示仿真的错误记录/检查仿真踪迹

XSpice Command Line Interface　设置是否显示 Xspice 命令行界面

Load Simulation Settings···　调用仿真设置

Save Simulation Settings···　保存仿真设置

Auto Fault Option···　自动设置电路故障

VHDL Simulation　运行 VHDL 语言仿真

Dynamic Probe Properties　动态探针属性

Reverse Probe Direction　颠倒探针方向

Clear Instrument Data　清空仪器数据

Use Tolerances 使用元器件容差

(2) Transfer（文件输出）

用来提供将仿真结果传递给其他软件处理的命令，Transfer 菜单中的命令及功能如下：

Transfer to Ultiboard 10　传送给 Ultiboard 10

Transfer to Ultiboard 9 or earlier 传送给 Ultiboard 9 或更早版本

Export to PCB Layout　输出给其他 PCB 设计软件

Forward Annotate to Ultiboard 10 传送给 Ultiboard10 注释

Forward Annotate to Ultiboard 9 or earlier 传送给 Ultiboard9 或更早版本

Backannotate from Ultiboard　创建 Ultiboard 10 注释文件

Export Netlist　输出网络表

(3) Tools（工具）

主要用于编辑或管理元器件和元器件库，菜单中的命令及功能如下：

Component Wizard　元器件向导

Database　数据库

Variant Manager　变量管理

Set Active Variant　设置活动变量

Circuit Wizards　电路向导

Rename/Renumber Components　重命名、重编号元器件

Replace Components　替换元器件

Update Circuit Components　更新电路元器件

Update HB/SC Symbols　更新 HB/SC 符号

Electrical Rules Check　电气规则检查

Clear ERC Markers　清除 ERC 标记

Toggle NC Marker　切换未连接标记

Symbol Editor…　符号编辑器

Description Box Editor…　编辑器描述

Capture Screen Area　捕捉屏幕范围

Show Breadboard　显示试验电路板

(4) Options（选项）

用于定制电路的界面和电路某些功能的设定。其中，执行 Global Preferences

命令弹出总体参数设置窗口，在该窗口的 Part 标签页中可以将符号标准设置为 DIN（德国工业标准），电阻元件的符号就可以显示为小方块。

Options 菜单中的命令及功能如下：

Global Preferences…　总体参数设置

Sheet Properties…　电路图页面属性设置

Global Restriction…　全局限制设置

Circuit Restrictions…　电路限制设置

Customize User Interface　定制用户界面

3. Multisim 的元器件工具栏

Multisim 的元器件工具栏按元器件模型分门别类地放到 28 个元器件库中，每个元器件库放置同一类型的元器件。由这 28 个元器件库按钮（以元器件符号区分）组成的元器件工具栏通常放置在工作窗口的左边，也可将该工具栏任意移动，如为编写方便，可将工具栏横向放置。Multisim 的器件库分虚拟元器件和实际元器件。所谓虚拟元器件，即理想元器件。通常虚拟元器件放置到电路工作区后，都要设置参数。而实际元器件则没有这个必要，一般不需要设置参数。

图 B-4 所示为虚拟元器件工具栏，从左到右依次为三维虚拟器件、模拟器件、基本电路元件（如电阻、电容、电感、变压器等）、二极管器件、晶体管器件、测量器件、杂项元器件（如晶振、七段字符显示器等）、电源元件、定值元件、信号源元件。

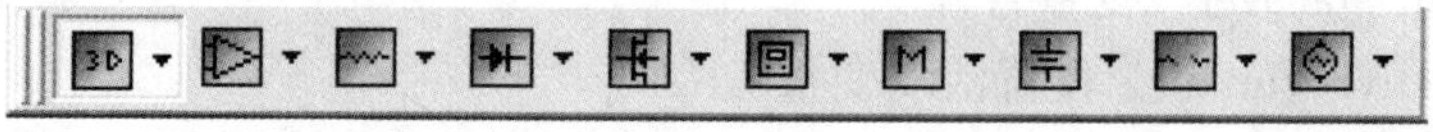

图 B-4　虚拟元器件工具栏

图 B-5　实际元器件工具栏

图 B-5 所示为实际元器件工具栏，但其中电源和信号源也是虚拟的，可修改其模型参数，而其他元器件则不能修改其模型参数。从左到右依次是：

Source　电源包括了各种电源和信号源

Basic　基本元件库包括各种阻值的电阻、电容、电感、开关、变压器等

Diodes　二极管包括常用的二极管、稳压二极管、晶闸管等

Transistor　晶体管包括常用的晶体管、IGBT、场效应管等

Analog　模拟器件如集成运算放大器、比较器等

TTL　TTL 门电路包括 74 和 74LS

CMOS　CMOS 集成门电路

Miscellaneous Digital　其他数字电路器件

Mixed　模数混合元器件库，如 555 定时器、模数转换器等

Indicator　显示器件，如电压表、电流表、灯、探测器、蜂鸣器、七段字符显示器等

Power Component　电源模块库

Miscellaneous　杂项元件库

Advanced Peripherals　高级外设模块

RF Components　射频元件库

Electro Mechanical Components　机电类器件库

MCU Module　MCU 模块库

Hierarchical Black　放置等级块图

Bus　放置总线

Multisim 的 . com 按钮是为方便用户通过因特网进入 EDAparts. com 网站。

使用 Multisim 时，需要什么电路器件可到相应的库去寻找。查找库元器件的方法一是通过单击左侧元器件工具栏进入，二是通过菜单 Place \ Components 进入，还可以使用键盘上的 Ctrl + W 键快速进入。

4. Multisim 10 仪器工具栏

Multisim 的仪器工具栏如图 B-6 所示。该工具栏有 21 种用来对电路进行测试的虚拟仪器，习惯上将该工具栏放置在窗口的右侧，为了使用方便，也可以将其横向放置。

图 B-6　仪器工具栏

这 21 个虚拟仪器从左至右分别是：数字万用表（Multimeter）、函数信号发生器（Function Generator）、功率表（Wattmeter）、双通道示波器（Oscilloscope）、4 通道示波器（4 Channel Oscilloscope）、波特图仪（Bode Plotter）、频率计（Frequency Counter）、字信号发生器（Word Generator）、逻辑分析仪（Logic Analyzer）、逻辑转换器（Logic Converter）、伏安特性分析仪（IV Analyzer）、失真分析仪（Distortion Analyzer）、频谱分析仪（Spectrum Analyzer）、网络分析仪（Network Analyzer）、安捷伦函数信号发生器、安捷伦万用表、安捷伦示波器、

泰克示波器、测量探针（Measurement Probe）、Labview 测试仪、电流探针。虚拟仪器有两种视图：连接于电路的仪器图标、双击打开的仪器面板（可以设置仪器的控制和显示选项）。使用时，单击仪器库图标，拖拽所需仪器图标至电路设计区，按要求接至电路测试点，然后双击该仪器图标就可打开仪器的面板，进行设置和测试。

（1）数字万用表

数字万用表用来完成直流/交流电压、电流和电阻的测量显示，也可以用分贝形式显示电压和电流。测电阻或电压时与所测端点并联，测电流时串联于被测支路中。万用表图标和面板如图 B-7 所示，单击面板上的“set”按钮，可设置数字万用表内部的参数。

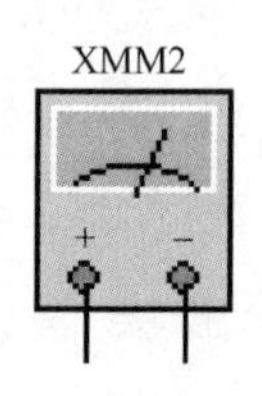

图 B-7　万用表图标和面板

（2）函数信号发生器

函数信号发生器是用来产生正弦波、方波、三角波信号的仪器，其图标和面板如图 B-8 所示。占空比（Duty Cycle）只用于三角波和方波，设定范围为 1% ~99%。偏置电压设置（Offset）是指把三种波形叠加在设置的偏置电压上输出。

在仿真过程中要改变输出波形的类型、大小、占空比或偏置电压时，必须暂时关闭“O/I”开关，改变上述内容后重新启动函数信号发生器，才能按新设置的数据输出信号波形。

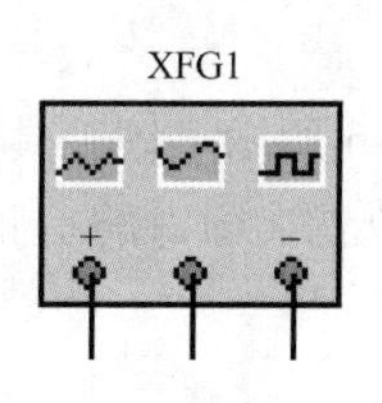

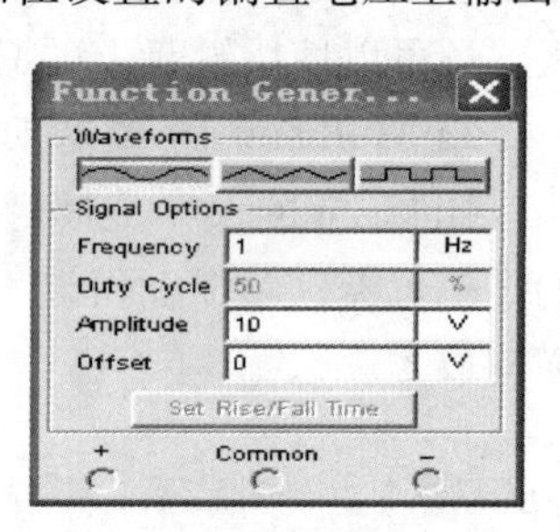

图 B-8　函数信号发生器图标和面板

函数信号发生器的“+”端子与 Common 端子（公共端）输出的信号为正极性信号，而“-”端子与 Common 端子之间输出负极性信号。两个信号极性相反，幅值相等。同时连接“+”和“-”以及 Common 端子，并把 Common 端子与公共地 Ground 符号连接，输出为两个幅值相等、极性相反的信号。

（3）功率表

功率表又名瓦特表，可以用来测量交、直流电路的功率，其图标和面板如图 B-9 所示。图标中包括连接负载的电压线圈接线端子（应与被测电路并联）以及连接负载的电流线圈接线端子（应与被测电路串联）。

（4）双通道示波器

双通道示波器用来显示电压信号波形的形状、大小和频率等参数，其图标和面板如图 B-10 所示。示波器图标上的端子与电路测量点相连接，其中 A、B 为通道号，G 是接地端，T 是外触发端。一般可以不画接地线，其默认是接地的，但电路中一定要接地。单击“Reverse”按钮，可改变屏幕背景颜色；单击“Save”按钮，可以以 ASCII 码格式存储波形读数。示波器显示波形的颜色可以通过设置连接示波器的导线颜色确定。用鼠标拖拽读数指针 T1T2 可精确测量信号的周期和幅值等数据。

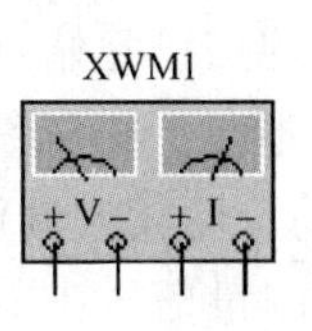

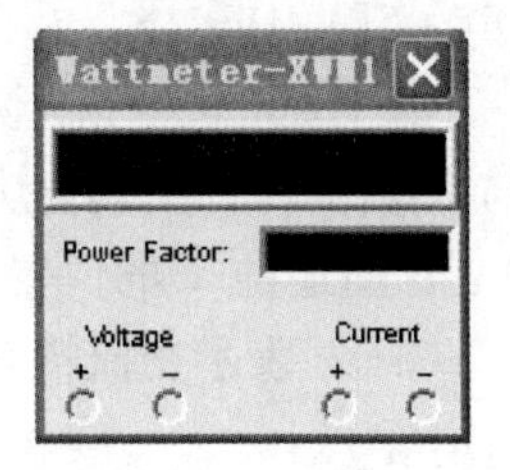

图 B-9　功率表图标和面板

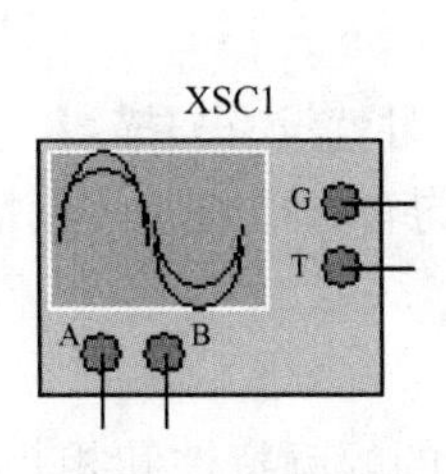

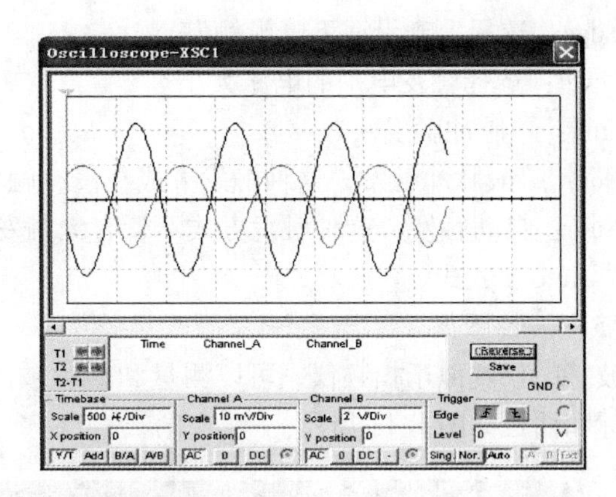

图 B-10　示波器图标和面板

1）时基（Time Base）控制部分的调整

Scale：选择 X 轴方向每一个刻度代表的时间。单击该栏后将出现刻度翻转列表。根据所测信号频率的高低，上下翻转可选择适当的值。

X Position：X 轴位置控制 X 轴的起始点。当 X 的位置调到 0 时，信号从显示器的左边缘开始，正值使起始点右移，负值使起始点左移。X 位置的调节范围从 -5.00 ~ +5.00。

显示方式选择：Y/T、Add、B/A、A/B。

Y/T：X 轴显示时间，Y 轴显示电压值。

Add：X 轴显示时间，Y 轴显示 A 通道和 B 通道的输入电压之和。

B/A、A/B：将 A（或 B）通道信号作为 X 轴扫描信号，将 B（或 A）通道信号作为 Y 轴扫描信号。

2）示波器输入通道（Channel A/B）的设置。

Scale：A（或 B）通道输入信号的每格电压值。Y 轴电压刻度范围为 10μV/Div ~ 5kV/Div。

X Position：控制 X 轴的扫描起始点。当 Y 的位置调到 0 时，Y 轴的其始点与 X 轴重合；当其值大于零时，扫描线在显示区中线上侧，反之在下侧。改变 A、B 通道的 Y 的位置有助于比较或分辨两通道的波形。

AC：表示交流耦合，测量信号中的交流分量（相当于实际电路中加入了隔直电容）。

DC：表示直流耦合，测量信号中的交直流。

0：示波器内部输入端对地短路，且与外部开路，信号不能输入，Y 轴显示一条直线，便于调节原点位置。

3）触发方式（Trigger）的调整

Edge：选择上升沿或下降沿触发。

Level：选择触发电平的电压大小。

Sing：单脉冲触发。

Nor：一般脉冲触发，这种触发方式在没有触发信号时就没有扫描线。

Auto：自动触发，这种触发方式不管有无触发信号均有扫描线，一般情况下使用“Auto”方式。

（5）波特图仪

波特图仪类似于扫频仪，可以测量和显示被测电路的幅频特性和相频特性，其图标和面板如图 B-11 所示。

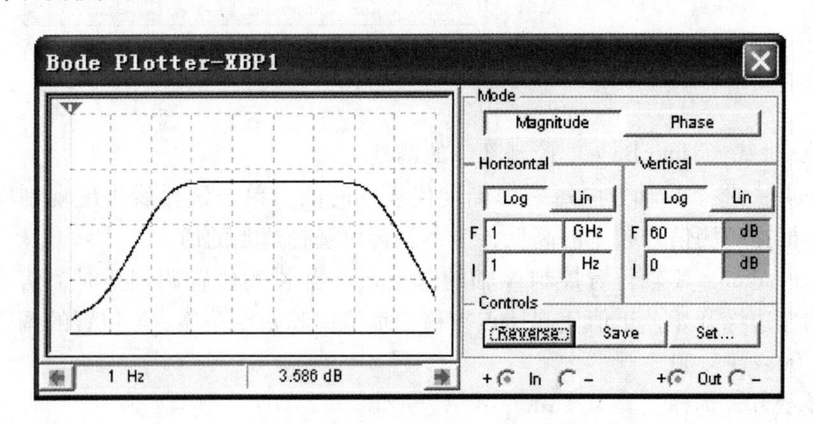

图 B-11　波特图仪图标和面板

波特图仪有 IN 和 OUT 两对端口，IN 端口接被测电路的输入端，OUT 端口接被测电路输出端。应当注意的是，在使用波特图仪时，必须在电路的输入端接入交流信号源或函数发生器，此信号源由波特图仪自行控制不需设置。

(6) 字信号发生器

字信号发生器是一个能够产生 32 位同步逻辑信号的仪器，可作为对数字逻辑电路进行测试时的测试信号或输入信号，其图标和面板如图 B-12 所示。

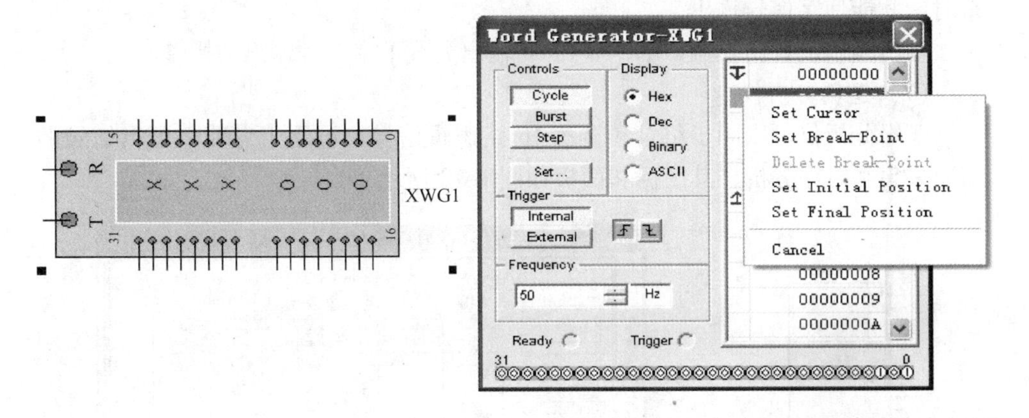

图 B-12　字信号发生器图标和面板

字信号发生器图标下沿有 32 个输出端口。输出电压范围低电平为 0V，高电平为 4～5V。输出端口与被测电路的输入端相连。数据准备好输出端 R 输出与字信号同步的时钟脉冲，T 为外部触发信号输入端。

1）字信号编辑区　编辑和存放以 8 位 16 进制数表示的 32 位字信号，其显示内容可以通过滚动条上下移动。用鼠标单击某一条字信号即可实现对其的编辑。正在编辑或输出的某条字信号，它被实时地以二进制数显示在“Binary”框里和 32 位输出显示板上。对某条字信号的编辑也可通过在“Binary”框里输入二进制数来实现，系统会自动地将二进制数转换为十六进制数，并显示在字信号编辑区。单击鼠标右键可设置/去除断点、设置输出字信号的首地址（Set Initial Position）、设置输出字信号的末地址（Set Final Position）。

2）输出方式选择。

Cycle：字信号在设置的首地址和末地址之间周而复始地输出。

Burst：字信号从设置的首地址逐条输出，输出到末地址自动停止。

Step：字信号以单步的方式输出。即鼠标单击一次，输出一条字信号。

Break Point：用于设置断点。在 Cycle 和 Burst 方式中，若使字信号输出到某条地址后自动停止，可预先单击该字信号，再右键设置“Break Point”。断点可设置多个。当字信号输出到断点地址而暂停输出时，可单击主窗口上的“Pause”按钮或按“F6”键来恢复输出。

3）触发方式选择。

Internal：内触发方式。字信号的输出直接受输出方式 Step、Burst 和 Cycle 的控制。

External：外触发方式。当选择外触发方式时，需外触发脉冲信号，且需设置“上升沿触发”或“下降沿触发”，然后选择输出方式，当外触发脉冲信号到来时，才能使字信号输出。

输出频率设置：控制 Cycle 和 Burst 输出方式下字信号输出的快慢。

(7) 逻辑分析仪

逻辑分析仪可以同步纪录和显示 16 路逻辑信号，可用于对数字逻辑信号的高速采集和时序分析，其图标和面板如图 B-13 所示。

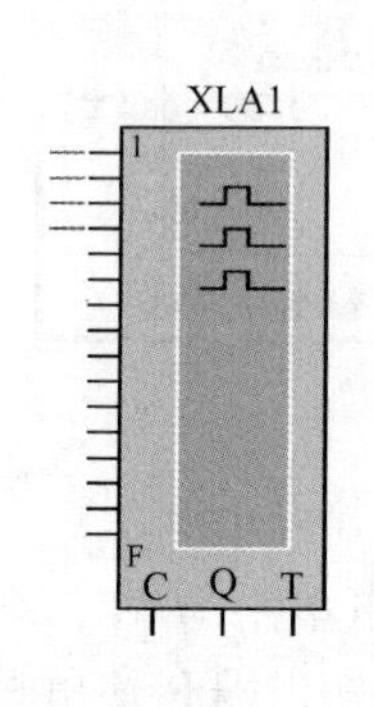

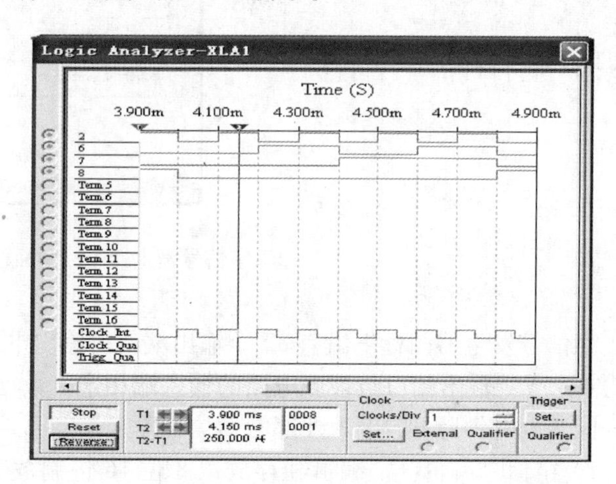

图 B-13　逻辑分析仪图标和面板

面板左边的 16 个小圆圈对应 16 个输入端，小圆圈内实时显示各路输入逻辑信号的当前值，从上到下依次为最低位至最高位。通过修改连接导线颜色来区分显示的不同波形，波形显示的时间轴可通过 Clocks per division 予以设置。拖拽读数指针可读取波形的数据。

1）触发方式设置。单击触发方式设置按钮，弹出触发方式设置对话框，如图 B-14 所示。在对话框中可以输入 A、B、C 三个触发字，三个触

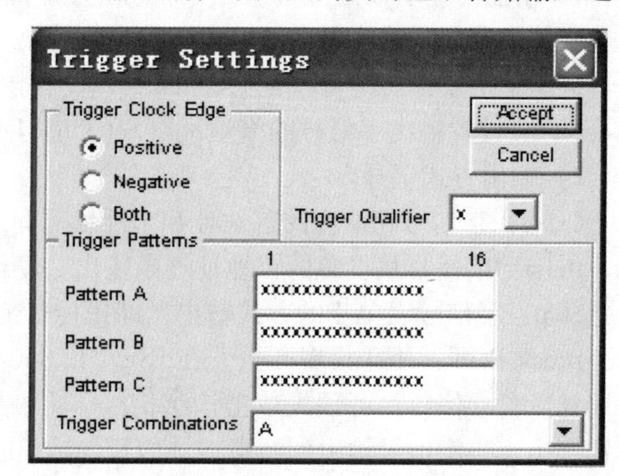

图 B-14　触发方式设置对话框

发字的识别方式由 Trigger combinations（触发组合）选择。

触发字的某一位设置为 X 时，则该位为 0 或 1 都可以，三个触发字的默认设置均为××××××××××××××××，表示只要第一个输入逻辑信号到达，不论逻辑值为 0 或 1，逻辑分析仪均被触发开始波形采集，否则必须满足触发字的组合条件才能触发。

Trigger Qualifier（触发限定字）对触发起控制作用。若该位为 X，触发控制不起作用，触发由触发字决定；若该位设置为 1（或 0），只有图标上连接的触发控制输入信号为 1（或 0）时，触发字才起作用；否则，即使 A、B、C 三个触发字的组合条件被满足也不能引起触发。

2）取样时钟设置。单击取样时钟设置按钮，弹出时钟设置选择对话框，如图 B-15 所示。时钟可以选择内时钟或外时钟，上升沿或下降沿有效。如选择内时钟可以设置频率。另外对 Clock Qualifier（时钟限定）进行设置可以决定输入时钟的控制方式，若使用默认方式 X，表示时钟总是开放，不受时钟控制信号的限制；若设置为 1 或 0，表示时钟控制为 1 或 0 时开放时钟，逻辑分析仪可以进行取样。

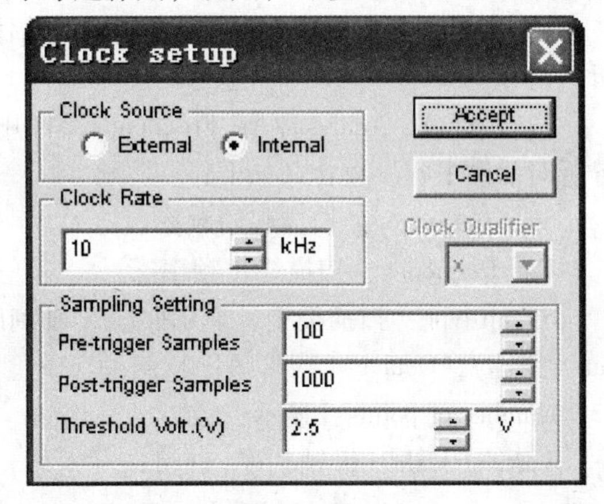

图 B-15　时钟设置选择对话框

B.3　Multisim 10 仿真分析

Multisim 提供了多种分析功能，使用者可根据仿真电路、仿真目的和要求进行选择。下面对在电工电子技术基础仿真实验中经常使用的分析功能作简单介绍。

1. 直流工作点分析

直流工作点分析（DC Operating Point）就是求解电路仅受电路中直流电压源或电流源作用时，每个节点上的电压及流过电源的电流。直流工作点分析是其他性能分析的基础。进行直流工作点分析时，电路中的交流电源置零，电容开路，电感短路，数字元器件视为高阻接地。

分析步骤如下：

1）在电路设计区创建电路后，右键选择 show.，选定 Show nodes（显示节点），为电路标上节点号。

2）选择 Analysis/ DC Operating Point，Multisim 自动把电路中所有节点的电压值及流过电源支路的电流值，显示在分析结果图中。

2. 交流频率分析

交流频率分析（AC Analysis/AC Frequency）即频率特性分析。进行交流频率分析时直流电源自动置零，输入信号被自动设定为正弦波形式。对某节点的分析，Multisim 自动产生该节点电压为频率函数的曲线（幅频特性曲线）和相位为频率函数的曲线（相频特性曲线），结果与波特图仪仿真相同。

分析步骤如下：

1）创建待分析电路并设定输入信号的幅值和相位，然后进行直流工作点分析。

2）选择 AC Analysis/AC Frequency，打开对话框，进行参数设置。交流频率分析对话框中各参数含义如下：

Start frequency：扫描起始频率。

End frequency：扫描终止频率。

Sweep type：扫描类型，显示曲线 X 轴刻度形式，有 Decade（十倍频），Linear（线性），Octave（八倍频程）三种。

Number of points：显示点数。

Vertical scale：纵轴刻度，有 Log（对数）、Linear（线性）、Decibel（分贝）三种。

Nodes for analysis：待分析节点，Multisim 可同时分析电路中多个节点的频率特性。在 Nodes in circuit 框中选择待分析节点，单击 Add 按钮，待分析节点写入 Nodes for analysis 框中。若从 Nodes for analysis 框中移出分析节点，先在该栏中选中待移节点，然后单击 Remove 按钮。以上各框中的默认值，可根据分析要求进行改变。

3）单击"Simulate"按钮，显示已选节点的频率特性。

4）按"Esc"键，停止分析。

3. 瞬态分析

瞬态分析（Transient Analysis）是对选定节点的时域分析，即观察该节点在整个显示周期中每一时刻的电压波形，分析结果与示波器仿真相同。在瞬态分析时，直流电源保持常数，交流信号源幅值随时间而变，电路中的电容、电感都以储能模式出现。

分析步骤如下：

1）创建电路并显示节点。

2）选择 Analysis/Transient，打开对话框，设置参数，选择待分析节点。瞬态分析对话框中各参数含义如下：

Set to zero：初始条件为零开始分析。

User-defined：由用户定义的初始条件进行分析。

Calculate DC operating point：将直流工作点分析结果作为初始条件进行分析。此项一般选用默认设置。

Start time：瞬态分析的起始时间。要求大于等于零，小于终点时间。

End time：瞬态分析的终点时间。要求必须大于等于零。

Generate time steps automatically：自动选择一个较为合理的或最大的时间步长。该参数有两项设置“Minimum number of time points”仿真输出图上，从起始时间到终点时间的点数；“Maximum time step ”最大时间步长。这两项的设置值是关联的，只要设置其中一个，另一个自动变化。

Set plotting increment/plotting increment：设置绘图线增量。它既跟随“Minimum number of time points”设置值自动变化，也可单独设置。

Nodes for analysis：待分析节点。

3）单击 Simulate 按钮，显示待分析节点的瞬态响应波形，按 Esc 键停止分析。

4. 参数扫描分析

参数扫描分析（Parameter Sweep）是检测电路中某个元件的参数，在一定取值范围内变化时对电路直流工作点、瞬态特性、交流频率特性的影响。在实际电路设计中，通过参数扫描分析，可以针对电路某一技术指标，对电路的某些参数、性能指标进行优选。

分析步骤如下：

1）创建电路，确定元件及其参数、分析节点。

2）选择 Analysis/Parameter Sweep，打开对话框，设置参数。

对话框各参数含义如下：

Component：选择待扫描分析的元件（在 Component 键入待分析元件编号）。

Parameter：选择扫描分析元件的参数。电容器参数为电容，电阻器参数为电阻，电感线圈参数为电感，交流信号源参数为幅度、频率、相位，直流电压源参数为电压大小。

Start value：待扫描元件的起始值，可以大于或小于电路中所标注的参数值。

End value：待扫描元件的终值。

Sweep type：扫描类型，有 Decade（十倍频），Linear（线性），Octave（八倍频）三种。

Increment step size：扫描步长，仅在“线性”扫描形式时允许设置。

Output node：待分析节点，每次扫描分析仅允许选取一个节点。

Sweep for：扫描类型选择。根据要求可选择直流工作点分析、交流频率分析和瞬态分析。当选择瞬态分析或交流频率分析时，可分别单击 Set transient options 或 Set AC options 按钮来设置这些分析的参数。

3）单击 Simulate 按钮，开始扫描分析，按 Esc 键停止分析。扫描分析结果以曲线形式显示，曲线数目与“扫描类型选择”设置有关。

5. 温度扫描分析

温度扫描分析（Temperature Sweep）主要用于研究不同温度条件下的电路特性。

分析步骤如下：

1）创建电路，确定待分析的元件和节点。

2）选择 Analysis/Temperature Sweep 打开对话框，设置参数。对话框中各参数含义如下：

Start temperature：起始分析温度。

End temperature：终止分析温度。

其他参数含义和参数扫描分析相同。

3）单击 Simulate 按钮，开始扫描分析，按 Esc 键停止分析。

B.4 Multisim 10 的操作使用方法

本节以图 B-16 所示的单管放大电路为例，说明 Multisim 10 建立电路、放置元器件、连接电路、连接仪表、运行仿真和保存电路文件等操作，使初学者轻松容易地掌握 Multisim 使用要领，从而为编辑设计复杂的电子线路原理图奠定良好的基础。

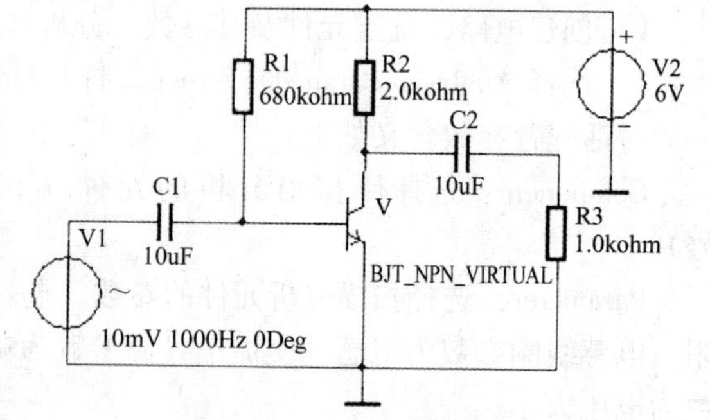

图 B-16 单管放大电路

1. 建立电路文件

启动 Multisim 10，软件将自动创建一个默认标题为“Circuit1”新电路文件，该电路文件可以在保存时重新命名。

2. 定制用户界面

初次打开 Multisim 时，Multisim 仅提供一个基本界面，新文件的电路窗口是一片空白。定制用户界面的目的在于方便原理图的创建、电路的仿真分析和观察理解。因此，创建一个电路之前，最好根据具体电路的要求和用户的习惯设置一个特定的用户界面。定制用户界面的操作主要通过执行命令 Option \ Preferences …，在弹出的对话框中对若干选项进行设置来实现。

(1) 打开 Global Preference 标签　执行命令 Options \ Global Preferences…，弹出 Preferences 对话框，如图 B-17 所示。

在 Symbol standard 区内，Multisim 提供了两种电气元器件符号标准，一种是 ANSI，为美国标准；另一种是 DIN，为欧洲标准。DIN 与我国现行的标准非常接近，所以应选择 DIN。

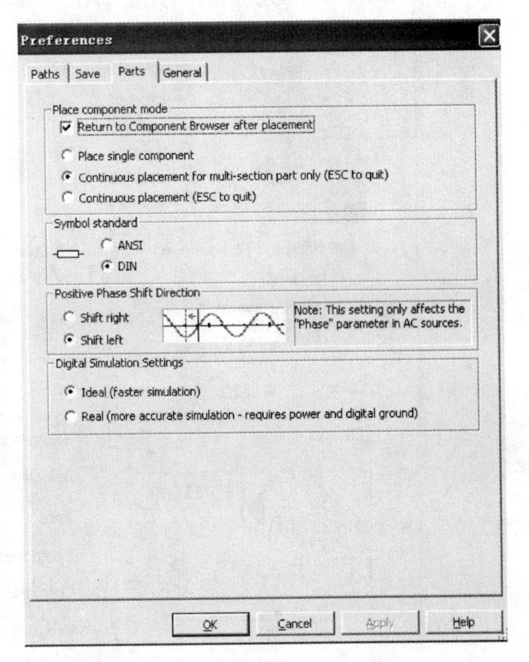

图 B-17　Preferences 对话框

(2) 打开 workspace 标签　执行命令 Options \ Sheet Properties…，弹出 workspace 标签。

1) 在 Show 区内，选中 Show Grid 项（也可执行 View \ Show Grid 命令），在电路窗口中将会出现栅格，有栅格显示可方便元器件的排列和连线，使电路图整齐美观。

2) 在 Sheet size 区选择图样的规格，可以选择美国标准图样 A、B、C、D、E，也可以选择国际标准 A4、A3、A2、A1、A0，或者自定义（Custom size）图样的大小。在 Orientation 栏中可以设置图样摆放的方向，有 Portrait（纵向）或 Landscape（横向）。这里选择 A4 标准图样，Landscape（横向）放置。

(3) 打开 Circuit 标签　如图 B-18 所示。Show 区设置元件及连线上所要显示的文字项目等，Color 区设置编辑窗口内各元器件和背景的颜色。

3. 放置元器件

Multisim 软件不仅提供了数量众多的元器件符号图形，而且精心设计了元器件的模型，并分门别类地存放在各个元器件库中。放置元器件就是将电路中所用的元器件从元器件库中放置到工作区。我们现在要建立的单管放大电路中有电阻器、电容器、NPN 晶体管和直流电压源、接地和交流电压源等。下面具体说明元器件放置的方法步骤：

(1) 放置电阻

用鼠标单击 Basic 基本元器件库按钮，即可打开该元器件库，显现出内含的元器件箱，如图 B-19 所示。从图中可以看出，元器件库中有两个电阻箱，一个

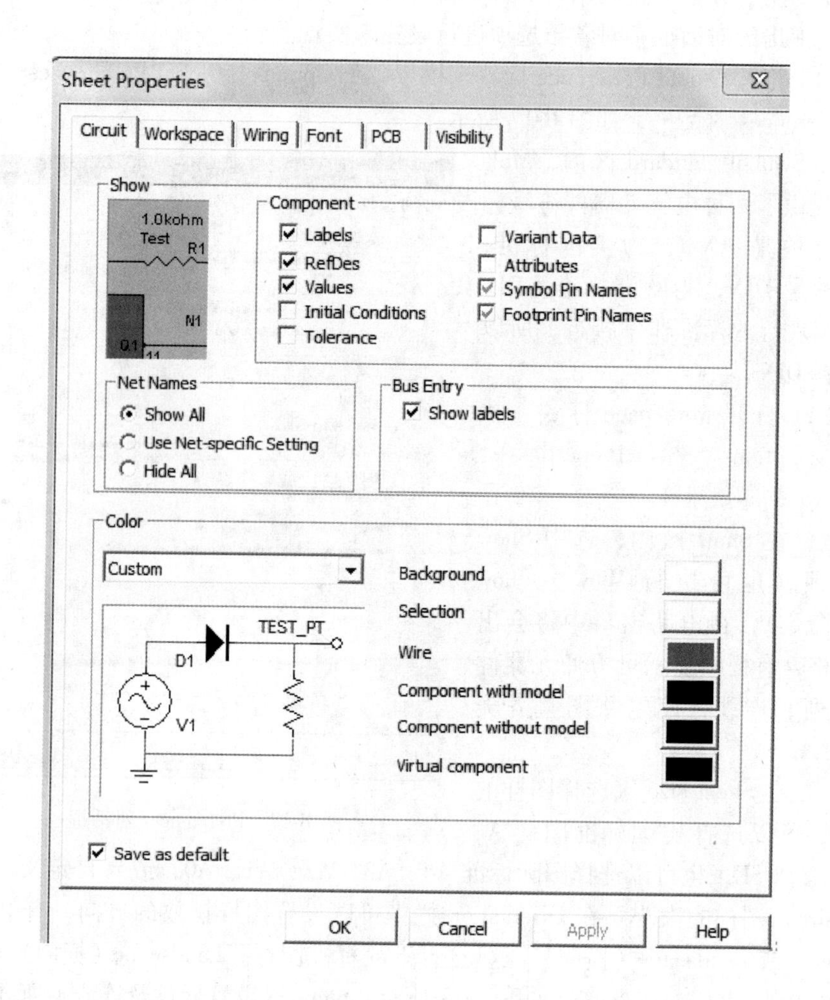

图 B-18　Circuit 标签

存放着现时存在的电阻元件，其阻值符合实际标准，如 1. 0kΩ、2. 2kΩ 及 5. 1kΩ 等。这些元件在市面上可以买到，称为实际电阻。而像 1. 4kΩ、3. 5kΩ 及 5. 2kΩ 等非标准化电阻，在现实中不存在，称为虚拟电阻。虚拟电阻箱用绿色衬底表示，虚拟电阻调出来默认值均为 1kΩ，可以对虚拟电阻重新任意设置阻值。为了与实际电路接近，应该尽量选用现实电阻元件。

将光标移动到现实电阻箱上，单击鼠标左键，弹出一个元器件浏览对话框。在对话框中拉动滚动条，找出 680kΩ，单击 OK 按钮，即将 680kΩ 电阻选中。选中的电阻紧随着鼠标指针在电路窗口内移动，移到合适位置后，单击即可将这个

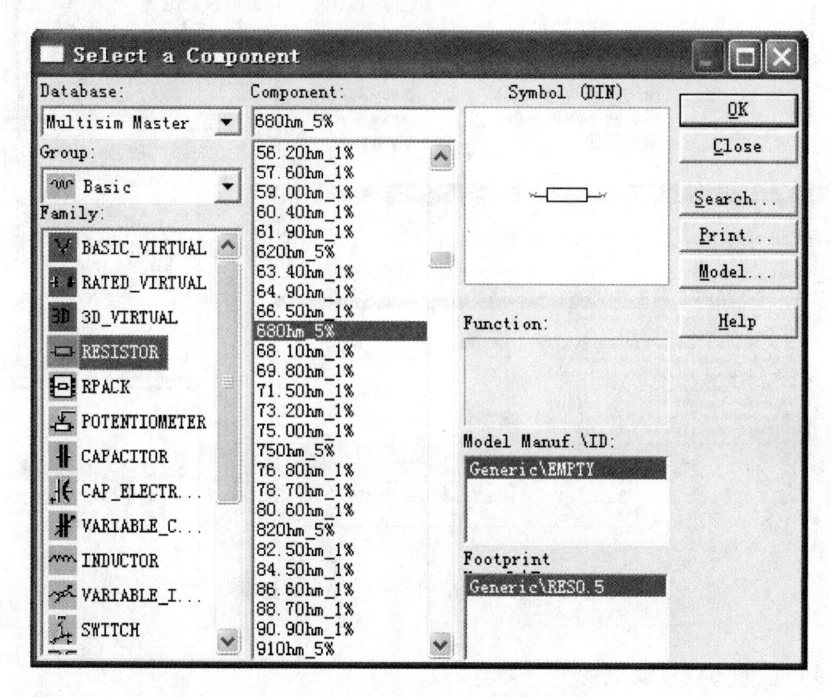

图 B-19　打开的基本元器件库

680kΩ 电阻放置在当前位置。以同样的操作可将 2kΩ、1kΩ 两电阻放置到电路窗口适当的位置上。为了使电阻垂直放置，可让光标指向某元件，单击鼠标右键可弹出一个快捷菜单。在快捷菜单中选取 90 Clockwise 或 90CounterCW 命令使其旋转 90°。

（2）放置电容

与前述放置电阻相似，在实际无极性电容器件箱中选择两个 10μF 电容，并将其放置到电路窗口的合适位置。

（3）放置 NPN 晶体管

用鼠标单击晶体管库按钮，即可打开该器件库，显现出内含的所有器件箱。因电路中所用的晶体管 3DG6（$\beta=60$）为我国产品型号，现实器件箱中没有，因此单击 BJT_NPN 虚拟器件箱，立即会出现一个 BJT_NPN_VIRTUAL 晶体管跟随光标移动，到合适位置单击鼠标左键将其放置，然后双击该器件，弹出 BJT_NPN_VIRTUAL 对话框如图 B-20 所示。在 Label 标签页中将其标号修改为 V1，单击 Value 标签页中的 Edit Model 按钮，在对话框中将 BF（即 β）数值 100 修改为 60，然后单击 Change Part Model 按钮，回到 BJT_NPN_VIRTUAL 对话框，单击“确定”按钮，则完成对 BJT_NPN_VIRTUAL 的修改。

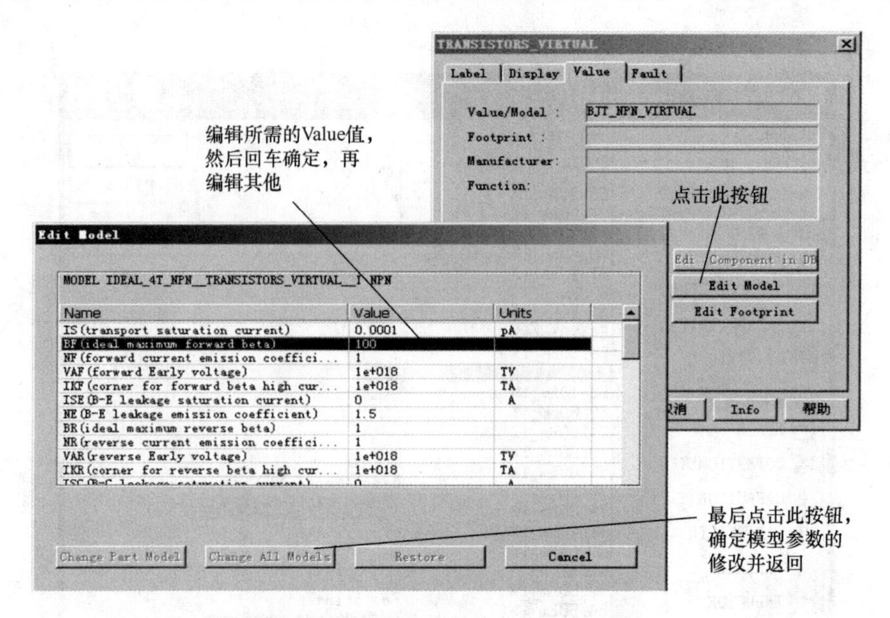

图 B-20　BJT_NPN_VIRTUAL 对话框

（4）放置 6V 直流电源

直流电源为放大电路提供电能，这个直流电压源可从 Source 电源库来选取。单击 Source 电源库，在弹出的电源箱中单击，出现一个直流电源跟随着光标移动，到合适位置单击放置，但看到其默认值为 12V，双击该电源，出现图 B-21 对话框，在对话框中将 Voltage 电压值改为 6V，单击“确定”按钮即可。

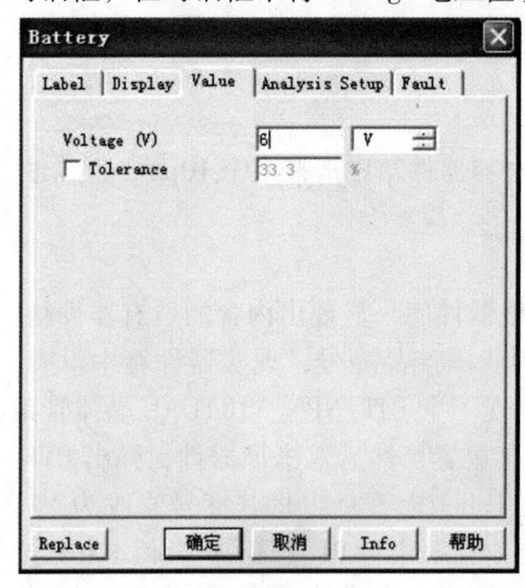

图 B-21　Battery 对话框

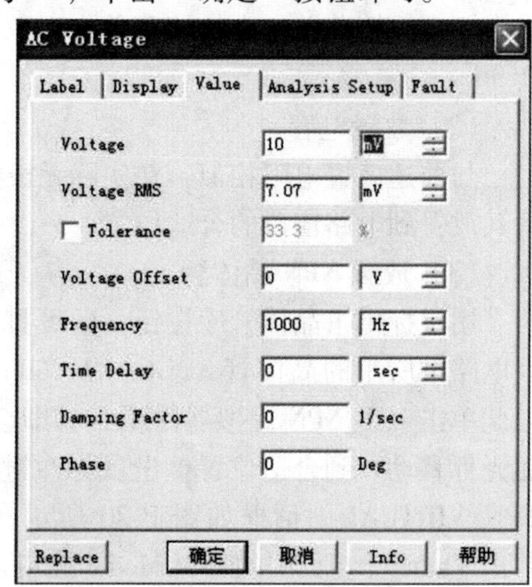

图 B-22　AC Voltage 对话框

（5）放置交流信号源

单击 Source 电源库中的图标，一个参数为 1V 1000Hz 0Deg 的交流信号源跟随光标出现在电路窗口，将其放到适当位置上。本电路要求信号源是 10mV 1000Hz 0Deg，因此双击该信号源符号，弹出一个 AC Voltage 对话框，如图 B-22 所示。在 Value 标签页中将 Voltage 的值修改为 10mV，这是最大电压值，其相应的电压有效值为 7.07mV。

交流信号也可以由函数信号发生器来提供。

（6）放置接地端

接地端是电路的公共参考点，参考点的电位为 0V。考虑连线方便，一个电路可以有多个接地端，但它们的电位都是 0V，实际上属于同一点。如果一个电路中没有接地端，通常不能有效地进行仿真分析。

放置接地端非常方便，只需单击 Source 器件库中的接地按钮后再将其拖到电路窗口的合适位置即可。

删除元器件的方法是：单击元器件将其选中，然后按下 Del 键，或执行 Edit \ Delete 命令。

单管放大电路所有元器件放置完毕后的电路窗口如图 B-23 所示。

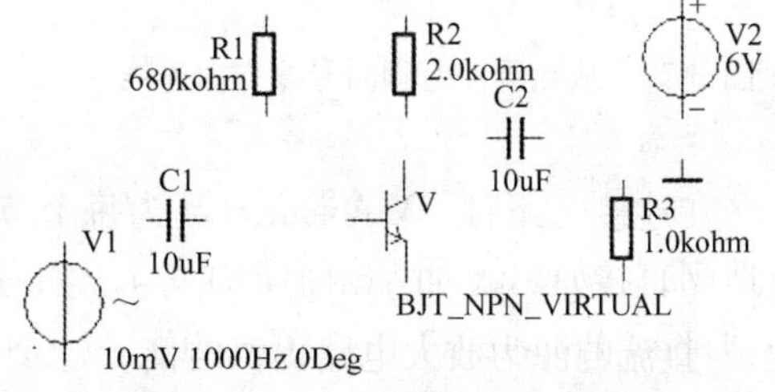

图 B-23　元器件放置完毕后的电路窗口

4. 连接线路和放置节点

（1）连接线路

Multisim 软件具有非常方便的连线功能，只要将光标移动到元器件的引脚附近，就会自动形成一个带十字的圆黑点，如图 B-24a 所示，单击鼠标左键拖动光标，又会自动拖出一条虚线，到达连线的拐点处单击一下鼠标左键如图 B-24b 所示；继续移动光标到下个拐点处再单击一下鼠标左键如图 B-24c 所示；接着移动光标到要连接的元器件引脚处再单击一下鼠标左键，一条连线就完成了，如图 B-24d 所示。

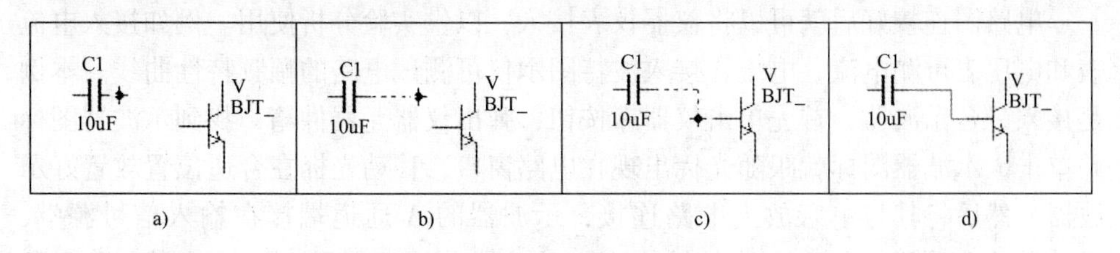

图 B-24　连接线路操作过程

照此方法操作，连接完成电路中的所有连线。

（2）放置节点

节点即导线与导线的连接点，在图中表示为一个小圆点。一个节点最多可以连接四个方向的导线，即上下左右每个方向只能连接一条导线，且节点可以直接放置在连线中。放置节点的方法是：执行菜单命令 Place \ Place junction，会出现一个节点跟随光标移动，即可将节点放置到导线上合适位置。使用节点时应注意：只有在节点显示为一个实心的小黑点时才表示正确连接；两条线交叉连接处必须打上节点；两条线交叉处的节点可以从元器件引脚向导线方向连接自然形成，如图 B-25 所示；也可以在导线上先放置节点，然后从节点再向元器件引脚连线，如图 B-26 所示。

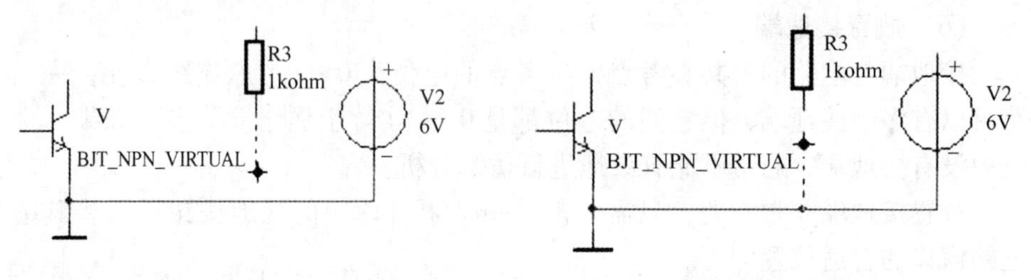

图 B-25　从元器件引脚向导线方向连线　　　图 B-26　从节点向元器件引脚连线

在连接电路时，Multisim 自动为每个节点分配一个编号，一般是号码，电源或地则直接命名（如 Vcc、GND 等）。如看不见节点，通过主菜单选择 Options”→“Sheet Properties”→“Circuit”→“Net Names”，选“Show All”即可（见图 B-18）。

删除连线或节点的方法是：

1）让光标箭头端部指向连线或节点，单击将其选中，然后按下 Del 键，或执行 Edit \ Delete 命令。

2）让光标箭头端部指向连线或节点，单击右键，出现一个快捷菜单，执行 Delete 命令。

5. 连接仪器仪表

电路图连接好后就可以将仪器仪表接入，以供实验分析使用。例如接入电流表和电压表可测电流、电压，接入波特图示仪可测试电路的幅频特性曲线。本例是接入一台示波器，首先单击仪器库按钮，弹出仪器元器件箱，找到示波器图标并单击，示波器图标就跟随光标出现在电路窗口，移动光标在合适位置放置好示波器，然后将其与单管放大电路连接，示波器的 A 通道端接在输入信号源端，示波器的 B 通道端接在电路的输出端，示波器的接地端直接接地。因电路中已有接地，示波器的接地端也可不接地。为了便于对电路图和仪器的波形识别和读数，通常将某些特殊的连线及仪器的输入、输出线设置为不同的颜色。要设置某导线的颜色，可用鼠标右键单击该导线，屏幕弹出快捷菜单，执行 Color 命令即弹出“颜色”对话框，根据需要用鼠标单击所需色块，并按下“确定”按钮，即可设置连线的不同颜色。

连接好后的单管放大电路如图 B-27 所示。

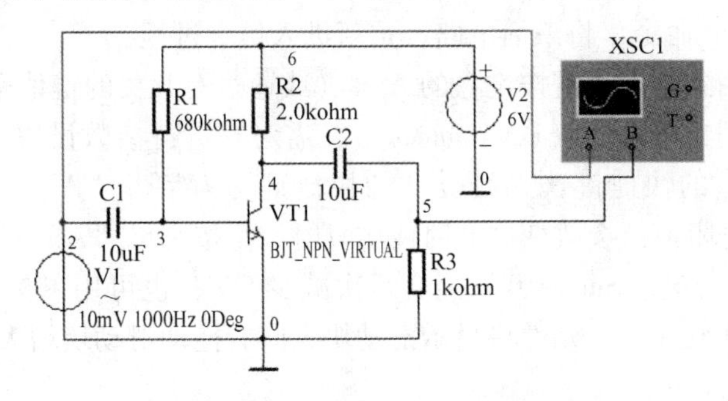

图 B-27　连接好后的单管放大电路

6. 运行仿真

电路图绘制好后，用鼠标左键单击主窗口右上角的开关图标，软件自动开始运行仿真，要观察波形还需要双击示波器图标，出现示波器的面板，并对示波器作适当的设置，就可以显示测试的数值和波形，如图 B-28 所示为单管放大电路连接的示波器所显示的输入输出波形。从波形上可以看出，信号的周期为 1ms，输入信号幅值为 10mV，输出信号幅值为 216. 2mV，输出信号与输入信号呈反相关系。

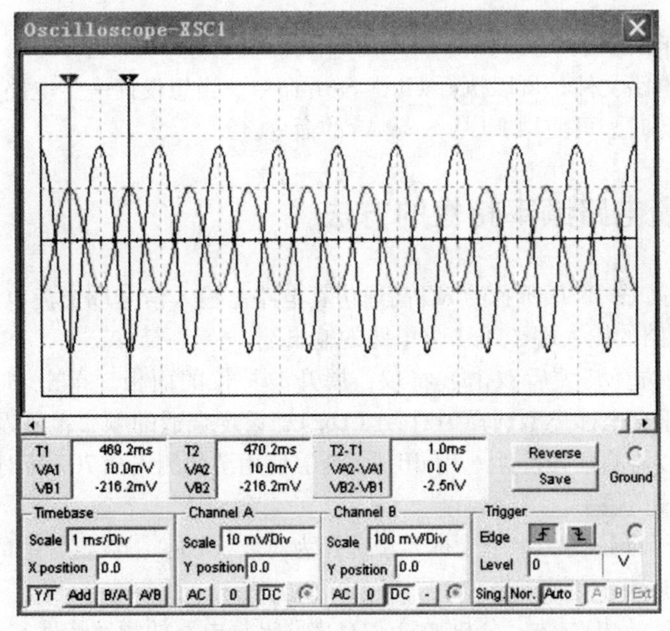

图 B-28　示波器显示的单管放大电路输入输出波形

如果要暂停仿真操作，用鼠标左键单击主窗口右上角的暂停图标，软件将停止运行仿真。也可以选择 Simulate \ Pause 命令停止仿真。再次按下，或选择执行 Simulate \ Run 命令，将激活电路，重新进入仿真过程。

若电路中用到开关，需按键盘的 A 键（或通过对开关的键值重新设置），它才起作用。若用到电位器（Potentiometer），需对它进行参数设置，如图 B-29 所示。设置该元件的快捷键（系统默认的快捷键均为字母“A”），并设置增量。每按一次键，电阻值就会改变。此时或仿真时，每按字母“A”一次，元件都将增加 5%；按组合键“Shift + B”则会每次减少 5%；也可用鼠标调整电位器的值：移动鼠标到元件上，元件将显示滑动块，向右拖动滑动块增大元件的值，向左减少元件的值。

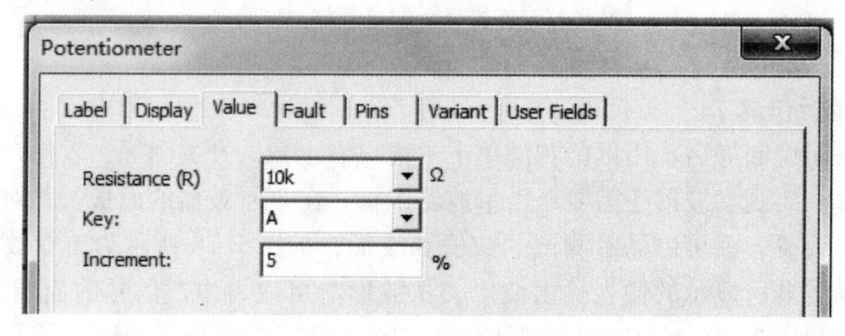

图 B-29　电位器设置

7. 保存电路文件

要保存电路文件，可以执行 File \ Save 命令。当想设计一个电路又不想改变原来的电路图时，可使用 File \ Save As 的命令。

B.5　测量电路频率特性的方法

1）建立如图 B-30 所示的 *RC* 高通仿真电路。输入信号取交流电压源，波特仪的 IN 接电路的输入端，OUT 接电路的输出端。

2）启动仿真开关后双击波特仪，展开波特仪的面板。单击 Magnitude 键，水平坐标和垂直坐标类型选择为对数（Log），设定合适的频率范围及电平范围，测量高通滤波器的幅频特性（用 dB 表示）。使用游标测出 0.707 所对应的 *RC* 高通滤波器的截止频率。

3）单击 Phase 键，水平坐标类型选择为对数（Log），设定合适的频率范围，测量高通滤波器的相频特性。

4）用交流分析方法，分析二阶 *RLC* 串联谐振电路的频率特性

对于图 B-31 所示的二阶 *RLC* 串联谐振电路，启动 Simulate 菜单中 Analyses

下的 AC Analysis，把输出节点加入到输出变量，分析串联谐振电路的频率特性，与波特仪上的曲线比较，看是否一致。

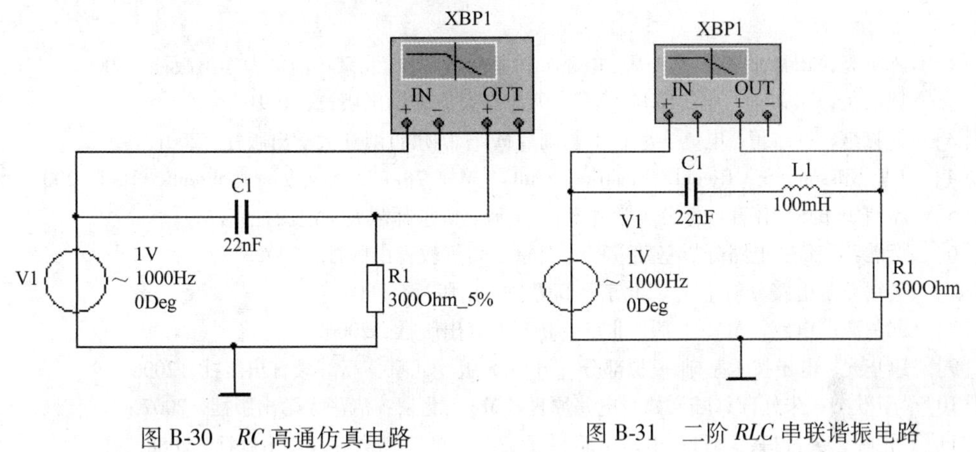

图 B-30　*RC* 高通仿真电路　　图 B-31　二阶 *RLC* 串联谐振电路

参考文献

[1] 陈洪亮，田社平，吴雪，等. 电路分析基础 [M]. 北京：清华大学出版社，2009.

[2] 钱巨玺，张荣华. 电工测量 [M]. 天津：天津大学出版社，1991.

[3] 钱克猷，江维澄. 电路实验技术基础 [M]. 杭州：浙江大学出版社，2001.

[4] J W Nilsson，S A Riedel. Electric Circuits [M]. 7th ed. New Jersey：Prentice Hall，2005.

[5] 布卢姆 B S. 教育目标分类学 [M]. 上海：华东师范大学出版社，1989.

[6] 李瀚荪. 简明电路分析基础 [M]. 北京：高等教育出版社，2002.

[7] 吴锡龙. 电路分析 [M]. 北京：高等教育出版社，2004.

[8] 邱关源. 电路 [M]. 5 版. 北京：高等教育出版社，2006.

[9] 康华光. 电子技术基础 模拟部分 [M]. 5 版. 北京：高等教育出版社，2006.

[10] 于歆杰，朱桂萍，陆文娟. 电路原理 [M]. 北京：清华大学出版社，2007.

[11] 张峰，吴月梅，李丹. 电路实验教程 [M]. 北京：高等教育出版社，2008.

[12] 姚缨英. 电路实验教程 [M]. 2 版. 北京：高等教育出版社，2011.

[13] 于建国，宣宗强，王松林，等. 电路实验教程 [M]. 北京：高等教育出版社，2008.

[14] 毕卫红. 电路实验教程 [M]. 北京：机械工业出版社，2010.

[15] 王勤，余定鑫. 电路实验与实践 [M]. 北京：高等教育出版社，2004.

[16] 汪建. 电路实验 [M]. 武汉：华中科技大学出版社，2003.

[17] 吴雪，史贵全，孙雨耕. 电路课程教学目标体系化初探 [J]. 中国高教研究，1995 (6)：78-81.

[18] Yannis Tsividis. Turning Students On to Circuits [J]. IEEE CIRCUITS AND SYSTEMS MAGAZINE，2009，9 (1)：58-63.

[19] Steven G Northrup. Innovative Lab Experiences for Introductory Electrical Engineering Students [C]. 2009 39th IEEE Frontiers in Education Conference (FIE 2009). [v. 2]：M4H-1-6.